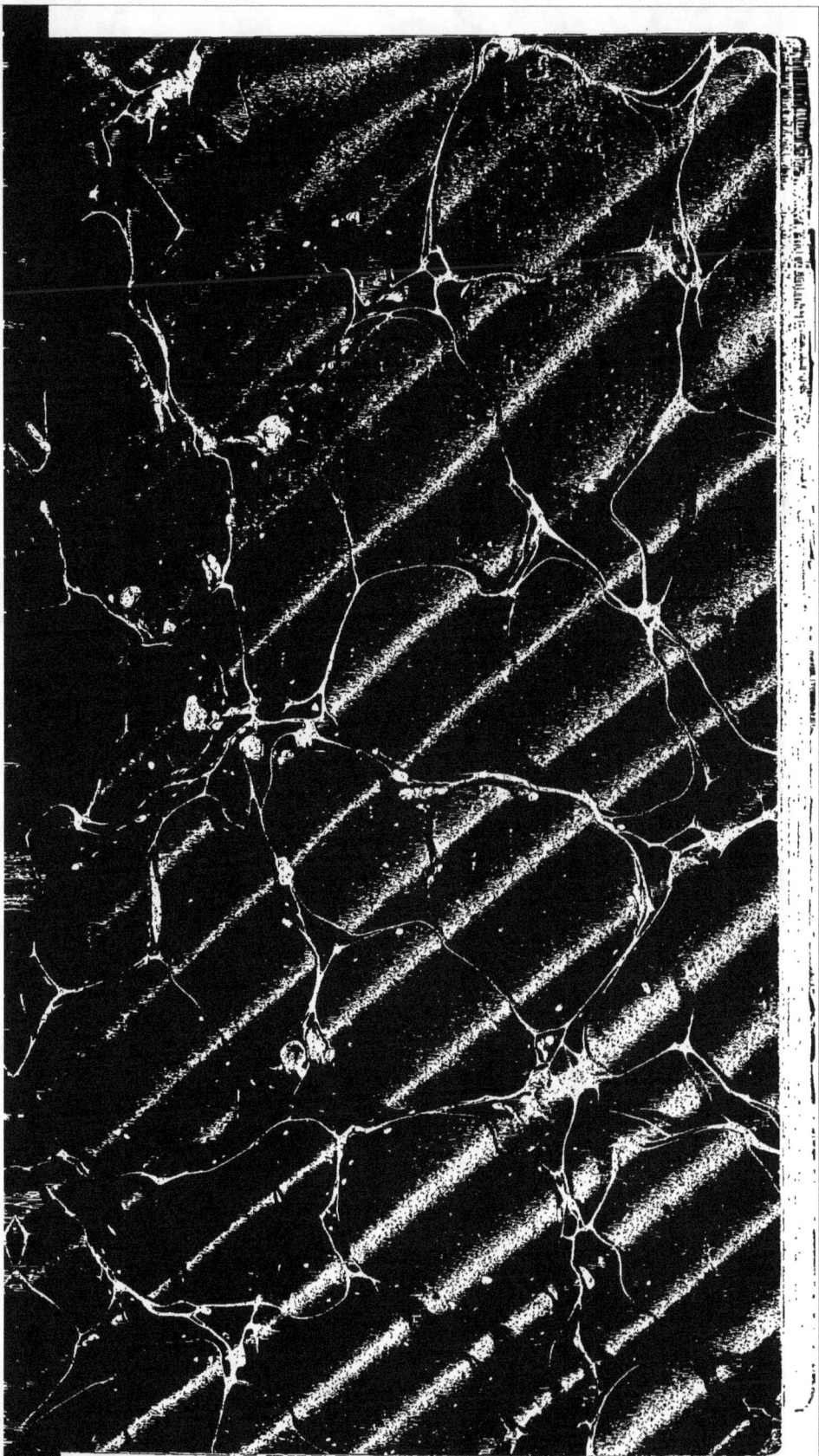

V

LEÇONS

D'ASTRONOMIE

Imprimerie de Ducessois, 55, quai des Augustins.

A MONSIEUR

FRANÇOIS **ARAGO**

LES AUDITEURS

DE SON COURS

D'ASTRONOMIE.

LEÇONS
D'ASTRONOMIE

Professées à l'Observatoire royal

PAR M. ARAGO

MEMBRE DE L'INSTITUT.

Recueillies par un de ses Elèves.

———

QUATRIÈME ÉDITION

Accompagnée de 7 planches gravées, et de figures intercalées
dans le texte.

PARIS

JUST ROUVIER, LIBRAIRE-ÉDITEUR,
8, RUE DE L'ÉCOLE DE MÉDECINE.

———

1845

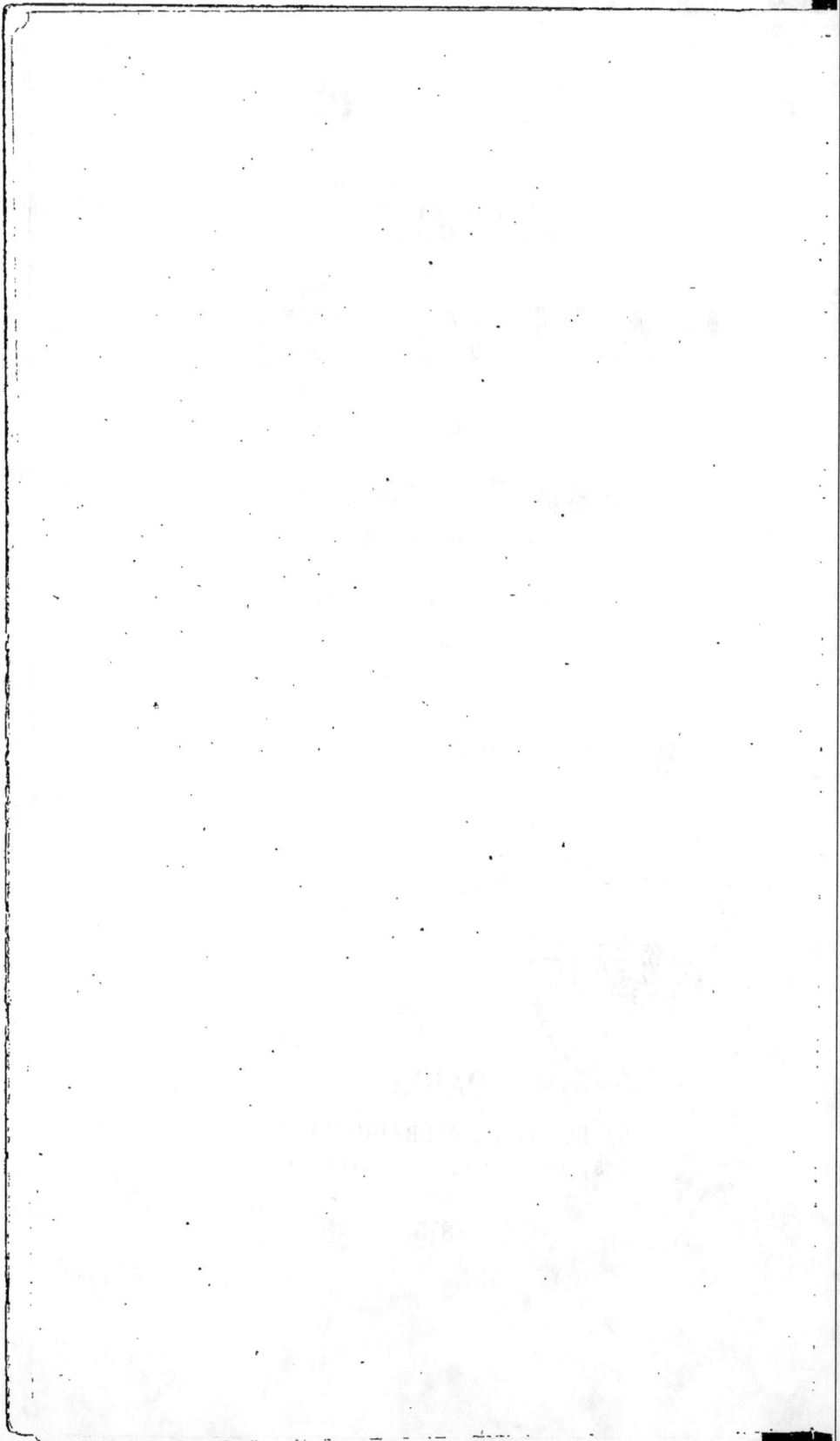

La loi du 7 messidor, an III (25 juin 1795), qui réorganise le Bureau des longitudes, impose à l'un de ses membres l'obligation de faire un cours public d'astronomie. Le cours fut professé, mais le temps de l'astronomie n'était pas venu. Des événements tels que l'histoire n'en avait pas encore vus de semblables, absorbaient alors tous les esprits. Les leçons furent donc peu suivies, et même insensiblement abandonnées. Mais l'organisme humain est constitué de telle sorte qu'il ne peut obéir longtemps aux mêmes impulsions; après le mouvement, le repos; à toute action extrême une réaction. Ces longues années de guerre, cette marche triomphale qui promena les drapeaux de la France à travers l'Europe entière, ont été suivies d'une ère de paix qui sera plus glorieuse encore, car après avoir donné aux plus nobles, aux plus sublimes manifestations de la science et de l'art la plus incroyable impulsion, elle doit faire du bonheur des hommes l'objet de ses plus graves préoccupations.

Dans ce mouvement général des idées, le Bureau des

longitudes, pour obéir à la grande mission que lui avait confiée le gouvernement, voulut reprendre l'exécution de l'article 6 de son règlement. M. Arago fut, d'un choix unanime, désigné pour faire le cours, et il accepta. A des travaux déjà multiples, à des occupations incessantes, à des fonctions nombreuses, toutes remplies avec un zèle sans égal, il ne craignit pas d'ajouter ce nouveau travail. Quelques personnes s'en étonnèrent. « J'ai lu, leur dit-il, dans un auteur oriental, cette belle pensée : Celui qui ne communique pas aux autres hommes ce qu'il sait, ressemble au myrte du désert, dont les parfums sont perdus pour tous... Jusqu'au dernier jour je suis tout entier à la science et à mes semblables. »

M. Arago demeurait, du reste, entièrement maître du cadre qu'il voudrait choisir. L'illustre professeur s'imposa le devoir de faire de l'astronomie, non pas élémentaire, mais aussi complète, aussi détaillée qu'elle peut l'être, en la dégageant seulement de ces entraves scientifiques qui, dans une main moins habile, l'eussent rendue compréhensible pour un petit nombre de personnes seulement. Ce devait être, en un mot, un cours dans le genre de ces intéressantes notices de l'Annuaire, qui ont tant de succès. On sait avec quelle supériorité de talent cette si grande tâche est remplie.

TABLE

ERRATA.

Herschell, lisez partout *Herschel*, ainsi que l'a toujours écrit le grand astronome.

Les signes de la loi de Bode, ont été rectifiés à la table au mot *Loi de Bode*.

Page 34, ligne 16, *des lunettes*, lisez : *des instruments*.

Page 52, ligne 25, 48, *lisez :* 49.

Page 88, ligne 2 et 3, *s'est rapproché sur la perpendiculaire de la surface du liquide*, lisez : *s'est rapproché de la perpendiculaire à la surface du liquide.*

Page 183, ligne 25, *très-invariable*, lisez : *très-variable.*

Page 231, ligne 4, *longueur de 1° du méridien 25 lieues*, lisez : 28 1/2.

Page 246, dernière ligne, *leçon XVII*, lisez : XVIII.

Page 271, ligne 11, (*du 7 août 1715*), *lisez :* (1724).

Page 281, ligne 28, (*Voyez la leçon suivante*), *lisez :* (Voy. la leçon XVIII).

LEÇONS

D'ASTRONOMIE.

PREMIÈRE LEÇON.

COUP D'OEIL GÉNÉRAL SUR L'ENSEMBLE DES MATIÈRES QUI FONT L'OBJET DES ÉTUDES ASTRONOMIQUES.

Terre. — C'est de la Terre que sont faites toutes les observations qui ont le ciel pour objet, c'est à elle qu'elles sont toutes rapportées, puisque l'astronomie est l'une

1

des sciences sur lesquelles l'homme a exercé les plus hautes facultés de son intelligence : c'est donc naturellement par elle que doit commencer l'étude des corps répandus dans l'immensité des cieux.

Il nous faut d'abord en connaître les dimensions. On est parvenu à les obtenir avec une précision extrême, et l'on a trouvé qu'elle est un globe dont le rayon est de 1,600 lieues de 4,000 mètres (ou lieue de poste de 2,000 toises : donc la valeur exacte est 3,898 mètres). Cette lieue sera celle dont nous nous servirons constamment dans le cours de ces Leçons.

Elle est ronde, ou du moins elle nous apparaîtrait telle, transportée à la distance de la Lune ; car alors toutes ses aspérités deviendraient imperceptibles ; observée plus attentivement, ce serait un sphéroïde (corps n'ayant pas tout à fait les dimensions d'une sphère) aplati à ses pôles, et dont les diamètres présenteraient dans leur longueur une différence de 5 lieues [1].

En même temps que l'on s'occupait de déterminer exactement le volume de la Terre, on se donnait aussi beaucoup de peine pour déterminer sa densité, sa pesanteur spécifique. On a trouvé qu'il y avait cinq substances qui pesaient, sous le même volume, l'une 22 fois plus que l'eau (le platine), une autre 19 fois (l'or), les trois dernières 13 fois, 11 fois et 7 fois (le mercure, le plomb,

---

[1] L'aplatissement 1/305 , qui doit être préféré lorsque l'on considère e sphéroïde terrestre entier, donne pour valeur du rayon à l'équateur. . . . . 6,377,107 mètres 018, et pour celle du rayon aux pôles. . . . . 6,356,198 » 470.

Différence. . . . . 20,908 = 548, ou 4 lieues de France 70/100.

Francœur, Géodésie, p. 194.

le fer)[1] ; ce ne sont là que des substances extraites de la surface du globe et les hommes n'ont encore pénétré qu'à de faibles profondeurs dans le sein de la terre: aussi devait-on, par cela même, et par d'autres causes, renoncer aux moyens directs de préciser la pesanteur spécifique de toute la masse terrestre; et cependant il fallait y arriver ; nous verrons qu'on y est parvenu et qu'on a trouvé que cette pesanteur moyenne est 5 fois celle de l'eau[2], à peu près celle du spath pesant ou du sulfate de baryte[3].

Quant au poids de la Terre en masse, par rapport au Soleil, il a été déterminé mathématiquement, et cette recherche a montré qu'il était 355,000 fois moindre, c'est-à-dire que si l'on mettait le Soleil dans un des plateaux d'une balance, il faudrait mettre dans l'autre 355,000 Terres, ni plus ni moins.

Une question d'astronomie et de philosophie des plus importantes et des plus curieuses était de savoir si la Terre est isolée, si elle est immobile et le centre de tous les mouvements des corps célestes, comme nos sens nous portent à le croire.

Des observations rigoureuses nous prouveront que

[1] Chiffres précis :

Platine laminé	22.0690
Or forgé	19.3617
Mercure (à 0°)	13. 598
Plomb fondu	11.3523
Fer fondu	7.2070

Extrait de la table de l'*Annuaire* pour 1844; pesanteur spécifique des solides, celle de l'eau étant 1° (à 18 centigrades), page 196.

[2] Chiffre précis : 5. 48. Cavendish.

[3] Chiffres précis : — Spath pesant, 4.4300. — Sulfate de baryte, 4. 5. Despretz., Traité de chimie, II, 64.

notre globe est une planète qui tourne autour du Soleil
et qui fait sa révolution en 365 jours et 1|4. Nous ver-
rons qu'on argumentait de sa masse même pour prouver qu'elle ne devait pas tourner[1].

Lune. — Après la Terre, nous nous occuperons de la
Lune. Nous verrons qu'elle tourne autour de la Terre,
que sa révolution est de 27 jours 1|2, qu'elle est éloignée
de nous de 60 rayons terrestres, ou d'environ 96,000 lieues
distance moyenne. Les distances extrêmes varient d'un
dixième. On s'assure, par de simples opérations d'arpentage que son volume n'est que la 49e partie de celui de la
Terre. En recherchant sa densité on a trouvé qu'elle pèse
très-peu et qu'il ne faudrait pas moins de 23 millions
de Lunes pour contre-balancer le poids du Soleil. A sa
surface les corps pèsent beaucoup moins qu'à la surface
de la Terre, car le poids d'un corps dépend de la densité
de celui par lequel il est attiré. Un corps transporté de
la surface de la Terre sur celle de la Lune n'y pèserait
plus que les 2|10es de ce qu'il pesait en premier lieu.

La petite distance de la Lune nous permet d'y distinguer des montagnes, des cratères, des cavités, bien
qu'il y ait des incrédules qui aient de la peine à en admettre la possibilité. Cependant on ne saurait disconvenir qu'une lunette qui grossit les objets de deux fois les
transporte à une distance qui n'est plus que la moitié
de la distance réelle; que par conséquent une lunette
qui grossit cent fois, mille fois, ramène les objets à
des distances qui ne sont plus que la centième, que la
millième partie de la distance véritable. Ainsi, la distance de la Lune étant de 96,000 lieues, si on la regarde

[1] Pluralité des Mondes.

avec une lunette qui grossisse mille fois on la voit absolument comme si elle n'était plus qu'à 96 lieues de
nous. Si la lunette grossit de trois mille fois, la distance
n'est plus que de 32 lieues, et alors on peut voir les
Alpes de la Lune comme on voit celles de la Suisse
quand on est du côté de Mâcon. Eh bien on a atteint
des grossissements de 6,000 fois : avec de tels moyens
amplificateurs on peut donc voir la Lune comme si elle
n'était plus qu'à 16 lieues de nous ; à cette distance il
devient facile de mesurer la hauteur de ses montagnes.
On a pu s'assurer, en effet, que, quoique cet astre soit
plus petit que la Terre, il a des montagnes qui sont
beaucoup plus élevées que celles de l'Europe : le Mont-
Blanc, la plus haute montagne de cette partie du
monde, n'a que 4,800 mètres, tandis qu'il y a dans la
Lune des montagnes qui n'ont pas moins de 7,800
mètres[1].

On distingue à la surface de la Lune des espaces brillants et d'autres qui sont obscurs ; on a donné improprement à ceux-ci le nom de *mers*, puisque la Lune n'a ni
eau, ni atmosphère, et que s'il y existe des êtres organisés ils diffèrent certainement de ceux de la Terre.

Nous verrons le rôle puissant que joue la Lune dans
le phénomène des marées ; quant à l'influence qu'on lui
fait exercer sur l'atmosphère, c'est une erreur ; elle est
presque nulle et par conséquent bien moins sensible que

[1] En Amérique, le Nevado de Sorata a 7,696 mètres ; en Asie, la plus
haute cime de l'Himalaya mesure 7,821 mètres ; la hauteur des montagnes de la Lune n'est donc vraiment extraordinaire que comparativement à l'étendue de notre satellite, qui est 49 fois plus petit que la
Terre.

1.

celle qui résulte des travaux des hommes. On fait, en général, beaucoup trop d'honneur aux astronomes en leur demandant le temps qu'il fera : les variations de l'atmosphère ne dépendent pas des astres.

L'origine des aérolithes se lie intimement à l'étude de la Lune ; on les crut pendant bien longtemps des projections de volcans lunaires ; on les a regardés comme de véritables météores se formant par voie d'agrégation dans l'atmosphère ; aujourd'hui on s'accorde généralement, avec Chladni, à les regarder comme de petites planètes, des astéroïdes qui, circulant dans l'espace, rencontrent l'atmosphère terrestre, y pénètrent et viennent tomber sur la terre après l'avoir traversée avec une vitesse telle qu'elle produit ces traînées lumineuses dont elles sont accompagnées presque toujours.

Nous dirons comment on peut espérer parvenir un jour, par l'observation de la lumière cendrée de la Lune, à connaître l'état moyen de l'atmosphère terrestre, c'est-à-dire à déterminer la quantité de nuages qui enveloppe la Terre.

Soleil. — Le Soleil occupera une grande place dans nos études, à cause de son importance dans le système solaire auquel il dispense la lumière et dont il règle le mouvement.

La distance du Soleil à la Terre, que les anciens ont ignorée, se trouve déterminée aujourd'hui, à un centième près, de la distance totale ; on ne peut la préciser au delà sans faire violence aux observations. Elle est de 24,000 rayons terrestres, ou de 38 millions de lieues, distance moyenne, car elle varie d'un million ; et ce qui étonnera c'est qu'il est plus près de la Terre en hiver qu'en été. Les chiffres sont incontestables, et les méthodes employées pour les obtenir sont rigoureuses.

Avec la connaissance de la distance on détermine facilement le volume; nous verrons que celui du Soleil est environ 1,300,000 fois plus considérable que celui de la Terre; le chiffre exact est 1,326,480.

Si donc le centre du Soleil coïncidait avec celui de la Terre, non-seulement son volume occuperait tout l'intervalle qui nous sépare de la Lune, mais sa surface se trouverait encore une fois au delà. Anaxagore avait cru être hardi en disant que le Soleil devait être grand comme le Péloponnèse.

La question de la densité du Soleil a été abordée par des moyens très-simples. On a trouvé que cette densité était très-faible, qu'elle est de 1,5, c'est-à-dire à peu près celle de l'eau, tandis que celle de la Terre est égale à 5 fois environ celle de ce liquide.

Quant à l'étude de la constitution physique du Soleil elle n'a été possible qu'avec les lunettes. On a reconnu que cette masse tourne sur elle-même ou sur son axe en 25 jours 1/2, mouvement qui a été constaté par l'examen des taches qui se montrent à sa surface, qui paraissent et disparaissent successivement, en passant tour à tour du bord oriental au bord opposé.

On s'est demandé ce que pouvaient être ces taches; beaucoup de suppositions ont été faites à cet égard; on les a considérées comme des scories; on a pensé que toute la masse solaire était à l'état d'incandescence, etc. Toutes ces explications étaient des rêves. Le Soleil est un *corps obscur*. Mais ce corps obscur est entouré d'une atmosphère lumineuse dont il est séparé par une autre

atmosphère nuageuse semblable à un orage éternel, placé
là comme pour servir d'écran au noyau central.

Tant qu'on a supposé que le Soleil était de la matière
incandescente, il n'était pas possible d'admettre qu'il fût
habité ; mais aujourd'hui l'existence d'êtres organisés
n'y est plus inconciliable avec la constitution physique
de l'astre ; toutefois les hommes ne pourraient y vivre,
parce qu'ils y seraient écrasés par leur propre poids,
devenu 28 fois plus considérable qu'il n'est sur la
Terre.

Il est intéressant, autant par curiosité que dans l'intérêt de l'avenir, de se demander si l'incandescence de
l'atmosphère solaire doit durer éternellement. Si nous
nous en rapportions pour étudier cette question au phénomène de la combustion tel qu'il se passe ordinairement sous nos yeux et dans lequel les corps changent de
nature ou disparaissent, il serait évident que la lumière
et la chaleur du Soleil devraient avoir une fin ; mais
il peut en être aussi tout autrement, car on est arrivé
à produire des incandescences à la suite desquelles les
corps ne disparaissent pas et offrent cependant un
genre de lumière éblouissant, comparable photométri-
quement à celle du Soleil.

Planètes. — Outre la Terre, le Soleil voit circuler autour de lui d'autres planètes.

La plus proche est *Mercure*, qui ne le suit et le précède qu'à de petites distances : aussi est-elle presque toujours dans les vapeurs de l'horizon ; sa révolution s'accomplit en 3 mois. Son volume est un 10e de celui de la
Terre. On n'a jamais pu distinguer de taches sur son disque ; ce n'est que par l'observation des variations de ses

cornes dans ses diverses phases, que l'on a pu s'assurer qu'elle tournait sur son axe, et que cette rotation se faisait en 24 heures. Est-elle habitée? Mercure a des saisons; quant à sa température on peut la comparer à ce qu'elle serait sur la Terre si notre horizon était constamment éclairé par *sept soleils*; par conséquent la chaleur doit y être très-intense. L'observation des cornes a fait reconnaître que cette planète doit avoir des montagnes énormes. Sa densité est 13 fois celle de l'eau, c'est-à-dire qu'elle est égale à celle du métal auquel nous avons donné le même nom.

Vénus offre les mêmes phénomènes que Mercure, mais sur une plus grande échelle; elle se lève avant et se couche aussi après le Soleil, prenant, d'après cela, tantôt le nom d'Étoile du matin ou du Berger, tantôt celui de Vesper ou d'Étoile du soir.

On objecta à Copernic que si cet astre était une planète, il devait avoir des phases; Copernic répondit que si on ne pouvait les apercevoir il fallait l'attribuer à l'imperfection de nos yeux; on se moqua de lui, et cependant la découverte des lunettes par Galilée lui donna raison. La densité de Vénus est à peu près égale à celle de l'eau; son volume diffère peu de celui de la Terre, puisqu'il en est les 95/100es. Elle a des montagnes très-élevées, et on y aperçoit les traces manifestes d'une atmosphère dont les propriétés sont analogues à la nôtre.

Mars met à faire sa révolution sidérale presque deux fois plus de temps que la Terre, c'est-à-dire plus de deux ans (686 jours). Ici ce ne sont plus les phénomènes subtils des cornes qui servent de base aux observations; on y reconnaît facilement la position des pôles et de l'équateur; l'existence des saisons, d'un été et d'un hiver pour chaque hémisphère, puisque l'axe est incliné sur l'orbite de révolution. Aux pôles nord et sud se montrent alternativement des taches blanches qui disparaissent et reparaissent selon les saisons; ce sont des glaces qui fondent lorsque le pôle qu'elles couvrent est tourné vers le Soleil. Il y a donc là un phénomène de précipitation de neige analogue à celui qui se passe aux pôles de la Terre.

Le volume de cette planète est très-petit; il n'est que les 2/10ᵉˢ de celui de notre globe; sa pesanteur spécifique est à peu près égale, néanmoins les effets de la pesanteur à sa surface ne sont que la moitié de ce qu'ils seraient à la surface de la Terre, et il faudrait au moins 2,700,000 corps semblables à Mars pour faire équilibre au Soleil.

Après Mars viennent quatre planètes plus petites qui sont restées inconnues aux Anciens, ce sont *Vesta, Junon, Cérès, Pallas*, dont les orbites sont tellement inclinées (celles de Pallas et de Junon surtout) qu'on a dû les nommer *planètes extra-zodiacales*.

Cérès a été découverte le premier jour du dix-neuvième siècle; Pallas, Junon et Vesta l'ont été successivement après elle. Elles mettent à faire leur révolution un temps qui est intermédiaire à ceux de Mars et de Jupiter. Leurs mouvements de rotation et leurs volumes sont très-incertains et inappréciables avec nos instruments. Un astronome a comparé la grandeur de Cérès à l'étendue du royaume de Wurtemberg[1]. On pense que ces 4

[1] 989 lieues carrées de France, 1,956,242 hectares, étendue égale à celle des trois départements de la Seine-Inférieure, du Calvados, de l'Orne, et à un peu plus du quart de celui de la Manche.

planètes sont les débris d'une planète plus grosse, brisée dans l'espace.

Jupiter emploie environ 12 ans à faire sa révolution autour du Soleil. La distance de cet astre est 5 fois et 2/10es celle de la Terre ; son volume est 1,470 fois plus considérable que celui de notre planète. Son volume et sa lumière modérée ont permis, à l'aide de grandes amplifications dans les lunettes, d'y apercevoir des taches au moyen desquelles on a constaté qu'elle accomplissait un mouvement de rotation sur elle-même en 9 heures 55 minutes, tandis que la Terre, beaucoup plus petite, en met 24. La durée des jours et des nuits y est donc fort petite, et les habitants, s'il y en a, doivent s'y coucher et s'y lever à de très-courts intervalles ; à peine y est-on levé qu'il faut penser à se coucher. On y a vu des déplacements considérables, occasionnés sans doute par les vents qui règnent à sa surface, et si on détermine la position des pôles et celle de l'équateur, on y reconnaîtra des vents alisés analogues à ceux de la Terre, mais qui soufflent avec une violence et une intensité beaucoup plus considérable, parce que la masse de Jupiter est seulement 1,050 fois moindre que celle du Soleil ; sa densité est peu considérable et égale à peu près à celle de l'eau. On déduit de ces deux faits que le poids des corps y est 2 fois et demi moindre que celui des corps terrestres. Jupiter a quatre lunes ou satellites qui l'accompagnent et dont les disparitions périodiques ont permis de reconnaître qu'il n'est pas lumineux par lui-même, bien qu'à la distance où il est de nous ses phases ne soient pas visibles. Nous verrons l'application admirable que l'on a faite de l'observation des éclipses des satellites de Jupiter, car c'est par elles que l'on a pu déterminer la vitesse de la lumière; tous les moyens que l'on avait tentés pour apprécier ce phénomène avaient été jusque-là sans résultats: c'était pourtant l'une des questions les plus vastes et les plus importantes que l'on pût examiner, mais elle était insoluble par les phénomènes que nous pouvons produire sur la Terre, les distances y étant trop courtes. Les éclipses des satellites de Jupiter ont permis de calculer que la vitesse de la lumière n'est pas moindre de 77,000 lieues par seconde. La lumière du Soleil met 8 minutes 13 secondes pour arriver jusqu'à la Terre, de manière que si le Soleil disparaissait nous le verrions encore pendant 8 minutes 13 secondes après qu'il aurait cessé d'exister pour nous. La lumière solaire qui éclaire Jupiter n'est que les 4/100e de celle qui éclaire la Terre.

Saturne brille comme une étoile de première grandeur Son volume est à peu près 900 fois celui de la Terre. Il est éclairé par une lumière d'une intensité 100 fois moindre que celle de notre globe.

Saturne offre un phénomène unique dans le système du Monde; il est entouré d'un anneau lumineux qui n'a pas moins de 55,000 lieues de diamètre extérieur, 12,000 lieues de large, et par conséquent 25,000 lieues de diamètre intérieur; sa distance de la planète est de 8,000 lieues.

Saturne est 9 fois 1/2 plus loin du Soleil que la Terre; sa masse est 1/3512 dix millièmes de celle du Soleil. Sept satellites tournent autour de la planète, dont la densité n'est que la moitié de celle de l'eau, c'est-à-dire qu'elle est double de celle du liége, et qu'elle égale à peu près celle du bois de peuplier.

Uranus ou *Herschell*.—Le 15 mars 1781, une nouvelle planète fut découverte par Herschell, c'est Uranus; sa distance du Soleil est un peu plus de 19 fois celle qui nous sépare de cet astre. C'est jusqu'à présent la planète la plus éloignée de notre système solaire ; elle ne met pas moins de 84 ans pour achever sa révolution. Son volume est à peu près 80 fois celui de la Terre, sa masse environ 1/18000ᵉ de celle du Soleil, dont elle diffère peu quant à la densité.

Terminons ce que nous avons à dire ici sur les planètes en indiquant comme moyen mnémotechnique, simple et suffisamment approché, de se rappeler les distances des planètes entre elles et au Soleil, la loi due aux recherches de Bode, professeur à Berlin, et qui est connue sous le nom de *loi de Bode*.

On écrira sur une ligne horizontale cette série de nombres dont la loi est évidente :

0,   3,   6,   12,   24,   48,   96,   192.

auxquels on ajoutera 4, ce qui donne :

4,   7,   10,   16,   28,   52,   100,   196.

☿   ☿   ♁   ♂   ♃   ♃   ♄   ♄

Les signes placés sous ces nombres sont ceux adoptés par les astronomes pour désigner hiéroglyphiquement les 8 planètes principales. En les appelant de leur nom, on voit que si 10 représente la distance de la Terre au Soleil, 4 sera la distance de Mercure, 7 celle de Vénus, 16, 52, 100 et 196 les distances respectives de Mars,

2

Jupiter, Saturne et Uranus au même astre. On peut dire comme une circonstance curieuse, que cette progression avait été remarquée avant la découverte des nouvelles planètes, Cérès, Pallas, Junon et Vesta, qui sont venues se placer sous la série des nombres, dans la case 28 qui était vide [1].

Les Comètes. — Quel est l'intérêt que l'on doit attacher aux Comètes? Longtemps on les a crues de simples météores; ce sont des astres qui se reconnaissent non à leurs formes, qui est cependant très-variée, mais aux éléments de leurs orbites. On a pensé d'abord que leur mouvement se faisait en ligne droite; l'observation a prouvé qu'elles parcourent des ellipses très-allongées, dont le Soleil occupe l'un des foyers; ce sont des paraboles, tandis que les orbites des planètes sont des ellipses qui se rapprochent du cercle.

On s'est demandé si l'espace était tout à fait vide de matière: la marche des comètes pourra nous permettre de résoudre cette question et de constater dans les cieux la présence d'une substance gazeuse très-rare, qu'on est convenu d'appeler *éther*, et qui oppose une certaine résistance aux déplacements des corps qui la traversent, ainsi que l'a montré l'étude du mouvement de la comète à courte période [2], lors de son apparition en 1829. Cette résistance ne produit pas d'effet appréciable sur les planètes, parce qu'elles ont une assez forte densité; mais les comètes n'étant, pour la plupart, que de simples amas de légères vapeurs à travers lesquels

[1] Voyez Annuaire de 1832, p. 284, à la note ; le Magasin Pittoresque t. VI (1838), p. 190-191, et la leçon XII.

[2] Annuaire de 1832, Notice sur les comètes, § 9, pag. 188.

on peut voir les étoiles, elles peuvent être, au contraire, notablement retardées dans leur marche. Pour
sentir la justesse de la distinction faite ici, quant
aux phénomènes de résistance, entre les corps denses et rares, on n'a qu'à comparer les distances si
inégales que franchissent *dans l'air* des balles de plomb,
de liége ou d'édredon, alors même que projetées d'un
canon de fusil par des poids égaux de poudre, elles
avaient cependant reçu les mêmes vitesses initiales.
Nous examinerons la question de savoir si les comètes
peuvent causer des perturbations sur les planètes, et
nous verrons que leurs chocs ne sauraient y produire
des phénomènes géologiques pareils à ceux dont notre
globe offre des traces : c'est néanmoins à une comète
qu'un ami de Newton a attribué le Déluge. Buffon a supposé que les comètes étaient des éclaboussures du Soleil ; Maupertuis a pensé que l'anneau de Saturne provenait d'une comète qui aurait enveloppé cette planète ;
les Arcadiens se croyaient plus anciens que la Lune, et
on a conclu de cette tradition que la Lune pouvait bien
être une comète dont la course errante aurait été fixée
par la Terre. On attribue encore aux comètes une grande
influence sur les saisons. C'est à la présence de celle qui
est apparue récemment qu'on a attribué les chaleurs
précoces de l'année ; eh bien. c'est encore un préjugé : il
n'y a aucune liaison entre les températures élevées de
notre atmosphère et les apparitions des comètes. Chaque
jour, du reste, on découvre de nouvelles comètes ; le
3 mai 1843, M. V. Mauvais en a observé une dans la
constellation de Pégase[1].

[1] Tout le monde se rappelle encore la belle découverte de ce genre

Astronomie stellaire. — L'étude des étoiles présente une foule de phénomènes inexpliqués, de questions non encore résolues. Cependant nous verrons que les découvertes déjà faites dans cette branche de l'astronomie donnent la plus haute idée de la puissance intellectuelle de l'homme.

Si le Soleil était transporté dans la région des étoiles, il ne nous apparaîtrait plus que comme une étoile de petite grandeur. On s'est souvent posé cette question capitale : combien y a-t-il d'étoiles ? Le nombre de celles qui sont visibles à l'œil nu est très-petit ; il ne s'élève pas à plus de 5,000 d'un pôle à l'autre ; mais au télescope ce nombre augmente énormément. Il y a des régions du ciel où l'on aperçoit des groupes que l'on a qualifiés de fourmilières ; dans des espaces plus petits que celui qu'occupe le disque de la Lune, on en a compté plus de 20,000. Il y a donc des milliards d'étoiles ; on n'en a encore catalogué qu'une centaine de mille, pour servir de repères aux observations des mouvements des planètes et des comètes.

Le Soleil, avec tout son système, n'occupe qu'une place très-modeste dans cet infini, et cependant les hommes, séduits par les illusions de leurs sens et entraînés par le sentiment exagéré de leur importance, ont fait de la Terre le centre du Monde et en ont conclu que le Soleil, la Lune et les innombrables étoiles n'avaient été créés que pour les éclairer et pour orner la voûte des cieux.

Une question curieuse que l'on a agitée de tout temps est celle de la distance des étoiles à la Terre. Jusqu'à ces

faite par M. Faye, élève de l'Observatoire de Paris, au mois de novembre de la même année. Nous en parlerons plus au long lorsqu'il sera question des comètes.

dernières années on n'a eu aucun moyen précis de mesure : on est enfin parvenu en 1840 à déterminer la distance moyenne de l'une d'elles. Ce qui s'y était opposé jusqu'alors, c'est que systématiquement on avait toujours choisi pour cela les étoiles les plus brillantes ; par circonstance on s'est adressé à une petite étoile (la 61ᵉ du Cygne), et le résultat de l'appréciation de son éloignement a été tel, que la distance de 38,000,000 de lieues qui nous sépare du Soleil peut à peine servir d'unité. Il faut, en effet, multiplier ce nombre par 600,000, l'on aura 22,800,000,000,000 de lieues, et ce sera la distance de l'étoile la plus proche que nous connaissions [1]. Pour se faire une idée de cette distance, voyons le temps que la lumière de l'étoile doit employer pour la franchir et arriver jusqu'à nous ; rappelons-nous que celle-ci parcourt 77,000 lieues par seconde, qu'il y a 3,600 secondes dans une heure : multiplions ces deux nombres l'un par l'autre, et leur produit par 24, nous aurons le chemin parcouru en un jour ; multiplions ce nouveau produit par 365 1/4, et nous aurons l'intervalle franchi dans un an ; eh bien, pour arriver à un chiffre égal à celui que nous avons trouvé pour la distance de la 61ᵉ du Cygne à la Terre, nous verrons qu'il faut dix quantités semblables à ce dernier résultat, c'est-à-dire que la lumière de l'étoile la plus voisine de la Terre emploie dix ans pour arriver jusqu'à nous. Par une série de raisonnements aussi simples, on arrive à constater que la lumière des étoiles les plus éloignées

[1] Annuaire pour 1842, p. 384-385. Notice sur les travaux de sir William Herschell, par M. Arago. — Ce résultat est dû à M. Bessel, le savant directeur de l'Observatoire de Kœnigsberg.

2.

que l'on puisse voir avec le télescope d'Herschell, de 10 pieds, ne doit pas mettre moins de *mille ans*, et que celle des étoiles que l'on découvre avec le télescope de 20 pieds doit mettre au moins 2,700 ans pour arriver jusqu'à nous. C'est un minimum approximatif.

Mais il y a des chiffres plus forts que ceux-là. Il existe des groupes d'étoiles que l'on désigne sous le nom de *nébuleuses* qui ont été longtemps regardées avec indifférence, et qui offrent un champ de recherches très-vaste, très-fécond en résultats. On a déjà catalogué 5 à 6,000 de ces nébuleuses. Cette lueur blanchâtre que l'on distingue le soir dans le ciel et que l'on désigne sous le nom de Chemin de Saint-Jacques ou de Voie Lactée, indique la direction longitudinale de la nébuleuse au milieu de laquelle nous sommes placés, car elle est plate et assez semblable à une meule de moulin. Cette nébuleuse renferme à elle seule des milliards d'étoiles et ce n'est pas la plus grande; notre Soleil en fait partie. En général, une nébuleuse quelconque est à une distance telle que la lumière en arrive en des milliers d'années. Or, n'est-il pas probable que si un seul des 5 6,000 groupes reconnus offre de pareilles données sous le double rapport du nombre et de la distance, on reconnaîtra qu'il doit exister des régions dans l'espace d'où la lumière des étoiles doit mettre des millions d'années pour se propager jusqu'à nous.

Toutefois il ne faut pas confondre ces résultats probables avec ceux que nous exposions il y a un instant et qui dérivent de l'*arpentage même du ciel*.

Il y a des nébuleuses dont la lumière n'est pas agglomérée; c'est de la matière stellaire qui finira par se condenser, de sorte que nous pouvons nous regarder comme assistant à la formation de véritables étoiles [1].

Il y a aussi des étoiles qui naissent et d'autres qui s'en vont; il y en a dont l'éclat augmente, puis diminue, puis disparaît. Il y en a de périodiques, il y en a enfin qui varient dans leurs dimensions apparentes et qui passent de la 1re à la 2e, à la 5e, puis à la 4e grandeur. Nous nous demanderons si notre Soleil ne serait pas une de ces étoiles périodiques : Herschell a cherché à résoudre cette question par la considération des phénomènes de la chaleur [2].

D'autres étoiles sont doubles, tournent autour l'une de l'autre; elles sont quelquefois mariées, assemblées par groupes de deux couleurs; celle-ci est bleue, celle-là est rouge.

En présence de tant de faits et de découvertes, l'illustre professeur ne pouvait se défendre, disait-il, d'un rapprochement singulier. Lorsque la science est arrivée à prouver que la Terre n'est plus que 1/355,000e du Soleil, et que le Soleil lui-même devait être une petite étoile, l'esprit humain s'est trouvé comme anéanti devant ces immensités, et il n'a pu que se sentir humilié.

Mais lorsque l'on considère combien étaient imparfaits les moyens naturels dont il pouvait disposer, comment et jusqu'à quel point il est arrivé à perfectionner l'organe de la vision, lorsqu'on pense à tout ce qu'il lui a fallu de génie et de persévérance pour parvenir à me-

---

[1] Voyez, relativement à cette question remplie d'un si vif intérêt, le beau travail de M. Arago, *sur les Nébuleuses,* Annuaire pour 1842, p. 434 et suiv.

[2] Voyez la dixième leçon.

surer le temps jusqu'à l'expression d'un 10ᵉ de seconde, tandis que les incessantes variations de l'atmosphère et les plus faibles changements de température étaient pour lui des causes d'inévitables erreurs, devant tant de difficultés vaincues et devant les résultats auxquels son intelligence l'a déjà amené, on ne peut disconvenir que si l'homme est petit dans le monde matériel, il est bien grand dans le monde des idées!....

DEUXIÈME LEÇON.

LES INSTRUMENTS D'OBSERVATION.

Des moyens imaginés pour augmenter la puissance de l'œil. — Conserves. — Lentilles. — Conformation de l'œil. — Rétine. — Humeur aqueuse. — Cristallin. — Humeur vitrée. — Sclérotique. — Cornée transparente. — Choroïde. — Manière dont s'opère la vision. — Imperfection de certaines vues. — Puissance de l'œil. — Des instruments anciens. — Découverte de la lunette. — Composition de cet instrument. — Objectif. — Foyer. — Oculaire. — Du télescope. — Télescope newtonien. — Grégorien. — Lunettes achromatiques. — Grossissements obtenus au moyen des lunettes. — Au moyen du grand télescope d'Herschell. — Comparaison entre les lunettes et les télescopes. — Invention de la pinnule télescopique ou micromètre. — Procédés pour obtenir les fils. — Division du cercle. — Propriétés des circonférences, des angles et des triangles. — Manière d'obtenir la distance d'un objet inabordable. — Distances des étoiles.

Les méthodes astronomiques envisagées en elles-mêmes sont très-dignes de l'attention des esprits réfléchis ; leur ensemble est une sorte de logique en action.

Un objet se meut pour notre œil lorsqu'il ne reste pas constamment dans la direction d'une même ligne visuelle ; mais pour obtenir la valeur du déplacement, il faut que l'observation se fasse avec exactitude ; plus il y

aura d'exactitude, plus la science aura de bases solides. Pour se former une idée du plus ou moins de
précision avec laquelle les observations astronomiques
ont été faites, il est indispensable de parler des moyens
naturels et artificiels dont les observateurs ont pu disposer. Jadis on observait le ciel à l'œil nu; on prenait
pour points de repère des objets terrestres : ce moyen
imparfait pouvait servir à l'astronomie contemplative
des pasteurs de la Khaldée; mais, si on n'en avait pas
trouvé d'autres, l'astronomie ne serait jamais devenue
une science.

Pour se faire une idée exacte des moyens par lesquels
on est parvenu à perfectionner les observations, il faut
d'abord examiner la manière dont le phénomène de la
vision s'opère, et quelles ont été les conditions à remplir pour augmenter la puissance de notre organe.

Un verre blanc à faces planes et parallèles altère bien
un peu l'intensité de la lumière, mais ne modifie aucu-
nement la forme ni la distance des objets.

Si, au lieu d'être planes et parallèles, les deux surfaces d'un verre sont sphériques et travaillées de manière que leurs concavités se présentent l'une à l'autre,
on a ce que l'on appelle une *lentille,* ainsi nommée à
cause de l'analogie de forme qu'offre cette disposition
avec la graine qui porte ce nom (pl. Iʳᵉ, fig.5). Cette forme
dans le verre a la propriété de troubler la vue : si la
courbure est considérable, et qu'on regarde à travers,
on ne distingue plus les objets. Cependant ces lentilles
très-courbes ont une propriété capitale très-importante,
c'est de grossir les objets très-voisins qui sont placés à
un certain point.

Cette propriété est d'ailleurs commune à toutes lentilles proprement dites. Les dimensions apparentes d'un corps dépendent de l'angle sous lequel il est vu, et cet angle varie en raison inverse de la distance de l'objet à l'œil de l'observateur. D'où il suit que, pour voir un objet avec de grandes dimensions, il suffirait de le mettre tout près de l'œil, si la vision pouvait alors s'opérer sans confusion; mais la divergence des rayons rend l'image confuse. Pour y remédier, regardons l'objet avec une lentille convergente. Le parallélisme des rayons permettra à l'œil de s'approcher autant qu'on voudra, et l'image de l'objet se montrera telle qu'elle apparaîtrait à la vue simple, si la vision pouvait s'opérer directement à une aussi faible distance. On voit par là que le pouvoir grossissant d'une lentille est d'autant plus grand que sa distance focale est plus petite.

Cette propriété a dû être connue dès la plus haute antiquité, car il existe des camées et des médailles antiques d'un travail si délicat qu'on n'aurait pu les exécuter sans le secours d'un grossissement à courte distance.

Dans l'expérience dont nous venons de parler, l'idée que nous nous formons de la grandeur réelle de l'objet est déterminée par l'angle sous lequel il est vu, sans que nous puissions la modifier par aucune expérience préalable sur les rapports des distances avec les angles visuels. Il n'en est pas ainsi dans l'acte ordinaire de la vision; car, dans le jugement que nous portons de la grandeur des objets, il entre deux choses, l'angle sous lequel nous les voyons et la distance à laquelle nous les supposons. C'est ainsi que nous jugeons fort bien de la taille de deux hommes placés à des distances inégales de nous, et conséquemment vus sous des angles différents, parce que nous tenons compte de la distance. Cela est si vrai, que cette habitude involontaire de tenir un compte rigoureux de la distance nous jette en erreur sur les dimensions réelles de l'objet, lorsque nous nous trompons sur la distance. C'est ainsi que les objets que nous regardons avec les lunettes de spectacle ne nous semblent pas grossis, parce que nous les croyons plus près, et cependant ces sortes de lunettes grossissent deux ou trois fois, comme on s'en convaincra en regardant le même objet, un œil dans la lunette et l'autre œil nu. Voici une autre expérience : placez un objet sur un plan horizontal, et mettez votre œil dans le prolongement de ce plan, puis regardez l'objet, en poussant un peu avec le doigt la paupière inférieure, de manière à voir deux images ; celle qui est le plus rapprochée, vous paraitra plus petite que l'autre et vous semblera diminuer à mesure qu'elle se rapprochera davantage. Et ce qui prouve que la distance supposée vous fait seule porter ce jugement sur la grandeur respective des images, c'est qu'elles vous paraîtront d'égale grandeur quand vous aurez placé l'objet sur un plan vertical, de manière à obtenir ces deux images au-dessous l'une de l'autre.

Une lentille, quelle que soit sa courbure, a aussi la propriété remarquable de former, à un certain point qu'on nomme le *foyer*, une image des objets qui sont en présence ; c'est sur cette propriété que repose le principe de l'appareil appelé, de son inventeur, Daguerréotype : on met une plaque iodurée, c'est-à-dire ayant reçu des vapeurs d'iode, et l'image des objets vient s'y peindre et s'y graver dans ses moindres détails par l'action de la lumière sur l'iode. Si on tourne la lentille au soleil, elle opère une condensation des rayons solaires qui donne lieu à une chaleur très-intense, et qui même a fait donner ce nom de *foyer* au point où la condensation se fait.

Outre la lentille proprement dite dont nous avons parlé plus haut, on en distingue de plusieurs autres formes, telles que les lentilles plano-convexe (pl. Ire, fig. 6), concave-convexe (*ib.*, fig. 7 et 8), plano-concaves (*ib.*, fig. 9), doublement concaves (*ib.* fig. 10). Ces différentes formes sphériques peuvent se rapporter à deux classes: les *verres convergents* et les *verres divergents*, qui feront, les uns converger, les autres diverger les rayons tombés parallèlement sur leur surface. On sait comment ces verres viennent au secours des vues trop longues ou trop courtes, en corrigeant la convergence trop faible ou trop grande de l'œil chez les presbytes et chez les myopes. Notre objet n'est pas de nous y arrêter.

Toutes les parties d'une lentille, quelque grande qu'elle soit, concourent à la production de l'image, ce que l'on peut facilement vérifier, en en couvrant soit le centre, soit les bords; l'image est d'autant plus intense que la lentille est plus grande. Plusieurs lentilles superposées, bien centrées et parallèles, produisent aussi une image exacte des objets, mais placée à une autre distance. Eh bien, notre œil n'est autre chose qu'une réunion de lentilles ainsi superposées; au fond se trouve un écran où les images des corps viennent se peindre, et qu'on nomme la *rétine*.

3

Étudions sa conformation avec soin; l'objet est assez important pour que nous le traitions en détail.

Conformation de l'œil. — Chez l'homme cet organe, qui est sans aucun doute le plus merveilleux des instruments d'optique, est formé de divers milieux diaphanes dont les courbures et les forces réfringentes sont combinées de manière à corriger les aberrations de sphéricité et de réfrangibilité. Les images se forment sur une membrane nerveuse qui tapisse le fond de l'œil, appelée *rétine*, laquelle transmet au cerveau les sensations qu'elle éprouve.

L'œil se compose de trois milieux qui diffèrent de formes et de forces réfringentes. Le premier est un ménisque convexe concave rempli d'une liqueur diaphane semblable en apparence à de l'eau, et que pour cette raison l'on nomme *humeur aqueuse*. Vient ensuite un corps solide, diaphane, qui a la forme d'une lentille convergente, et que l'on appelle le *cristallin*. Il est plus plat en avant qu'en arrière, et s'aplatit de plus en plus avec l'âge. Enfin, dans toute la cavité postérieure se trouve un liquide visqueux semblable à du verre fondu, et que l'on nomme pour cette raison *humeur vitrée*. L'enveloppe qui contient tout ce système peut être considérée comme formée par le prolongement et l'extension des téguments du nerf optique. Le tégument le plus extérieur donne naissance à l'enveloppe, qui est dure, opaque, mais cependant flexible à la manière de la corne, et que l'on a nommée pour cette raison *sclérotique*, ou *cornée opaque*. Mais, en arrivant au-devant de l'œil, cette membrane s'amincit et devient diaphane comme un verre de montre, ce qui était nécessaire pour qu'elle donnât passage à la lumière; alors elle prend le nom de *cornée transparente*. En cet endroit elle est recouverte au dehors par la peau, devenue d'une extrême minceur. La seconde enveloppe du nerf optique s'épanouit au-dessous de la précédente, et forme une couche appelée *choroïde*, qui est enduite d'une liqueur noire; car, de même que nous noircissons l'intérieur des tuyaux de nos lunettes, il fallait que l'intérieur de notre œil fût noirci, pour éviter la confusion qui serait résultée des réflexions multipliées des rayons. Enfin, la portion intérieure et médullaire du nerf optique s'épanouissant à son tour comme les précédentes, forme cette membrane nerveuse d'un gris blanchâtre qui s'applique sur la choroïde, et que l'on appelle la *rétine*. On présume que c'est sur elle que s'opère la sensation. Elle augmente ou diminue de développement selon que celle-ci est plus ou moins vive, de manière à figurer une sorte de cavité, de fenêtre qui s'ouvre ou se referme. De même que l'intensité de l'image résulte du diamètre de la lentille, de même l'épanouissement de la rétine résulte de la vivacité de la sensation.

Maintenant il est aisé de voir comment a lieu l'acte de la vision. Les rayons émanés des objets extérieurs tombent sur la cornée transparente, traversent l'humeur aqueuse, le cristallin, l'humeur vitrée, et vont se concentrer sur la rétine au foyer de l'instrument, où ils forment une petite image renversée. Ce résultat se vérifie sur des yeux d'hommes ou d'animaux extraits peu de temps après la mort. Si l'on amincit en effet la partie supérieure de la sclérotique, et qu'on place au-devant de l'œil à une distance convenable un objet lumineux, on voit, en regardant par derrière, se former sur le fond de l'œil une image bien nette de l'objet, laquelle varie en raison inverse de la distance.

Dans les instruments d'optique, la vision ne s'opère avec netteté, à des distances inégales, qu'à la condition de varier proportionnellement les longueurs focales de la lunette. Par quel mécanisme cette condition se trouve-t-elle remplie dans l'œil, où la vision s'opère également bien à des distances fort diverses? Car ce qui prouve qu'il se passe dans l'œil quelque chose d'analogue à la variation des distances focales dans l'instrument, c'est qu'il faut un certain temps et même un certain effort à l'œil pour varier ainsi sa portée, comme on peut s'en assurer en plaçant un petit objet, un cheveu par exemple, à peu de distance de l'œil, de manière qu'il se projette sur un autre objet plus éloigné; il est impossible de voir nettement les deux objets à la fois, et l'œil est obligé de passer alternativement de l'un à l'autre. L'anatomie a fait de vains efforts pour découvrir par quel mécanisme cet organe arrive à varier ainsi ses effets. On avait supposé d'abord que la partie anté-rieure de la cornée pouvait à volonté prendre une forme plus concave ou plus convexe, ou bien que la rétine pouvait avoir la facilité de s'éloigner ou de se rappro-cher un peu pour suivre le foyer dans ses déplacements; mais des expériences précises ont démontré la fausseté de ces deux hypothèses. Reste donc le cristallin pour produire le phénomène; et nous pensons alors même qu'il nous est impossible de concilier cette vue avec les données de l'anatomie, que c'est au cristallin que l'œil doit de voir avec netteté à des distances inégales, car

en perdant le cristallin il perd cette faculté. C'est ainsi
que les personnes qui ont subi l'opération de la cata-
racte (on sait que cette opération consiste à enlever le
cristallin lorsqu'il a perdu sa diaphanéité) ne voient
bien qu'à une distance donnée : cette distance est grande,
comme pour les presbytes.

Mais comment cet acte de la vision donne-t-il naissance à la sensation? On l'ignore; tout ce qu'on sait,
c'est que l'impression produite sur la rétine est transmise au cerveau par le nerf optique. Partant de ce point,
Mariotte avait pensé que plus l'image se rapprocherait
de l'endroit où le nerf vient s'épanouir sur la rétine,
plus la sensation serait vive, et qu'elle atteindrait son
maximum d'intensité lorsqu'elle se formerait sur le point
même où le nerf vient aboutir. L'expérience lui donna
un résultat diamétralement opposé; car il reconnut, au
moyen d'un procédé fort simple, que ce point de la rétine est insensible, et qu'un objet devient invisible dès
qu'on se place de manière à y faire tomber son image.

L'axe de l'œil, c'est-à-dire la direction dans laquelle
nous regardons habituellement, n'est pas celle dans laquelle nous voyons le mieux les objets. La partie de la
rétine qui y correspond est comme racornie par l'u-
sage; elle est moins sensible que les parties voisines.
Aussi aperçoit-on beaucoup mieux un objet en regardant un peu de côté qu'en regardant directement. Aussi
les astronomes disent-ils que pour voir une étoile il ne
faut pas la regarder, c'est-à-dire qu'on la voit mieux en
regardant l'endroit voisin de celui qu'elle occupe.

La sensation produite sur la rétine par les rayons lumineux a quelque durée; c'est ce qui fait qu'un charbon

3.

ardent qu'on tourne rapidement paraît un cercle lumineux. Et si on le fait tourner dans un diaphragme percé
d'un trou, de manière qu'on ne le voie qu'à son passage
vis-à-vis de ce trou, il paraîtra y être continuellement
si le mouvement est assez rapide pour qu'il s'y présente
dix fois en une seconde.

Lorsqu'on regarde longtemps une même couleur, il se
produit dans les fibres de la rétine une sensation mor-
bide qui la rend moins propre pendant quelque temps à
percevoir cette couleur, et fait prédominer la couleur
complémentaire. C'est ainsi qu'après avoir regardé du
rouge ou du vert, on voit sur les objets qu'on observe
des taches vertes ou rouges, car ces deux couleurs sont
complémentaires l'une de l'autre, c'est-à-dire qu'ajoutées
elles produisent du blanc.

Il est probable que les fibres qui perçoivent une couleur ne sont pas les mêmes qui en perçoivent une autre;
c'est du moins ce qui semble résulter d'une vérité de fait
incontestable, savoir qu'il est des personnes qui ne perçoivent pas toutes les couleurs. Colardeau était dans ce
cas. Il s'occupait quelquefois de peinture, et fit un jour
le fond d'un tableau écarlate, croyant le faire sombre.
Lorsqu'on le lui fit remarquer, il ne put saisir aucune
différence entre ces deux couleurs. Les annales de l'A-
cadémie des Sciences parlent d'une famille entière d'É-
cossais qui confondait le vert avec le rouge au point de
ne pouvoir distinguer les cerises des feuilles qu'à la
forme seulement; et Dalton, le célèbre chimiste anglais,
ne trouvait aucune différence entre la couleur d'une rose
et celle des feuilles du rosier.

Notre œil a d'ailleurs une puissance bornée, il ne saurait distinguer des points très-petits sur un tableau ; il faut, pour lui, que les objets aient une certaine grandeur, et qu'ils soient éclairés d'une certaine quantité de lumière ; il est donc soumis à des limites de dimension et d'intensité. Il offre aussi quelquefois des phénomènes physiologiques singuliers ; il ne voit pas un point d'une certaine petitesse, mais il aperçoit une ligne formée par une succession de points semblables ; il suffit donc de prolonger l'objet qu'il ne voit point d'abord pour que celui-ci devienne visible ; on ne verrait pas à une certaine distance un fragment de paratonnerre, et cependant on le distinguera très-bien à cette même distance s'il s'offre à nous dans sa longueur. C'est là une des singularités de la vision.

Les anciens n'ont eu aucun moyen d'ajouter à la puissance de l'œil dans l'observation des astres ; quand ils voulaient s'assurer si une étoile avait un mouvement propre, ils la visaient avec une pinnule (pl. VI, fig. 1), qui leur servait uniquement à en trouver la direction ; mais même pour cela l'instrument était très-insuffisant, car si l'ouverture de la pinnule est un peu grande, la ligne de vision devient incertaine et n'a aucune fixité ; si, au contraire, l'ouverture est très-petite, la pupille ne reçoit plus la quantité de rayons lumineux qui lui est nécessaire pour voir convenablement les objets. Afin d'atténuer autant que possible les erreurs qui pouvaient résulter de l'usage d'une seule pinnule, on en employait souvent deux à la fois. Il y avait à l'Observatoire de Baghdad des instruments d'observation de ce genre plus grands que les nôtres, mais leur usage se bornait à l'observation des astres les plus brillants : si on eût toujours été réduit à de pareils moyens, la science serait certainement encore dans l'enfance.

En 1609, le hasard fit découvrir un instrument auquel se rattachent tous les progrès récents de l'astronomie ; des enfants qui jouaient dans la boutique d'un fabricant d'instruments d'optique, à Middelbourg (Hollande, Zeeland), trouvèrent dans la position relative de deux verres la combinaison même sur laquelle repose la construction de la lunette, instrument admirable à l'aide duquel les objets éloignés se rapprochent, et les plus petits objets peuvent être vus sous de grandes dimensions. Le hasard joue souvent un grand rôle dans les découvertes humaines, mais on lui fait rarement sa part, et la raison c'est qu'il est muet. Galilée, ayant entendu parler de la découverte faite à Middelbourg, essaya de la reproduire et y parvint ; il construisit une lunette qui rapprochait aussi les objets. On a attribué cette reproduction à sa connaissance de la théorie de cet instrument ; le fait est qu'il ne l'a point connue.

Une lunette se compose de deux verres lenticulaires qu'on place aux extrémités d'un cylindre ou tuyau, lequel sert principalement à les maintenir à une distance respective convenable (pl. VI, fig. 2). L'un de ces verres est très-large, c'est celui qu'on tourne vers l'objet, et que pour cela même on appelle l'*objectif*. A l'autre bout est une autre lentille très-courbe : toute la construction d'une lunette se réduit à cela... Quant à sa théorie, elle repose sur ce que le verre qui est tourné vers l'objet éloigné en reproduit l'image derrière lui, à ce point même que nous avons déjà appelé le *foyer*. L'autre verre, qu'on appelle l'*oculaire*, qui est très-courbe et par conséquent à court

foyer, grossit cette image aérienne de l'objectif absolument comme si c'était l'objet lui-même. Ainsi, dans une
lunette, deux parties essentielles : une lentille qui donne
l'image de l'objet éloigné, et une autre qui la grossit.

Cette distinction entre les deux verres est capitale. A
quoi une lunette peut-elle servir? A donner de la *fixité* et
de la *délicatesse aux lignes de visée*, à l'aide desquelles
on veut reconnaître le mouvement des corps; et comme
c'est par l'oculaire que le grossissement se fait, ce grossissement sera plus ou moins considérable selon que
l'on emploiera pour oculaire une lentille, une loupe plus
ou moins courbe. Il suffira donc, pour faire varier à
volonté le grossissement, de changer la loupe qui sert
d'oculaire sans qu'on ait besoin de toucher à l'objectif.

Les grossissements obtenus jusqu'à ce jour ne sont
pas excessifs: en cherchant à les accroître on a rencontré
de grandes causes d'erreurs. Quand la lunette était courte
on obtenait une image *irisée*[1]. Pour atténuer ce défaut,
on a imaginé d'abord de faire usage de lentilles peu courbes, mais alors on s'est vu dans l'obligation de donner à
l'instrument des dimensions énormes; on a employé à
l'Observatoire de Paris des lunettes qui ont eu 100, 200
et jusqu'à 300 pieds de longueur; elles ne rendirent aucun service. On en avait supprimé le tuyau, parce qu'il
ne sert qu'à relier l'oculaire à l'objectif, et à faciliter les
déplacements; l'un de ces instruments était monté sur
une tour colossale, dépendante antérieurement de l'ancienne machine de Marly; l'image de l'objectif allait se
peindre dans la cour, et là on la grossissait avec la

[1] C'est-à dire, enveloppant les images d'une zone aux couleurs de l'iris
ou de l'arc-en-ciel.

loupe; mais le moindre changement dans la position de l'objet exigeait un grand déplacement de la part de l'observateur, et pour suivre l'astre dans son mouvement il aurait fallu que l'astronome fût tantôt à terre, tantôt juché au haut d'un mât (Voy. pl. VI, fig. 5).

Les grossissements que l'on pouvait produire alors étaient de 100 à 150 fois seulement; plus tard Auzout était parvenu à obtenir des grossissements de 600 fois. Pendant longtemps une erreur de Newton (car il s'est aussi trompé) avait fait admettre que l'irisation des lentilles était une chose inévitable; et, par suite de cette opinion, on chercha d'autres moyens de vision; on songea à obtenir l'image par voie de réflexion, au lieu de la produire par voie de réfraction. En effet, la lumière ne se décomposant pas en se réfléchissant, elle ne s'irise pas; mais la construction des lunettes sur ce principe offrait d'abord un grave inconvénient, résultant de ce que l'image réfléchie faisant retour en sens contraire de l'observateur, celui-ci ne pouvait la regarder sans l'intercepter plus ou moins en interposant la tête. Un artifice de Newton remédia à ce défaut. Comme tout près du foyer l'image occupe un petit espace, il plaça là un très-petit miroir plan incliné de manière à renvoyer l'image par côté; celle-ci, réfléchie ainsi latéralement, put alors être observée d'une manière déjà beaucoup plus commode. L'instrument ainsi modifié prit le nom de télescope de Newton (Voy. pl. VI, fig. 4). Il laissait néanmoins encore beaucoup à désirer; il fallait se détourner par côté pour observer l'image, ce qui avait plus d'un inconvénient. Grégory y apporta de nouveaux perfectionnements, et donna son nom à un autre téles-

cope qui diffère de celui de Newton principalement en ce
que, au lieu du petit miroir plan de celui-ci, il employa
un second miroir concave, qui, au lieu de renvoyer l'i-
mage par côté, la réfléchit directement dans le sens
même de l'axe du tuyau : une ouverture pratiquée au
fond et au centre du premier miroir permet ensuite
à l'image, ainsi deux fois réfléchie, d'aller se peindre
au fond de l'oculaire, lequel peut alors rester placé
d'une manière beaucoup plus commode pour l'observateur dans le prolongement même du tube télescopique (Voy. pl. VI, fig. 5).

Ainsi les télescopes diffèrent des lunettes en ce que
l'image y est formée par voie de réflexion. Ces instruments pouvaient bien servir à faire des observations sur
la constitution physique des planètes, mais ils étaient
encore insuffisants pour arriver à obtenir des lignes de
visée rigoureuses, et par conséquent à déterminer avec
exactitude le mouvement des astres : jusque-là donc le
problème paraissait insoluble.

Le fils d'un réfugié français, Dollond, ne s'arrêtant
plus à l'autorité de Newton, imagina de tenter une construction de lentilles qui donnassent des images non
irisées; il y parvint après beaucoup d'essais, et on eut
alors des lunettes achromatiques[1] qui permirent de faire
pour chaque jour des observations parfaitement compa-
rables. Lorsqu'on regarde avec une pareille lunette à
deux verres, on voit à la fois un grand nombre d'objets
qui occupent un espace circulaire appellé le *champ
de la lunette.* Ce champ varie ensuite selon le grossisse-

[1] De *a* privatif, *sans,* et *chromos,* couleur ; *achromatique,* sans
couleur, ne produisant pas d'images irisées.

ment; plus on grossit, plus le champ se restreint;
avec certains oculaires, on finit par ne plus y voir
que des fragments d'un astre; la moindre petite tache
de la lune, lorsqu'elle est ainsi grossie jusqu'à un
certain point, finit par occuper tout le champ de la vision. C'est ainsi que l'on est parvenu à faire la topogra-
phie de la partie visible de la surface de notre satellite.

La découverte qui a rendu les lunettes achromatiques,
a également rendu possible des grossissements beaucoup plus grands. La première lunette de Galilée, que
l'on conserve à Florece, grossissait cinq fois, comme
une lunette d'opéra; il ne dépassa jamais un grossissement de 32 fois : or, pour découvrir l'anneau de Saturne, il faut plus que cela. Sous Louis XV on atteignit
des grossissements de 60 à 70 fois, à l'aide desquels on
put apercevoir les satellites; puis le roi d'Angleterre fit
présent au duc d'Orléans d'une lunette qui grossissait
de 100 fois. Enfin Herschell annonça un télescope qui
pouvait grossir jusqu'à 6,000 fois : on l'accusa de vouloir en imposer, et il fut sommé de prouver la possibilité
d'un pareil grossissement; il répondit à la sommation,
et il lut à la Société royale de Londres un Mémoire qui
ne laissa plus aucun doute dans les esprits. Ainsi, avec
ce télescope d'Herschell, une montagne éloignée de
6,000 lieues eût pu être aperçue comme si elle n'eût
plus été qu'à la distance d'une lieue, c'est-à-dire comme
de l'Observatoire on aperçoit Montmartre à l'œil nu.
Toutefois, comme la quantité de lumière qui entre
dans le tuyau du télescope dépend de la grandeur de l'objectif, Herschell, pour atteindre son but, dut en faire con-

struire de très-larges : la surface polie du miroir de son grand télescope de 39 pieds n'avait pas moins de 4 pieds anglais (1 mètre 22 cent.) d'ouverture.

Mais les larges objectifs de verre ont toujours offert des défauts très-graves : les *stries*, les filets de plomb qui se trouvent ordinairement dans le verre brisent les rayons lumineux et altèrent la pureté de l'image : ce n'est que durant ces dernières années que l'on est parvenu à faire de grands objectifs sans stries ; et aujourd'hui, dans un modeste atelier de la rue Mouffetard, 283[1], on en fabrique qui ont jusqu'à 20 pouces de diamètre et qui sont sans défauts. Tributaires jadis de l'étranger pour cet objet important, nous sommes en mesure actuellement d'en fournir à tous nos voisins.

La tête du spectateur, ainsi que nous l'avons vu, ne doit pas être sur la route des rayons qui pénètrent dans un télescope. Cette condition à remplir a donné naissance aux télescopes newtonien et grégorien.

Dans ces deux instruments, le petit miroir interposé entre l'objet et le grand miroir forme pour ce dernier une sorte d'écran qui empêche la totalité de sa surface de contribuer à la formation de l'image. Le petit miroir joue encore, sous le rapport de l'intensité, un autre rôle très-fàcheux.

Supposons, pour fixer les idées, que la matière dont les deux miroirs sont formés réfléchisse la moitié de la lumière incidente. Dans l'acte de la première réflexion

---

[1] M. Arago veut parler de la fabrique de M. Guinand, qui a obtenu du jury de l'Exposition de 1834 une médaille d'argent ; de celui de l'Exposition de 1839 une médaille d'or, pour ses disques en flint et en crown-glass (cristal royal).—Voyez la note A à la fin du volume.

4

l'immense quantité de rayons que l'ouverture du télescope avait reçue peut être considérée comme réduite à moitié. Sur le petit miroir, l'affaiblissement n'est pas moindre; or, la moitié de la moitié, c'est le *quart*. Ainsi l'instrument enverra à l'œil de l'observateur le quart seulement de la lumière incidente que son ouverture avait embrassée. Une lunette, ces *deux* causes d'affaiblissement n'y existant pas, donne aux images, à parité de dimension, *quatre* fois plus d'éclat qu'un télescope newtonien ou grégorien.

Pendant bien longtemps les lunettes ne servirent qu'à étudier la constitution physique des astres; mais elles ont rendu depuis bien d'autres services, et on peut dire sans exagération qu'elles ont presque doublé l'existence des astronomes. L'invention de Galilée n'est donc pas aussi simple qu'on pourrait le croire et en réfléchissant à ce qu'elle est devenue, l'esprit est involontairement ramené vers cette pensée de Pascal : « Que les sciences font autant de progrès par la suite des siècles que par la uite des hommes. »

Mais une fois inventées, les lunettes ne devaient acquérir toute leur valeur qu'autant que l'on parviendrait à combiner les avantages qu'elles présentaient, avec ceux de la pinnule, que l'on pourrait en un mot donner à l'œil, dans le champ même de la vue, un point de repère qui seul devait assurer aux observations toute l'exactitude dont elles sont susceptibles. Cette découverte était réservée au savant Huyghens; il imagina d'adapter ce repère fixe aux deux bords du tuyau, idée bien simple qui devait avoir cependant des conséquences immenses. On se servit d'abord à cet effet de cheveux; mais on ne tarda pas à s'apercevoir qu'ils étaient trop gros, et que, d'ailleurs, les rayons solaires les brûlaient. Les fils d'araignée que l'on employa ensuite ne brûlent pas, mais ils sont, à l'exception de celui qui porte la toile, hygrométriques et sujets par conséquent à se briser sous l'influence des variations atmosphériques. Enfin l'idée vint en dernier lieu de se servir de fils métalliques, si on pouvait les obtenir assez fins. Le laminage les donnait toujours tros gros, ou, lorsqu'on voulait les obtenir trop fins, ils se cassaient; un procédé ingénieux conduisit enfin au résultat désiré. Le voici. Ces fils, qui sont en platine, sont d'abord amincis à la filière autant que cette opération peut le permettre. Ils sont ensuite mis dans des cylindres où l'on fond de l'argent, et forment ainsi l'axe de ces cylindres d'argent, qui, passés eux-mêmes à la filière, sont réduits en fils. Le platine s'est aminci en proportion, et, pour le dégager, on plonge le tout dans l'acide nitrique qui dissout l'argent sans agir sur le platine. Cet axe presque idéal de platine, ce fil si ténu qu'il est beaucoup plus fin que ceux des toiles d'araignées, constitue l'une des bases les plus importantes de l'observation; adapté au télescope, il prend le nom de *pinnule télescopique*. Avec lui il nous sera désormais possible, après avoir acquis néanmoins certaines notions préliminaires, de calculer le mouvement des étoiles.

Le cercle est une figure géométrique trop connue pour qu'il soit nécessaire de la définir ici. Il a été divisé en 360 parties ou degrés, de même que l'année le fut aux premiers temps en 360 jours. Les circonférences des cercles sont entre elles comme les rayons, c'est-à-dire que la circonférence et ses parties ou degrés augmentent dans le même rapport que les rayons. Ainsi les degrés seront doubles lorsque les circonférences auront augmenté de la même quantité. Un angle est l'espace plus ou moins grand compris entre deux lignes qui se coupent. Pour le mesurer sur un cercle, il s'agit simplement de voir combien ces deux lignes embrassent entre elles de degrés ou de parties de la circonférence. Supposons (pl. VI, fig. 6), que l'une des lignes tombe sur O de la division du cercle et l'autre sur 14, la valeur de l'angle sera de 14 degrés. D'après ce que nous venons de dire sur le rapport des circonférences entre elles, on comprend que ce nombre de degrés sera toujours le même, quelle que soit la grandeur du cercle. Dans les cercles trop petits, ou dans ceux dont les subdivisions prennent de trop minimes dimensions, on se sert, pour lire les valeurs angulaires, de loupes d'un pouvoir plus ou moins amplifiant.

Toute ligne élevée perpendiculairement à l'extrémité du rayon qui aboutit à la circonférence, est ce qu'on appelle une *tangente*. Si elle vient à être coupée par un autre rayon prolongé en dehors de la circonférence, par une *sécante*, en un mot, elle forme un triangle. Les rapports qui unissent les angles et les côtés de cette figure, et qui permettent d'avoir la valeur des uns lorsqu'on connaît seulement une partie de celle des autres et réciproquement, constituent toute une partie fort importante des sciences mathématiques, que l'on nomme *rigonométrie;* elle fournit à l'astronomie ses méthodes es plus fécondes de détermination.

On se sert pour désigner la quantité angulaire qu'embrasse un objet, entre les lignes qui touchent à ses limites extrêmes, d'un mot particulier : on dit que l'angle est *soutendu*.

L'angle que soutend un objet varie en raison inverse de la distance de cet objet à l'œil de l'observateur. C'est une des propositions les plus élémentaires de la géométrie.

D'un autre côté la trigonométrie fait connaître les relations qui existent entre les dimensions d'un objet, sa distance et l'angle qu'il soutend : c'est ainsi qu'un objet qui soutend un angle de 1 degré est à une distance égale à 57, 38 fois ses dimensions; si l'angle est d'une minute, il est à 3,438 fois ses dimensions, et 206,000 fois si l'angle soutendu est d'une seconde.

Cela posé, il est aisé de concevoir comment on pourra déterminer la distance d'objets inabordables. Supposons, par exemple (pl. VI, fig. 7), que l'on veuille connaître la distance à laquelle se trouve un objet B, situé sur la rive d'un large fleuve opposée à celle sur laquelle est placé l'observateur. Celui-ci mesurera l'angle soutendu par l'objet, supposons-le d'un degré ; puis il marquera le point A où il se trouvait et il s'éloignera jusqu'à ce que l'objet soutende un demi-degré ; d'après ce que nous avons dit de la proportionnalité des circonférences, il aura dans A C une distance égale à celle qu'il y a entre A et B.

Ce que nous venons de dire du rapport qui lie la grandeur d'un objet à la distance dont il est éloigné, porte naturellement à faire penser que dans l'observation des astres plus on s'en rapprochera, plus l'angle qu'ils

4.

soutendent augmentera. Cela est vrai pour quelques-uns d'entre eux, mais ne conduit à aucun résultat pour les autres. Si, par exemple, au lieu d'observer les étoiles au nord on va les observer au midi ; que l'on se rapproche d'elles d'une distance de 1,000 lieues ; qu'on prenne enfin pour base le diamètre terrestre, ces quantités sont tout à fait imperceptibles et ne donnent aucune différence dans l'observation. Le grand diamètre de l'orbite terrestre, qui est de 76 millions de lieues, n'en amène même point. Quel sujet plus propre à nous faire concevoir l'immensité de l'espace, surtout si l'on songe que ces milliers d'étoiles qui se superposent à nos yeux, conservent toutes entre elles des distances aussi incommensurables !

TROISIÈME LEÇON.

DES ÉTOILES.

Dans les observations qui ont les astres pour objet, il est indispensable d'avoir un point de repère fixe, auquel on puisse sans cesse les rapporter. Quand dans une plaine libre, dégagée, où rien ne fait obstacle, l'observateur regarde le ciel, il lui présente l'aspect d'une voûte bleuâtre, azurée, dont la limite avec la terre est formée par une ligne invariable de forme circulaire que l'on appelle *horizon*; le rayon horizontal de cette voûte lui paraît plus grand que le rayon vertical dans un rapport qui a été apprécié être de 3 à 1. Cela tient à la couleur bleue de cette vaste concavité qui, foncée dans sa région supérieure, diminue d'intensité à mesure qu'elle se rapproche de l'horizon. En se transportant sur des points élevés de la terre, l'espace paraîtrait noir, car sa couleur bleue est seulement due à la réflexion d'une partie des rayons lumineux qui traversent l'atmosphère. Mais quel moyen employer pour déterminer la position de ce repère trouvé, des limites de l'horizon? Le voici. On tend un fil au moyen d'une petite masse de plomb attachée à l'une de ses extrémités, d'où lui vient son nom vulgaire de *fil à plomb;* puis on dispose, suivant une direction parfaitement parallèle à celle du fil, un axe rigide qui formera la branche verticale d'une équerre. Sur cet axe pivotera la branche horizontale armée de pinnules : la ligne visuelle, menée de l'œil par les pinnules aux objets les plus éloignés, suivra les contours de l'horizon. Sur tous les points de la terre, la surface des eaux stagnantes est perpendiculaire à la verticale, au fil à plomb, de sorte que l'*horizon se trouve ainsi matérialisé.* La verticale prolongée indéfiniment au-dessus de la tête, va rencontrer le ciel en un point qui est ce que l'on nomme le *zénith*, mot arabe signifiant *au-dessus.* En se tournant vers le sud, l'observateur aura l'orient à sa gauche, l'occcident à sa droite, le nord derrière lui. S'il jette les yeux vers le ciel au déclin du jour, il verra les étoiles se lever sur l'horizon à l'orient, monter graduellement jusqu'au sommet de la voûte, et venir enfin se perdre dans quelque point de l'horizon, à l'occident. Où vont-elles? C'était là un grand embarras pour les anciens. Ils pensaient qu'elles s'éteignaient dans l'Océan, et quelques-uns d'entre eux prétendaient même avoir entendu le sifflement qu'elles produisaient alors, bruit assez semblable, disaient-ils, à celui que produit un corps chaud qui est plongé dans l'eau.

Du reste dans nos contrées toutes les étoiles ne vont pas se cacher sous l'horizon. Il en est qui ne font pour ainsi dire que le raser, d'autres qui ne se couchent ou ne disparaissent jamais. L'une d'elles paraît même constamment immobile, c'est la Polaire. Les étoiles de la région méridionale décrivent de plus grands arcs de cercle et ont des mouvements plus rapides que celles de la région boréale, qui se meuvent plus lentement et parcourent de plus petits arcs au-dessus de l'horizon.

En s'avançant du nord vers le midi, on change d'horizon ; certaines étoiles qui ne se voyaient pas auparavant, se montrent alors ; et à mesure que dans cette direction de nouveaux astres apparaissent vers le sud, ceux des régions boréales disparaissent. La verticale se déplace aussi ; on la voit passer d'une étoile vers une autre dès que les distances parcourues sont devenues sensibles, en même temps qu'elle s'incline vers le midi. Son inclinaison est partagée par l'horizon, dont elle marque le centre : ainsi ce plan prend donc continuellement la même position aux différentes stations, et il en résulte une suite de plans tous inclinés les uns sur les autres. Mais la verticale tend toujours au centre et demeure sans cesse perpendiculaire à la surface des eaux tranquilles ; cette surface est donc inclinée, sa limite est donc une courbe; ce sont là des conséquences et des preuves tout à la fois de la sphéricité de la terre.

Le mouvement diurne s'exécute de telle sorte, que les courbes décrites par les étoiles rencontrent l'horizon aux mêmes points, et l'intervalle angulaire qui les sépare reste le même, quelle que soit l'époque à laquelle se fasse l'observation, qu'on les considère à leur lever ou bien lorsqu'elles sont parvenues à la partie la plus élevée de leur course, ou au moment de leur coucher, c'est-à-dire en un mot que l'angle BKS égale BKB′, et que l'angle CKS égale SKC′ (pl. VI, fig. 8).

De plus, ces angles sont toujours égaux, quelles que soient les étoiles observées et quelle que soit la direction dans laquelle se fasse l'observation. Si nous en jugeons autrement, cela tient à ce que dans le jugement que nous portons sur leur distance relative, nous faisons entrer les distances auxquelles nous les supposons des extrémités de la voûte surbaissée du ciel. Les étoiles paraissent plus grosses à l'horizon que dans des situations plus élevées; mais au moyen de la pinnule on peut avoir leur mesure effective, et l'esprit, qui avait été trompé par l'apparence, revient ainsi à une appréciation exacte.

Le mouvement diurne s'exécute donc tout d'une pièce, comme si le firmament était solide, comme si les étoiles étaient clouées sur des sphères de cristal, ainsi que le croyaient les anciens; mais leurs belles sphères diaphanes aux points d'or et d'argent ont été brisées sans pitié par les comètes, ces astres errants qui accomplis-

sent leurs mouvements de révolution suivant des cour
bes si différentes de celles des planètes.

La sphère est un corps engendré par la révolution
d'un cercle autour d'une ligne immobile qui en est l'axe.
C'est d'après ce principe que l'on a construit des globes
célestes qui représentent en miniature la voûte immense
du ciel, avec toutes ses étoiles. Hipparque, astronome
qui observa à Rhodes et à Alexandrie [1], est le premier
qui les ait rapportées sur un globe. Pour cela il traça
arbitrairement sur ce globe un point A (pl. VI, fig. 9)
représentant une étoile quelconque, Sirius, par exemple;
il observa la distance angulaire de Sirius à une autre
étoile, soit Castor. Supposons qu'elle ait été trouvée
de 40 degrés. Il décrivit sur le globe, du point A comme
centre, avec un rayon de 40 degrés, un cercle dont tous les
points étaient ainsi à cette distance du point A. La place
de Castor devait être marquée en un point quelconque de
cette circonférence où l'on voudra. Il observa une troisième étoile, Régulus, si l'on veut, et ses distances angulaires relativement à Sirius et à Castor. La position de
cette troisième étoile n'était plus arbitraire sur le globe
comme les deux précédentes; elle était déterminée par
l'intersection de deux circonférences, dont l'une expri-
mait la distance angulaire de Sirius à Castor, et l'autre
la distance angulaire de Régulus à cette même étoile. En
opérant de la même manière pour les autres étoiles, il
finit par obtenir sur ce globe la représentation de la
sphère étoilée. Hipparque avait ainsi déterminé la position de 1,080 étoiles principales; il paraît qu'il avait em-

---

[1] Il était de *Nikaia* ou Nicée, en Bithynie (Asie-Mineure), et vivait au
deuxième siècle avant J.-C.

ployé un temps considérable à ce travail, devant lequel, dit Pline ,les Dieux eussent reculé, bien qu'il ne présente aucune difficulté sérieuse.

Il y a plus de 2,000 ans que l'astronome grec exécuta ses observations; les groupes qu'il a tracés sont restés les mêmes, et les distances relatives des étoiles n'ont pas offert de changements appréciables : aussi les a-t-on appelées avec raison *étoiles fixes*. Leurs situations sont les mêmes dans tous les pays, et l'éloignement du lieu d'observation n'y apporte aucune modification, que ce soit à Paris, à Stockholm ou à Alexandrie; car *notre globe n'est qu'un grain de poussière* dans l'immensité de l'univers.

On peut distinguer à l'œil nu quelques milliers d'étoiles; mais en s'aidant d'une lunette ou d'un télescope, l'observateur en découvre un nombre vraiment prodigieux. Pour se reconnaître au milieu de ce dédale d'étoiles qui brillent sur la voûte des cieux, on a eu l'idée de les diviser en groupes ou catégories, auxquels on a donné le nom de *constellations*. Cette idée remonte à la plus haute antiquité, et on la retrouve chez les plus anciens peuples de la terre, les Chinois, les Hindous, les Égyptiens, les Grecs, etc. Elle semble d'ailleurs si simple qu'elle se montre à peu près sur tous les points, chez les Péruviens, chez les peuplades errantes, chez les nations les moins avancées en civilisation. Les Grecs, qui n'étaient que des *enfants* par rapport à la science profonde des Égyptiens, ainsi que Platon le dit quelque part, la tenaient d'eux très-probablement. Cependant on a peut-être placé un peu trop haut l'époque à laquelle ces derniers en firent primitivement usàge.

Ce fut sous l'empire de cette idée que l'on assigna au fameux Zodiaque de Denderah une origine qui le faisait remonter bien au delà de toutes les traditions historiques ; mais la découverte immense de Champollion le jeune, qui au moyen d'une idée ingénieuse est parvenu à rendre à l'histoire les nombreuses inscriptions des monuments du Nil [1], a ramené la date du Zodiaque à sa juste valeur. Il a pu lire sur le contour de cette peinture le mot *autocratór*, titre que prenait Néron sur tous les monuments élevés de son temps. Ainsi le Zodiaque de Denderah est de l'époque romaine de l'histoire d'Égypte (Premier siècle après J.-C).

D'un autre côté, les traditions porteraient à faire penser que l'origine des constellations grecques n'est pas en Égypte ; Clément d'Alexandrie en attribue l'invention à Chiron qui semble avoir vécu 1,420 ans avant notre ère. Antérieurement à cette même époque, elles étaient déjà connues, car il en est question dans le Livre de Job, qui remonte à 1,700. Au neuvième siècle (884), Hésiode parle des Pléiades, de la Grande Ourse, de Sirius et du Bouvier ; et à cette même époque, Homère, auquel Hésiode avait disputé le prix de la poésie, désigne la seconde de ces constellations par ces mots : *le Chariot qui n'a pas sa part des bains de l'Océan!* — Eudoxe de Knide, dans son ouvrage intitulé: *Miroir*, qui avait été traduit par Germanicus, parlait avec détail des constellations grecques ; plusieurs autres écrivains anciens avaient traité amplement la même question, mais leurs ouvrages ne sont pas

---

[1] Voyez, dans l'Annuaire de 1836, un article de M. Arago intitulé: *Des Hiéroglyphes égyptiens*, histoire de la première interprétation exacte qui en ait été donnée (p. 238-251).

arrivés jusqu'à nous, les incendies successifs de la Bibliothèque d'Alexandrie nous ayant enlevé la plus grande partie des écrits des philosophes de l'antiquité.

Pour placer sur une carte céleste et les étoiles et les constellations, on est obligé d'user d'artifice, d'employer certaines conventions, de même qu'il a fallu imaginer un moyen pour distinguer les étoiles d'une même constellation les unes des autres. Hipparque, et les anciens à sa suite, leur avait donné des désignations dont l'emploi était difficile et par suite d'une petite utilité. En 1603, l'astronome allemand Bayer imagina de les désigner chacune selon l'ordre de leur grandeur, en se servant des lettres de l'alphabet grec, puis de celles de l'alphabet romain, et enfin des chiffres. D'après cela, l'étoile la plus brillante de chacune des constellations prend la première lettre de l'alphabet grec, α; la moins brillante après elle, β, etc.: α du Taureau (Aldebaran), par exemple, est la plus remarquable des différentes étoiles de cette constellation; β est celle qui lui est inférieure en éclat, et ainsi de suite. Les astronomes ont admis avec Bayer six ordres de grandeur dans les étoiles visibles à la vue simple; on compte 17 étoiles de première grandeur; 55 de deuxième, 197 de troisième grandeur; celles de sixième ordre sont les dernières qui soient visibles à l'œil nu, mais au télescope on aperçoit jusqu'à celles de seizième grandeur.

Voici du reste un moyen très-simple de reconnaître dans le ciel la position des principaux groupes d'étoiles ou constellations. On prend pour point de départ celle de *la Grande Ourse*, autrement dit le Chariot, assemblage brillant de 7 étoiles, dont le caractère est tellement re-

marquable qu'une fois que l'on a bien reconnu sa place
sur la voûte étoilée, on ne peut jamais être embarrassé
de la retrouver. Ces sept étoiles sont ainsi disposées, et
portent dans le système de Bayer les lettres que nous
leur avons données : six sont de seconde grandeur : α,
β, γ, ε, ζ, η; une de troisième, δ; leur disposition est
indiquée dans la planche VI, figure 10.

On voit qu'elles forment un grand quadrilatère à l'un
des angles duquel (δ) se trouve une suite d'étoiles qui en
est comme la queue; c'est, en d'autres termes, le timon
du Chariot. Si en partant de bêta (β) on fait passer idéale-
ment une ligne par alpha (α), cette ligne prolongée ira
rencontrer une troisième étoile, moins brillante, qui est
la Polaire, alpha (α) d'une constellation présentant la
même figure que la Grande Ourse, mais disposée en sens
contraire; ses proportions sont du reste beaucoup moindres, ce qui l'a fait nommer *Petite Ourse*; elle est composée d'étoiles de troisième et de quatrième grandeur :
cela fait qu'elle n'est pas aussi facile à reconnaître que la
Grande Ourse. Cependant comme l'étoile que nous avons
nommée *la Polaire* est la plus remarquable de cette partie du ciel, on la retrouve assez promptement. Elle doit
le nom qu'elle porte à son voisinage du pôle, dont elle
est à 1 degré 36 minutes; du temps d'Hipparque elle en
était plus éloignée, et elle en sera à 45° dans des milliers d'années. Sa position fait qu'elle semble être le
pivot immobile autour duquel tourne la voûte céleste,
et le centre des cercles que décrivent toutes les étoiles.

La ligne qui a donné la Polaire étant prolongée d'une
quantité égale donne *Pégase* ou *la Grande Croix*, grand
carré formé de quatre étoiles secondaires. Avant d'y ar-

river, on laisse à sa droite *Cassiopée,* groupe d'étoiles de troisième et de quatrième grandeur, bien reconnaissable à sa figure en *y*, à queue recourbée ; on peut aussi y retrouver la figure d'une chaise renversée. La ligne qui nous a servi à déterminer la place de la Polaire, prolongée en sens contraire, conduit à la constellation du *Lion,* grand trapèze de quatre belles étoiles, dont deux de premier ordre, *Régulus* à l'ouest, *la Queue* à l'est. Une ligne menée par delta et alpha (δ et α) de la Grande Ourse vers l'est rencontre l'étoile alpha (α) du *Cocher* que l'on appelle *la Chèvre* et qui est une des étoiles les plus brillantes du ciel. La diagonale *alpha, gamma,* (α, γ) de la Grande Ourse traversant l'espace va trouver l'*Épi,* la seule étoile de première grandeur de la constellation de la *Vierge.* La diagonale de sens contraire *delta, béta,* conduit aux *Gémeaux,* qui forment un grand quadrilatère oblique dont deux angles sont occupés par les belles étoiles *Castor* et *Pollux.* En continuant la courbe que décrit la queue de la Grande Ourse on tombe sur une étoile très-remarquable qui est *Arcturus.*

Avec un planisphère céleste et au moyen de procédés aussi simples on parviendra facilement à reconnaître toutes les autres constellations.

Hipparque nous a transmis une table générale des constellations de son temps ; elles sont au nombre de 49 : 12 dans le Zodiaque, 20 au nord de cette zone et 15 au midi. Aujourd'hui le nombre en est considérablement augmenté.

La table suivante est la liste générale des constellations avec le nombre des étoiles comprises dans chacune d'elles.

Constellations boréales des anciens.

Constellations boréales des modernes.

Constellations zodiacales.

Constellations australes des anciens.

Constellations australes des modernes.

En parcourant les catalogues d'étoiles que nous ont laissés les anciens, on est amené à faire une remarque bien singulière; quelques-unes des étoiles anciennement observées ont changé d'éclat d'une manière plus ou moins notable, tandis que d'autres ont apparu qui n'avaient jamais été vues; il en est qui ont disparu pour redevenir visibles plus tard, et quelquefois pour ne plus reparaître. Ainsi alpha (α) de Cassiopée est une étoile dont la lumière est beaucoup plus faible que bêta (β) de la même constellation. Or, c'était l'inverse autrefois; il faut donc que β ait augmenté d'éclat, ou bien que l'éclat de α ait diminué.

L'intensité de la lumière des étoiles n'est donc pas invariable. C'est là une question capitale pour nous, car le soleil étant une étoile, cela porterait à penser qu'il peut varier ! Dans les siècles passés il aura pu régner sur la terre une température très-supérieure à celle de notre temps; aux siècles futurs sera réservé, peut-être, de voir le soleil s'éteindre, de voir l'ensemble des planètes circuler autour d'une masse toujours énorme, mais désormais impropre à porter la vie à 40 millions de lieues de distance ! Ces considérations méritent de fixer l'attention des géologues qui recherchent les causes des catastrophes épouvantables dont notre globe offre partout les traces.

Ératosthène, né 276 ans avant notre ère, disait en parlant des étoiles du Scorpion : « Elles sont précédées par la plus belle de toutes, la brillante de la Serre boréale! » Or, maintenant la Serre boréale est moins brillante que la Serre australe, et surtout qu'Antarès. Hipparque, le plus grand observateur des temps anciens, disait en critiquant Aratus : « L'étoile du pied de devant du Bélier est *belle et remarquable*; de nos jours, l'étoile du pied de devant du Bélier n'est que de quatrième grandeur. Mais en même temps qu'il y a des étoiles dont l'intensité va en s'affaiblissant, il y en a d'autres qui ont complétement disparu. Le 10 octobre 1781, W. Herschell vit distinctement la 55ᵉ d'Hercule, placée sur le col de la figure, et nota qu'elle était *rouge*; le 11 avril 1782, il l'aperçut de nouveau et l'inscrivit dans son journal comme une étoile ordinaire. Le 24 mai 1791, il n'en restait plus aucune trace. Des essais répétés le 25 et plus tard ne donnèrent pas un autre résultat : ainsi la 55ᵉ d'Hercule a disparu. En présence de ces faits on est porté naturellement à se faire cette question : les étoiles s'éteignent-elles?

Il est un autre phénomène très-remarquable qui doit

aussi fixer notre attention, c'est le changement de couleur de certaines étoiles. Ptolémée, Sénèque, Cicéron
parlent de Sirius, comme d'une étoile *rougeâtre*. Sirius
est de nos jours la plus *blanche* de toutes les étoiles ;
elle est d'un blanc resplendissant.

Mais reprenons avec ordre les recherches sur les
changements d'intensité des étoiles, en réunissant les
remarques successivement faites par la suite des observateurs modernes, car chacun n'apporte qu'un grain
de sable dans la pyramide de la science qu'élèvent les
hommes.

Les étoiles dont nous allons nous occuper n'ont du
reste qu'un éclat temporaire qui fait place à une disparition complète, revenant à des intervalles fixes plus ou
moins longs : aussi leur a-t-on donné le nom d'*étoiles
périodiques*.

La première observation qu'on ait faite d'une variation d'intensité sur une étoile périodique remonte à près
de deux siècles et demi. Dans l'année 1596, le 13 août,
David Fabricius aperçut au *col de la Baleine* une étoile
de troisième grandeur, qui disparut en octobre de la
même année. En 1603, Bayer, faisant son catalogue,
dessina au *col de la Baleine*, à la place même où l'é-
toile de David Fabricius s'était évanouie, une étoile de
quatrième grandeur qu'il appela *Omicron* (o bref de
l'alphabet grec).

Bayer n'ayant pas rapproché son observation, celle de
la *réapparition* de Omicron de la Baleine, de l'observation de *disparition* enregistrée par David Fabricius,
manqua l'occasion d'attacher son nom à une des belles
découvertes de l'astronomie moderne. Cette découverte

appartient à un savant Hollandais, Jean Phocylides Holwarda, professeur à Franecker (Frise). Cet astronome vit l'étoile de la Baleine au commencement de décembre 1638, pendant une éclipse de lune. Elle surpassait alors les étoiles de troisième grandeur. Quand la lumière solaire l'effaça, elle était déjà descendue jusqu'à la quatrième grandeur. Vers le milieu de l'été de 1639, Holwarda n'en put retrouver aucun vestige. Plus tard, le 7 novembre 1639, il la revit à son ancienne place. Phocylides Holwarda prouva ainsi, par ses seules observations, que des étoiles pouvaient être soumises à des alternatives périodiques de disparition et de réapparition. Les observations d'Holwarda furent suivies par Fullenius, Jungius, Hévélius, pendant 15 ans, et pendant ces 15 années l'étoile fut plusieurs fois de troisième grandeur, plusieurs fois invisible. Entre ces périodes d'augmentation ou de diminution d'éclat, entre ces apparitions et ces disparitions successives, il existe des intervalles de temps réguliers, périodiques. Ainsi à l'aide d'une discussion attentive d'observations embrassant l'intervalle compris entre 1638 et 1666, Bouillaud, l'auteur de l'*Astronomie Philolaïque*, trouva, pour le temps qui s'écoule entre deux disparitions successives d'Omicron de la Baleine, 333 jours. Jean Cassini assigna un jour de plus, c'est-à-dire 354 jours, période que W. Herschell réduisit à 331, ce qui donne entre les deux dates extrêmes qui ont servi de base au calcul, 13 août 1596 et 1er janvier 1678, 89 à 90 périodes.

Mais les étoiles périodiques ne reviennent pas toujours au même éclat; toutes ne sont pas régulières dans leurs retours. Ainsi, telle étoile qui d'abord avait été aperçue avec l'éclat d'une étoile de deuxième grandeur, et qui, après

avoir momentanément disparu, deviendra de nouveau
visible, ne le sera plus que comme une étoile de quatrième
ou de cinquième grandeur. Elles emploient pour revenir
au même éclat des temps variables : le khi (χ) du Cygne,
par exemple, met 494 jours pour passer par toutes ses
phases alternatives de lumière et d'ombre ; pendant
404 jours cette étoile est visible ; pendant 90 jours elle
cesse de l'être. Quelquefois on voit l'éclat de certaines
étoiles s'affaiblir, décroître dans un temps très-court :
ainsi Algol ou bêta de Persée présente ces changements en
2 jours 20 heures 48 minutes ; d'autres c'est en 5 jours,
6 jours, 7 jours.

On a divisé en deux classes les étoiles que le dernier
siècle soupçonnait d'être variables ; dans la première
sont rangées celles qui le sont réellement, et dans la seconde celles qui ne sont que présumées l'être. Les premières sont au nombre de 12, de la première à la quatrième grandeur, y compris celle qui parut dans Cassiopée, en 1572, et celle qui se montra en 1604 dans le
Serpentaire. Les secondes vont jusqu'à 50 et sont de
la première à la septième grandeur.

On s'est épuisé en conjectures pour expliquer ces
changements surprenants. Newton pensait que la vivacité passagère de ces étoiles était due à une augmentation de combustible produite par la chute de quelque
comète. Ce système de Newton, qui veut que les comètes
soient destinées à alimenter la combustion des étoiles
comme des bûches qu'on jetterait dans un foyer, est
trop peu en harmonie avec les moyens qu'emploie la
nature et avec le mode de combustion probable des
corps célestes, qui ne peut guère être due qu'à des

agents électriques. Maupertuis, s'étayant de la nature de l'anneau de Saturne, suppose que les étoiles périodiques sont animées d'un mouvement de rotation si rapide que la force centrifuge a dû leur donner la figure d'un sphéroïde aplati et même réduit à un plan circulaire, comme une meule de moulin ; qu'elles doivent nous paraître très-éclatantes lorsque, par l'effet d'un mouvement d'inclinaison, elles nous présentent la face de leur disque, tandis qu'elles peuvent n'être que peu ou point visibles quand leur bord est tourné vers nous. A ce système s'applique la réflexion que nous a suggérée celui de Newton, sur la marche suivie par la nature dans l'organisation de l'univers. D'autres ont supposé que de grands corps planétaires opaques, en circulant autour d'elles, occultent leur lumière dans des temps réguliers. Mais c'est à Bouillaud qu'était réservé l'honneur d'envisager les étoiles périodiques d'un point de vue réellement philosophique. Dans un mémoire de dix-neuf pages sur l'étoile de la Baleine dont il a été question plus haut, il fait de cet astre un globe doué d'un *mouvement de rotation régulier et continuel* autour d'un de ses diamètres. En ajoutant à cette première donnée la supposition que le globe est obscur sur la plus grande partie de sa surface et lumineux dans le reste, l'astronome français croyait pouvoir satisfaire à toutes les circonstances du phénomène. Mais quelle cause assignera-t-on à ces étoiles qui paraissent tout à coup dans le ciel, là où personne ne les avait aperçues, et à celles qui ont disparu et qu'on n'a jamais revues. Le 11 novembre 1572, une nouvelle étoile de première grandeur fut aperçue r Tycho-Brahé dans la constellation boréale de Cas-

siopée; elle brillait d'un tel éclat qu'on pouvait l'observer en plein jour; en douze mois elle descendit la
première à la septième grandeur. Quelques mois après,
l'œil la chercha vainement. Il en est une qui se montra
subitement à Kepler, en 1604, dans la constellation du
Serpentaire et qui, après avoir pâli, disparut entièrement. Nous avons parlé de celle qu'Herschell aperçut
en 1781.

La cause de ces phénomènes qui nous paraissent
étranges, et qui défient la sagacité humaine, comme
tant d'autres secrets de la nature vivante ou inanimée,
on l'ignore. Une conjecture a été hasardée au sujet de
ces astres qui se montrent instantanément; on a pensé
que c'était peut-être de la matière électrique, parcourant l'espace avec une incroyable rapidité [1].

---

[1] Nous ne saurions trop inviter le lecteur à lire et à méditer tout ce
que M. Arago a écrit sur les étoiles, dans sa belle analyse des travaux de
W. Herschell, *Annuaire pour* 1842. Ce résumé est traité de main de
maître et rempli du plus grand intérêt.

QUATRIÈME LEÇON.

ÉTUDE DU MOUVEMENT DES ÉTOILES.

Description du théodolite. — Vernier. — Théorie du Vernier. — Niveau
à bulle d'air. — Description. — Étude du mouvement diurne des
étoiles. — Description de la machine parallatique. — Détermination
du méridien. — Recherche de la nature des courbes décrites par les
étoiles dans leur mouvement. — Manière de la constater. — Axe du
monde. — Pôles.

Après avoir exploré les merveilles de l'espace, nous
allons passer à l'exposé des divers moyens de l'étudier.
Commençons d'abord par la description d'un instrument à l'aide duquel on peut suivre les étoiles dans
leur mouvement diurne et s'assurer que leur marche
est régulière et uniforme. Cet instrument est le *théodolite*[1].

Le théodolite se compose de deux parties principales,
un cercle horizontal pour mesurer les arcs situés dans
ce plan, une lunette et un cercle verticaux destinés à
l'appréciation des angles qui ont cette position; des
niveaux à bulle d'air complètent le système.

[1] De θεάομαι, voir, ὁδός, marche, distance; instrument pour mesurer
ou déterminer les distances par la vue.

Les limbes, les bords des cercles sont divisés en degrés et fractions de degrés selon le diamètre de l'instrument; ces divisions procèdent ordinairement de 5 en 5 minutes.

Le cercle ou plateau horizontal est monté sur trois pattes K K' K'' (pl. VI, fig. 11), portant chacune sur la pointe d'une vis V V' V'', qui servent à caler ce cercle que l'on appelle *azimuthal*, parce qu'il sert à mesurer les azimuths. La colonne centrale sur laquelle pivote ce cercle porte en dessous une *lunette d'épreuve* A' B', qui n'a d'autre usage que d'attester, en la pointant sur un signal fixe et éloigné, que l'instrument, dans les manœuvres de l'opération, n'a éprouvé ni torsion, ni vacillation. Si l'objet est terrestre, on corrige par la moyenne de deux observations faites en sens inverse; on fait tourner le cercle vertical sur le cercle azimuthal, d'abord à droite, puis à gauche.

La lunette verticale est, ainsi que le cercle qui en dépend, placée sur le côté de la colonne ou du support qui la soutient; elle n'est pas au centre de l'instrument; mais cela ne peut causer aucune erreur pour un objet aussi éloigné qu'une étoile, parce que l'excentricité de la lunette est nulle par rapport à la distance de cette dernière.

Rappelons-nous d'ailleurs que dans les observations astronomiques, un angle d'une seconde répond à une distance égale à 206,000 fois le diamètre de l'objet vu sous cet angle. Ainsi un mètre donne 206,000 mètres.

Vernier. — Comme il est très-important dans les opérations astronomiques d'avoir avec précision les plus petites fractions de degrés, on se sert, pour les lire sur le limbe, d'un petit appareil décrit en 1631 par un géomètre français nommé *Vernier*[1], d'après un principe posé antérieurement par un autre géomètre, *Nonius*[2], dont il prend aussi quelquefois le nom.

Développons ce principe et montrons le parti que l'on en a tiré.

Soit un cercle de 1 mètre de diamètre, sa circonférence sera de 3 mètres 14, rapport approché de ces deux dimensions; et puisqu'elle sera nécessairement divisée en 360 parties ou degrés, cela donne pour la valeur de chaque degré 8 millimètres 72; chaque minute équivaudra au quotient de 8 millimètres 72 divisé par 60, c'est-à-dire à 0,14 centièmes de millimètre, valeur qui, divisée elle-même par 60, donnera pour la seconde 0,002 millièmes de millimètres. Mais si le cercle n'a que 1/4 de mètre de diamètre, comme notre théodolite, par exemple, la seconde ne vaudra plus que 5/10 millièmes de millimètre, quantité si petite qu'elle ne peut être indiquée sur le limbe de notre cercle, et que cependant nous sommes obligés d'évaluer parce que, dans les recherches astronomiques, elle répond à des valeurs numériques considérables, puisque nous venons de voir qu'un objet qui soutend un angle d'une seconde est à une distance de 206,000 fois son diamètre.

Il faut donc que nous trouvions un moyen de lire sur le limbe des divisions infiniment plus petites que celles qui y sont portées; car enfin l'alidade peut s'arrêter entre deux des divisions principales, divisions trop petites, trop rapprochées, pour que l'on ait pu tracer entre

[1] et [2] Voyez ces deux noms à leur ordre alphabétique dans le vocabulaire placé à la fin du volume.

G.

elles leurs subdivisions d'une manière précise et facile
à lire, ce que du reste l'on n'aurait pu faire non plus
sur l'alidade en admettant qu'on l'ait tenté pour dégager le limbe. C'est là le problème capital résolu par
Nonius et par Vernier.

Au lieu donc de mettre un trait sur l'alidade, prenons
sur elle un arc d'une étendue sensible, égale, par exemple à 9 divisions du limbe. Vernier divise cette étendue
en 10 parties. Que résultera-t-il de là ? c'est que chacune des nouvelles divisions équivaudra aux 9/10es de
elles du cercle, et que si l'alidade a d'abord été fixée
de manière que les deux points O coïncident, les nouvelles divisions seront au-dessous de leurs correspondantes du limbe, successivement de 1/10, 2/10, 3/10, etc.
(*Voyez* pl. VI, figure 12). Chaque fois donc que deux
divisions coïncideront, il suffira de lire le chiffre que
porte celle de l'arc gradué pour savoir de quelle quantité, exprimée ici en dixièmes, l'arc mesuré surpasse
la division principale de limbe qui en donne la valeur.
Si 5 de l'arc gradué correspond, par exemple, à l'une
des divisions principales du cercle, c'est que le zéro de
l'alidade s'est avancé au delà de la division qui le précède sur le limbe, de 5/10mes de degré. On peut donc
apprécier ainsi les 10es de degré. Mais en prenant sur
le cercle 19 parties et les divisant en 20, ou mieux
encore 99 parties et les divisant en 100, on aurait les
100mes. Or, dans ce système, les degrés seront égaux
à 500/100mes, c'est-à-dire que 5 secondes seront représentées par 1/1000^c de millimètre.

Cet arc gradué qui présente tant d'avantages dans
l'évaluation des parties minimes de la division du cercle,

est ce que l'on appelle *le Vernier*. Dans les instruments, il est toujours placé à l'extrémité de l'alidade, ainsi que le montre la figure 12, pl. VI, et il se meut avec elle de manière à montrer sans cesse ses divisions vis-à-vis de celles du limbe. Afin de faciliter les lectures, on place une loupe au-dessus de chaque vernier, lequel est en outre ombragé par un verre dépoli qui empêche les reflets de lumière et permet au jour de n'y arriver que par transparence.

Niveau à bulle d'air. — Une des pièces les plus importances du théodolite est le niveau à bulle d'air; il sert à montrer que le cercle se meut autour d'une ligne parfaitement verticale. Dans toute sa simplicité, cet instrument consiste en un tube de verre fermé à ses deux extrémités et rempli d'alcool carminé, de manière cependant à y laisser un petit espace vide que l'on appelle la *bulle d'air* (pl. VI, fig. 13). On protége ce tube en l'enveloppant d'une boîte en cuivre dans laquelle on ménage un espace qui permet de voir les mouvements de la bulle. Cet espace, appelé *fenêtre*, laisse à découvert une portion de la circonférence du tube que l'on peut représenter par un petit arc. Lorsque l'instrument est tranquille, la bulle gagne toujours le sommet de la courbe de cet arc, là où la tangente est horizontale, après avoir toutefois rempli cette condition essentielle de se trouver au milieu de l'instrument à égale distance de ses deux extrémités, ce dont il est facile de s'assurer au moyen de divisions également espacées, tracées sur le verre et numérotées. Cet instrument si simple sert à résoudre mille questions capitales. On peut avec lui s'assurer , par exemple, de la solidité d'un appar-

tement, en constatant la parfaite horizontalité des
planchers, et il a permis de reconnaître qu'il y a des
édifices, tels que les Invalides, qui oscillent sous les
influences contraires de la température. Quelle sera
l'application que nous pourrons faire du niveau à bulle
d'air à la précision des mouvements du théodolite? la
voici. Il nous servira à reconnaître que l'instrument se
trouve placé dans une position verticale rigoureuse. En
effet, si l'axe est toujours vertical, la bulle ne changera
pas de place; si la bulle se déplace, c'est que l'axe s'est
incliné; on le redresse avec les vis calantes V V′ V″
(*Voy.* pl. VI, fig. 11). Or, la perpendicularité de l'axe
est de la première importance dans les observations.

Il est facile de comprendre maintenant comment
l'observateur peut viser une étoile à toutes les hauteurs (au moyen du cercle vertical); comment à l'aide
du vernier on peut mesurer les angles jusqu'à la précision des fractions de seconde; et comment, enfin, à
l'aide du niveau à bulle d'air, qui accompagne l'instrument, on peut faire suivre à la lunette une direction
horizontale.

Étude du mouvement diurne des étoiles. — Les étoiles
obéissent à un mouvement général de translation qui
les emporte d'orient en occident, tout d'une pièce,
comme si elles étaient attachées à des sphères solide de
cristal. Ce mouvement porte, comme celui de même
genre qu'accomplissent les autres astres, le nom de
mouvement diurne. On peut le suivre au moyen d'un
instrument dit *machine parallatique* (*Voy.* fig. 14, pl. VI).
Elle se compose d'un axe central A B, parallèle à l'axe
terrestre, et qui sera ainsi plus ou moins incliné selon

la hauteur du pôle dans le lieu où l'on observe; à Paris il formerait avec le plan horizontal un angle de 48° 50'. A l'extrémité inférieure de cet axe et perpendiculairement se trouve fixé un cercle gradué C D, et sur le côté de ce même axe est placé un autre cercle mobile qui lui est parallèle et qui est ainsi constamment perpendiculaire au premier; ce second cercle est armé d'une lunette susceptible de prendre toutes les inclinaisons par rapport à l'axe central. Cette lunette G F, avec laquelle se font les observations, qui devrait être dans l'axe A B, en est éloignée d'une petite quantité, afin de faciliter les observations; mais cela ne peut donner aucune différence sensible dans la valeur de ces dernières, parce que, ainsi que nous l'avons déjà observé en parlant du théodolite, cette excentricité de la lunette est nulle par rapport à la distance des étoiles. Un mouvement d'horlogerie fixé en H imprime au cercle inférieur C D un mouvement de rotation auquel obéissent l'axe et la lunette et qui fait décrire à celle-ci en vingt-quatre heures, un cercle avec une rapidité égale au mouvement de révolution du ciel; il y a une telle correspondance entre les mouvements de la lunette et la durée du mouvement diurne des étoiles, que n'importe à quelle heure on vienne observer une étoile, on ne la perd jamais de vue dans sa marche; la lunette parallatique suit l'étoile.

Si, après avoir bien fixé la machine dans l'axe de direction même de la ligne des pôles, on dirige la lunette vers une étoile quelconque, et que l'on note bien exactement les intervalles de temps qui s'écoulent pendant que la lunette parcourt des arcs égaux, on trouvera que ces intervalles de temps seront aussi égaux entre eux. On reconnaîtra que toutes les étoiles, sans exception, ont une marche régulière et uniforme dans leur révolution diurne, et que toutes parcourent des arcs égaux en des temps égaux, à raison de 15 degrés par heure. Ces arcs sont nécessairement d'autant plus étendus que les étoiles s'élèvent d'autant plus au-dessus de l'horizon; c'est ce qui fait que les étoiles méridionales se voient peu de temps.

Armés de tous ces moyens d'observation, procédons à une étude plus complète des mouvements du ciel étoilé.

Supposons qu'avec un des instruments que nous connaissons un observateur vise une étoile au moment où elle se lève à l'horizon, et qu'il observe plus tard le point du coucher de cette même étoile; les lignes visuelles menées de son œil à ces deux points feront entre elles un certain angle, qui est ce que l'on nomme l'*amplitude*[1] de la courbe décrite par l'étoile. Si l'on coupe cet angle en deux parties égales par une ligne médiane, les points de lever et de coucher de l'astre seront symétriquement placés par rapport à cette ligne, c'est-à-dire qu'ils en seront à égale distance; quelle que soit l'étoile que l'on prenne, elle donnera toujours cette ligne qui est la demi-somme de l'amplitude, et à laquelle on a donné le nom de *méridien, ligne méridienne*, parce qu'elle correspond à ce point du ciel où le soleil brille de son plus grand éclat [2] et marque le milieu du jour, le midi. Il en serait de même si, au lieu d'observer à l'ho-

---

[1] Du latin *amplitudo*, largeur, étendue.

[2] En latin *merus* signifie brillant, pur, *dies*, jour; *meridies*, jour brillant.

rizon les étoiles qui se lèvent et qui se couchent, nous les prenions à 10, à 20° au-dessus de l'horizon. Tout serait encore symétrique de part et d'autre autour de la ligne qui divise en deux parties égales l'intervalle angulaire des lignes visuelles.

La détermination du méridien, de cette ligne si importante qui nous donne la position des pôles, le point milieu du jour, ne présente donc pas de difficultés. On en détermine aujourd'hui la direction avec beaucoup plus de précision que du temps d'Hipparque et de Ptolémée.

Quand on suit les étoiles dans leur mouvement diurne d'orient en occident, il arrive un moment où elles ont atteint le plus haut point de leur course, où elles cessent de monter et où elles sont sur le point de descendre. Or, quelle que soit l'étoile observée, ce point, que l'on nomme *point culminant*[1], se trouve toujours compris dans un même plan vertical au lieu de l'observateur; ce plan est le même que celui des lignes médianes dont nous parlions tout à l'heure, c'est-à-dire que celui du méridien; il est aussi le même que celui de l'axe du monde.

On voit par là combien les conditions du mouvement des étoiles sont régulières, mathématiques.

Mais quelle est la nature de la courbe que décrivent les étoiles dans l'espace? Il serait facile de la déterminer si les étoiles laissaient dans le ciel des traces lumineuses de leur passage; mais cela n'est pas, et nous ne pouvons même suivre qu'un à un les différents points de la courbe qu'elles parcourent: aussi le problème parait-il à cause de cela difficile à résoudre.

Rien ne s'oppose à ce que, pour les étoiles méridiona-

[1] Du latin *culmen*, faîte. sommet.

les, nous observions le point le plus haut de la portion
de courbe que nous leur voyons décrire. Quant aux étoiles
boréales qui ne se couchent pas, non-seulement nous
pourrons observer avec une lunette le point où elles cessent de monter, mais encore le point où elles cessent de
descendre, et déterminer ainsi le plan dans lequel se
trouvent ces deux points. Or, l'observation nous montre
que ce plan est le même pour les étoiles méridionales que
pour les étoiles boréales. Si ce sont des cercles qu'elles
décrivent, c'est entre le point le plus haut et le point
le plus bas de leur course, dans le plan qui les renferme,
sur le prolongement de la ligne droite qui divise en
deux parties égales l'angle formé par les rayons visuels menés de l'observateur au point le plus haut et
au point le plus bas de la course, que doit se trouver le
centre des courbes que décrivent les étoiles.

Cette ligne droite, qui n'est autre chose que la ligne
des pôles, a une direction invariable; elle est la même
pour toutes les étoiles; on s'en est assuré par de nombreuses observations. Mais son inclinaison sur l'horizon change nécessairement suivant la position des lieux
sur le globe. A Paris elle est de 48° 50′ 13″.

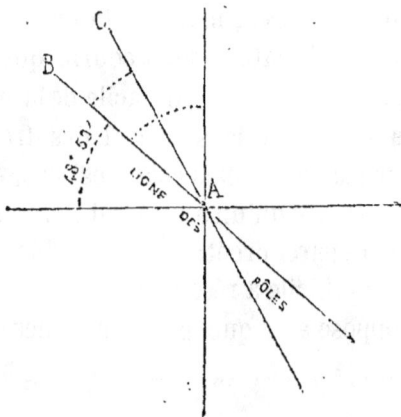

Concevons maintenant que sur un axe fixe A B qui aura cette inclinaison à l'horizon, on ait adapté une pinnule ou une lunette A C, faisant avec A B un angle quelconque et susceptible de tourner autour de lui. Si la courbe décrite par l'étoile vers laquelle nous dirigerons notre lunette est circulaire, il est clair que nous pourrons la suivre dans tout son cours en faisant seulement tourner l'instrument sans changer l'angle B A C : c'est ce qui arrive en effet, quelles que soient celles des étoiles circumpolaires que l'on observe, et quel que soit le lieu de l'observateur, qu'il soit à l'équateur ou au pôle, la terre n'étant qu'un point presque imperceptible relativement aux astres que nous observons.

La machine parallatique que nous avons décrite dans la quatrième leçon (p. 69) est établie d'après ces données, et répond d'elle-même à toutes les exigences de la théorie que nous venons d'exposer brièvement.

La ligne A B est donc comme un axe universel autour duquel circulent toutes les étoiles, et les courbes qu'elles décrivent sont contenues sur la surface du cône que trace la ligne A C en tournant autour de A B. Cette ligne droite invariable, autour de laquelle s'opère la révolution diurne de la sphère céleste, est ce que l'on appelle l'*axe du monde*; les deux points du ciel vers lesquels elle est constamment dirigée en sont les *pôles*.

Ainsi, et pour présenter en peu de mots les résultats de nos observations successives, nous avons reconnu :

1° Que les étoiles obéissent à un mouvement général de translation qui les emporte d'orient en occident;

7

n2° Qu'elles se meuvent d'un mouvement régulier et uniforme, parcourant des espaces égaux dans des temps égaux;

3° Que les courbes rentrantes qu'elles décrivent dans leur mouvement diurne sont circulaires.

CINQUIÈME LEÇON.

RÉSULTATS DE L'OBSERVATION.

Pourquoi l'on ne peut pas se servir du point culminant d'une étoile pour s'orienter. — Détermination de la méridienne. — Méthode des astronomes. — Cercle mural. — Description. — Déclinaison. — Ascension droite. — Mesure de l'ascension droite. — Moyen employé pour arriver à une grande exactitude. — Montres. — Montre ingénieuse de M. Bréguet. — Point du ciel auquel se rapportent les ascensions droites. — Détermination de la position des astres au moyen de deux données de la déclinaison et de l'ascension droite. — Formation d'un catalogue d'étoiles.

Le plan du méridien contient, nous l'avons vu, le point le plus élevé et le point le plus bas de la course des étoiles; il suffirait donc, pour s'orienter, d'abaisser jusqu'à l'horizon la lunette dirigée vers le point le plus élevé de la course d'une étoile. Mais il est difficile d'employer cette méthode dans la pratique, parce que l'instant précis où une étoile cesse de monter, comme celui où elle cesse de descendre, ne peut être fixé d'une manière certaine, attendu qu'il y a un nombre considérable de points qui, physiquement, sont les plus élevés. Quand l'étoile ne monte plus dans l'espace d'un quart d'heure, elle parcourt au sommet de la courbe, dans toute l'étendue du champ de la lunette, une ligne qui semble horizontale et qui pourrait faire croire que la circonférence décrite est un polygone ; aussi est-il presque impossible de saisir le point qui, mathématiquement, est le plus élevé de la course.

La première chose qui doit préoccuper tout individu devenu astronome praticien est de déterminer *la direction* du méridien, opération assez difficile, d'après ce que nous venons de voir, et si l'on remarque surtout que deux amis ne tarderaient pas à se brouiller sérieusement en cherchant à apprécier l'angle que font deux objets qui marchent.

Peut-on employer pour cette opération les instruments ordinaires? Non, ils ne sont pas assez précis. Il y a une méthode qui donne des résultats rigoureux, et nous la décrirons d'autant plus volontiers que c'est à l'aide de cette méthode que se font toutes les observations dans les cabinets des astronomes.

Nous savons que le plan du méridien divise en deux parties égales la durée de la révolution diurne des étoiles ; que le méridien passe par le centre des circonférences décrites par les étoiles circumpolaires.

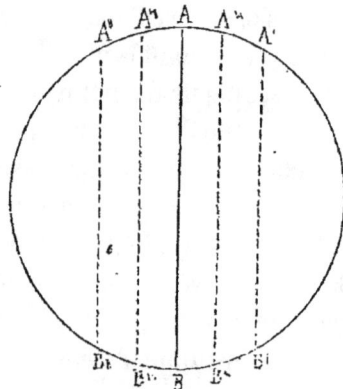

Représentons par un cercle la courbe que décrit une quelconque de ces étoiles, et supposons que dans une première observation nous ayons amené la lunette dans un plan qui coupe en A' B' le cercle de l'étoile. Nous noterons bien exactement l'heure, la minute, la seconde où l'étoile est arrivée en A dans le fil vertical, puis le moment où elle est venue se replacer en B dans la direction de ce fil, et nous attendrons qu'elle soit revenue de B en A. Si le temps qu'elle a mis à aller de B en A était égal à celui qu'elle a employé pour venir de A en B, la ligne AB serait juste dans le plan du méridien. Mais si le temps qu'elle a mis à parcourir l'arc AB est plus petit que le temps employé pour revenir de B en A, on en conclura que la section AB est à l'orient du méridien. On fera une deuxième observation, d'où résultera une deuxième section A" B" qui, cette fois, sera au contraire occidentale par rapport au méridien. Par une troisième observation on déterminera une troisième section A''' B''', moins orientale que la première, puis une quatrième section A'''' B'''', moins occidentale que la deuxième, et par une suite d'essais, de tâtonnements successifs, on se rapprochera de plus en plus du méridien véritable. On l'aura trouvé lorsque la lunette sera arrivée dans un plan qui divise exactement en deux moitiés le cercle diurne de l'étoile, c'est-à-dire qui sera tel que celle-ci mettra autant de temps à parcourir l'arc oriental que l'arc occidental. Chacune des opérations dont nous venons de parler ne peut se faire, du reste, et cela se comprend facilement, que tous les 24 heures.

Il faut, d'ailleurs, de l'habitude pour s'orienter avec précision.

Une fois le méridien déterminé par le procédé que nous venons de développer, on bâtit dans son plan un mur solide, sur l'une des faces duquel on attache parallèlement un cercle en cuivre appelé, à cause de cela, *cercle mural*. Le limbe est divisé avec une extrême exactitude, et muni d'une alidade à l'extrémité de laquelle est un vernier armé de microscopes, afin que l'on puisse apprécier les plus petites subdivisions, ce qui est d'autant plus facile que le cercle est toujours d'un diamètre assez considérable. La lunette qui sert aux observations repose sur l'alidade et se meut avec elle. L'instrument doit être placé de manière à ce qu'il soit toujours exactement vertical, condition que l'on peut soi-même vérifier au moyen d'un fil à plomb et d'un point de repère. Lorsqu'on dirige la lunette vers un point donné du ciel, une étoile, par exemple, l'arc compris sur le limbe, entre la ligne de visée et la direction du fil à plomb, mesure la distance angulaire de l'étoile au zénith. Le complément de cet angle, ou sa différence à 90°, est la distance méridienne de l'astre à l'horizon ou la hauteur de l'astre. Le cercle mural fait donc connaître pa une seule observation la hauteur d'un astre et l'instant de son passage au méridien. Il nous dit aussi en même temps de combien cet astre est austral ou boréal: ce que l'on appelle sa *déclinaison*, c'est-à-dire de combien il est éloigné de l'équateur vers l'un ou l'autre pôle. On voit qu'elle peut être *australe* ou *boréale*.

La déclinaison d'un astre ou sa distance à l'équateur est toujours égale au complément ou à la différence entre

90° et sa distance au pôle. La distance au pôle s'obtient
en retranchant la hauteur du pôle pour le lieu de l'observation de la hauteur de l'astre sur l'horizon, hauteur que
donne immédiatement le cercle mural, ainsi que nous
venons de le dire.

La déclinaison d'un astre indique le cercle parallèle à
l'équateur sur lequel il se trouve situé. On peut bien,
sur ce parallèle, prendre un point arbitraire et y placer
Sirius, par exemple, l'étoile la plus brillante du ciel,
après avoir déterminé sa déclinaison. Mais où placer les
autres étoiles qui ont la même déclinaison que Sirius?
La position des étoiles n'est donc pas complétement déterminée par l'observation de leurs déclinaisons. Il est
nécessaire pour cela d'avoir une autre donnée. Cet autre
élément de position, c'est *l'ascension droite* de l'astre;
l'observateur note avec précision l'heure, la minute, la
seconde où l'astre qu'il suit, Sirius, par exemple, vient
se placer devant le fil central de la lunette méridienne;
il observe avec la même précision l'instant du passage
au méridien d'autres étoiles. Comparant entre elles les
observations du passage au méridien des différentes
étoiles, il aura en temps les intervalles qui les séparent,
et il lui sera loisible de convertir ces temps en *arcs de
grand cercle*, en se rappelant l'uniformité de mouvement
de la sphère céleste, qui accomplit invariablement sa révolution en 24 heures, d'où il résulte qu'une différence
d'une heure correspond à 15°, une minute de temps à 15′,
une seconde à 15″. On aura ainsi les distances des différents méridiens que renferment les étoiles observées à
l'un d'eux pris pour point de départ, ou ce qu'on appelle
leur *ascension droite*. Une erreur d'une seconde affecte-

rait la mesure de l'arc d'une erreur de 15″. Mais on a diminué considérablement les chances d'erreur en divisant le champ de la lunette en plusieurs intervalles égaux au moyen de fils verticaux équidistants, d'une finesse extrême [1]. Ces fils servent à déterminer la position précise des astres que l'on observe. Pour qu'ils restent toujours fixes et bien tendus, on les applique sur une plaque métallique percée en forme de diaphragme, que l'on fixe dans la lunette au moyen d'une vis latérale. L'appareil se nomme *micromètre*. Il y en a de plusieurs espèces, mais le plus simple que représente la figure ci-dessus (page 76), est composé de cinq fils parallèles et d'un sixième qui les coupe à angles droits. Quelquefois, ainsi que nous le verrons au sujet de la mesure du diamètre du soleil, il est composé seulement de deux fils parallèles, dont l'un est mobile, croisés par un troisième.

L'instant du passage de l'astre devant chacun de ces fils se compte avec une précision admirable, au moyen de montres d'un mécanisme particulier et très-ingénieux. L'observateur arrête la montre au moment du passage de l'astre devant un des fils, et il y a suspension du mouvement pendant qu'il observe ; mais à peine a-t-il poussé une détente, que l'aiguille se remet en mouvement, répare le temps perdu et vient se replacer dans la position qu'elle eût occupée si l'arrêt momentané n'eût pas eu lieu. M. Bréguet en a imaginé une d'un mécanisme plus ingénieux encore, où l'aiguille se charge elle-même de la notation et en dispense l'observateur. Une

[1] Voyez page 39, la manière dont on les obtient.

pointe liée au mécanisme de l'instrument traverse une petite cavité hémisphérique, remplie d'une encre gluante et huileuse, dont on ne craint point par conséquent l'épanchement, et vient marquer un point sur un papier préparé à cet effet.

Mais le méridien de Sirius que nous avons pris pour point de départ tout à l'heure, n'est pas celui que l'on a choisi en astronomie pour cet objet, parce que Sirius ne se voit pas de tous les points indifféremment. Le signe du Bélier (♈), point où le soleil coupe l'équateur lorsqu'il remonte du tropique austral vers le pôle boréal, est le point à partir duquel les astronomes comptent les ascensions droites.

L'ascension droite est donc l'angle que forme le plan horaire d'une étoile avec le méridien, à l'instant où le point fixe du Bélier (♈), qui marque l'équinoxe du printemps, se trouve dans le plan du méridien. L'ascension droite se compte toujours d'occident en orient, et depuis 0 jusqu'à 360°, étendue de la circonférence entière.

Ce système de lignes au moyen duquel on détermine la position des astres, offre, comme il est facile de l'apercevoir, beaucoup d'analogie avec le précédent; mais il en diffère essentiellement en ce que les positions des astres étant prises par rapport à des cercles de la sphère céleste invariablement fixés, puisqu'en effet ce sont l'équateur céleste et un méridien fixe, tous les observateurs situés à la surface de la terre peuvent y rapporter leurs observations et comparer entre eux les résultats qu'ils ont obtenus.

La position d'une étoile est fixée pour l'astronome

du moment où on lui donne son ascension droite et sa déclinaison. A l'aide de ces données il trouve tous les rapports de situation et de distance des étoiles sur la sphère céleste.

i, soit : XAYB, l'équateur,

AB, la ligne des équinoxes,

L, le lieu d'un astre quelconque :

Si l'on abaisse la ligne LH perpendiculairement à l'équateur, LH sera la déclinaison de l'astre et AH son ascension droite, comptée de l'équinoxe du printemps sur l'équateur.

Ce que nous venons de dire va faire comprendre comment on peut obtenir un catalogue d'étoiles au moyen de la lunette méridienne ou de tout autre instrument convenable. Après avoir placé dans la première colonne le nom d'une étoile quelconque, et celui de la constellation à laquelle elle appartient, on détermine l'instant du passage de l'étoile dans le plan du méridien, et on note exactement l'heure, la minute, la seconde de ce passage, en partant de 0^h du pendule. Ces valeurs seront contenues dans la seconde colonne. La troisième colonne indiquera la déclinaison ou distance polaire de l'étoile.

On fait la même chose pour toutes les autres étoiles. Ces données acquises, il est facile d'indiquer sur un plan leurs différentes positions dans l'espace, et on possédera ainsi une carte céleste, sur laquelle seront tracés les divers groupes d'étoiles qui forment les constellations. Hipparque est le premier qui les ait construites ; et comme les distances relatives des étoiles n'ont pas offert de changement sensibles depuis les premières observations , ces cartes peuvent encore être employées, à la rigueur, pour connaître les principales constellations du ciel.

SIXIÈME LEÇON.

ÉTUDE DU PHÉNOMÈNE DE LA SCINTILLATION,

Aucun phénomène n'a plus excité l'attention des astronomes que la scintillation des étoiles. Dans la multitude des astres dont la voûte céleste est parsemée, nous

voyons la plupart d'entre eux conserver, pendant toute
la durée du mouvement diurne, leurs distances et leurs
situations relatives; ce sont les étoiles fixes. Nous en
voyons d'autres se déplacer par rapport aux étoiles fixes
et se transporter par un mouvement particulier d'une
région du ciel vers une autre, soit d'orient en occident,
soit d'occident en orient, et quelquefois rester stationnaires. Ces astres errants s'appellent des planètes.

Mais outre le mouvement propre qui nous offre le
moyen de distinguer les planètes des étoiles fixes, un
regard, même inattentif, jeté vers le ciel nous les fait distinguer de suite à la lumière qu'elles nous envoient. La
lumière des étoiles est en effet soumise à des changements d'intensité et de couleur qui constituent le phénomène de la *scintillation*, tandis que dans certaines
conditions les planètes scintillent à peine, que quelques-unes ne scintillent même pas du tout.

On s'est beaucoup occupé de rechercher la cause de la
scintillation. Aristote dit qu'elle est due à des rayons qui
sortent de notre œil et qui ne parviennent pas jusqu'aux
astres, à moins qu'ils ne soient très-éloignés; explication futile, car ce sont les planètes les plus voisines qui
scintillent le plus. Tycho-Brahé, Kepler ont aussi
cherché à l'expliquer par des hypothèses inadmissibles.
Prenant pour point de comparaison les pandeloques des
lustres qui aux lumières des salons présentent des changements d'intensité lumineuse et des couleurs variées,
ils pensaient qu'il pouvait y avoir des planètes à facettes renvoyant des rayons rouges, violets, etc. Mais ceci
mérite à peine d'être réfuté, car le phénomène auquel
ils comparaient la scintillation n'est qu'un jeu de la

8

lumière sur les facettes des pandeloques, tandis que les étoiles sont lumineuses d'elles-mêmes.

Les étoiles présentent en général le phénomène de la scintillation à un très-haut degré. Cependant il y a des régions de la terre où elles ne scintillent pas. Le voyageur Le Gentil l'a constaté à Bender-Abassy, sur la côte nord du Golfe Persique, à Pondichéry dans l'Inde; Saussure, lors de sa station au Col du Géant; M. de Humboldt, à Cumana (république de Venezuela). L'explication de la scintillation qui veut que les étoiles scintillent *nécessairement* est donc absurde. Newton, car on trouve les plus grands noms dans cette question, la faisait dépendre d'un mouvement oscillatoire de l'étoile. Mais il y a des nuits où les étoiles scintillent très-fortement sans qu'il y ait de mouvement oscillatoire, ainsi qu'on peut le constater facilement avec une lunette. D'ailleurs ce mouvement ne rendrait pas raison du changement de couleur, et ce changement est fatal dans l'explication du phénomène. Il n'est pas surprenant du reste que tous les hommes éminents qui ont voulu en surprendre la cause, n'aient pu le faire, puisque le phénomène tient à des propriétés intimes de la lumière récemment découvertes; toutefois il eût été plus sage d'avouer son ignorance que de divaguer.

Tâchons à notre tour, en ne divaguant pas, d'expliquer le phénomène de la scintillation sous toutes ses faces, en ramenant les causes à leur plus grande simplicité. Cela sera d'autant plus facile que les beaux travaux de Thomas Young et de Fresnel nous permettent d'entrer dans l'examen complet de la question.

Les corps à travers lesquels la lumière se meut por-

tent les noms de milieux; ainsi l'air, l'eau, sont des milieux. Ces milieux sont de densité différente, c'est-à-dire
que leurs molécules sont plus ou moins rares, qu'ils
pèsent plus ou moins sous le même volume. Quand un
rayon de lumière traverse un milieu, il le fait en ligne
droite. Pour le prouver il suffit de percer dans le volet
d'une chambre fermée de toutes parts un petit trou par
lequel passera un rayon lumineux, un rayon de soleil.
On verra ce rayon prendre en quelque sorte une forme
sensible en éclairant sur son passage tous les corpus-
cules qui tourbillonnent dans l'atmosphère. Mathéma-
thiquement parlant, la direction suivie par ce rayon
n'est pas une ligne droite mais une courbe légère, ainsi
que nous le démontrerons plus tard. En traversant l'eau,
l'air se conduit de la même manière, prenant toutefois
une direction différente. De là ce principe de physique :
lorsqu'un rayon passe d'un milieu dense dans un autre
plus dense, il est dévié de sa direction première.

Ainsi soit AB (pl. VII, fig. 1) une ligne horizontale, représentant la surface supérieure d'une masse d'eau; DE
une perpendiculaire à cette surface; FBG un rayon lumineux se mouvant dans l'air; arrivé en B, à la surface de
l'eau, il ne pénétrera pas dans le liquide suivant la ligne
BG, mais suivant la ligne BH, moitié de GE.

En général, toutes les fois que des rayons lumineux
traversent de milieux de densités différentes, ils le font
suivant des directions différentes. On le prouve de la manière la plus simple (pl. VII, fig. 2). Prenons un vase
terminé par deux parois verticales, et dans lequel nous
ferons tomber un rayon entré dans la chambre par un
trou fait au volet. Le vase étant vide, le rayon en frap-

pera le fond au point B; mais si nous le remplissons d'eau, il le frappera en C. Le point C s'est rapproché sur la perpendiculaire de la surface du liquide. Voilà ce qui a lieu lorsqu'un rayon passe d'un milieu rare dans un milieu dense. Mais qu'arrive-t-il dans le cas contraire. Or, ici le rayon se réfracte en s'éloignant de la perpendiculaire. Vérifions le fait. Plaçons au fond du vase un objet, une pièce de monnaie de laquelle émanent des rayons lumineux. Si vous placez d'abord votre œil en B, vous verrez la pièce; si vous le descendez en C, vous ne la verrez plus, puisque la paroi du vase s'y opposera; mais si, conservant cette dernière position, vous emplissez ce vase d'eau, la pièce se montrera à l'instant. Le rayon s'est donc éloigné de la perpendiculaire à la surface de séparation du liquide et de l'air, au lieu de s'en approcher comme dans le premier cas.

Voilà donc deux propositions clairement démontrées et que nous pouvons prendre pour point de départ, savoir :

1° Si un rayon passe d'un milieu rare dans un milieu dense, il se rapprochera de la perpendiculaire.

2° Si le rayon passe d'un milieu dense dans un milieu rare, il se réfractera, il s'éloignera de la perpendiculaire.

Il y a un troisième cas à considérer, c'est celui où la lumière traverse un milieu dense interposé entre deux milieux également rares, par exemple, un verre à surfaces parallèles, tel que AB, CD (pl. VII. fig. 3), placé dans l'air, horizontalement.

En entrant obliquement de l'air dans le verre, le rayon incident, qui est ici HF, se réfracte en se rapprochant de la perpendiculaire d'une quantité angulaire plus petite que celle qu'il avait à son entrée. Ainsi, au lieu de tomber en L il tombera en G, moitié de la distance qui sépare L du pied de la perpendiculaire M. En sortant par G, le rayon qui est alors ce que l'on appelle un rayon émergent [1], ne suivra pas la direction GN, mais la direction GE, qui forme avec CD un angle semblable à celui de FH avec AB, c'est-à-dire que le rayon incident et le rayon émergent conservent entre eux un parallélisme parfait, et il en résulte que le rayon de lumière qui reviendrait sur ses pas suivrait, pour rebrousser chemin, exactement la même route qu'il avait prise en venant. Les réfractions s'opèrent en général dans ces conditions. Ce sont là les résultats d'expériences précises et faites avec soin.

Voyons ce qui se passerait maintenant relativement à des surfaces inclinées, non parallèles.

Le verre que nous allons prendre, au lieu d'être terminé par deux surfaces parallèles, sera terminé par deux surfaces obliques, AB, AC (pl. VII. fig. 4) ; ce sera en un mot, ce que l'on appelle *un prisme*.

Faisons tomber un rayon perpendiculairement sur l'une des faces ; il continuera sa route à travers le prisme en ligne droite ; mais au moment de sortir, il rencontrera une surface oblique AC. Comment va-t-il se comporter ? Élevons une perpendiculaire EF à la surface de séparation, au point E. Le rayon continuera-t-il à suivre sa direction première en EG ? non. Il marchera en EH, c'est-à-dire qu'il se rapproche de la base du prisme.

---

[1] Du latin *emergere*, sortir de.

8.

Ainsi qu'avons-nous constaté dans ces deux expériences successives :

1° Qu'un verre à faces parallèles ne dévie pas le rayon de la marche première ;

2° Qu'un verre prismatique le dévie considérablement ; et que plus l'angle du prisme sera ouvert, plus la déviation sera prononcée. Si l'angle du prisme est à peine sensible, l'effet sera à peu près nul.

Ceci constitue une partie fort importante de la théorie du prisme. Nous allons en faire des applications.

Soit (pl. Ire, fig. 11) S, S, S, S, une série de rayons parallèles tombant perpendiculairement.

Comment faire converger ces rayons en un même point F, si l'on voulait par exemple obtenir en ce point une grande masse de lumière ? Évidemment il nous suffirait de faire usage des résultats que nous venons d'obtenir avec le verre parallèle et le prisme. Pour amener le rayon B au point F, point situé en droite ligne sur le prolongement de B, nous placerons en A un verre à faces parallèles, qui ne déviant pas les rayons amène naturellement celui-ci à poursuivre sa route dans la direction qu'il avait prise d'abord. Le rayon B' sera conduit en F par un prisme d'un angle peu ouvert, d'après ce que nous avons établi, que plus l'angle sera ouvert plus le rayon sera dévié ; celui-ci n'a en effet besoin pour arriver en F que d'une déviation très-légère de la perpendiculaire. Quant au rayon B'' il doit au contraire s'en éloigner considérablement : aussi devons-nous pour le faire converger en F placer en A'' un prisme d'un angle très-ouvert, tourné vers la gauche. Les mêmes opérations se répéteraient de l'autre côté du rayon central,

pour amener B''' et B'''' en F. Un verre à faces parallèles
et un ensemble de prismes suffisent donc pour faire concourir les rayons en un même point. Maintenant on peut
remarquer qu'il est inutile, pour dévier chacun de ces
rayons, de se servir d'un prisme entier ; nous pouvons
simplement employer la partie dans laquelle se trouvent
comprises la facette d'entrée et celle de sortie. Mais ces
parties rapprochées l'une de l'autre et réunies forment
ce solide que nous avons déjà étudié dans une autre circonstance et auquel on donne, à cause de sa forme, le
nom de *lentille*. Que je fasse tomber des rayons à sa surface ; il se comportera en premier lieu comme un verre
à faces parallèles, dans le second cas comme un prisme,
c'est-à-dire que la déviation qu'il fera subir aux rayons
sera moindre au centre qu'aux bords. C'est là une propriété très-curieuse et qui nous a amenés insensiblement
à considérer la lentille comme un système ou un assemblage de prismes pouvant faire converger vers un point
appelé *foyer*, situé quelque part sur le prolongement du
rayon central, une multitude de rayons collatéraux,
parallèles à sa direction, et capables de déterminer en
ce point un effet de chaleur ou de lumière que les
rayons pris isolément n'auraient pu produire. Par
un hasard inouï, toutes les petites facettes ou éléments de prismes très-déliés dont se compose une
lentille, sont inclinées les unes par rapport aux autres
assez exactement pour que tous les rayons parallèles
qui ont passé à côté du rayon central viennent juste
se rassembler en un point commun qui est le foyer. Et
réciproquement, d'après ce qui a été dit qu'un rayon de
lumière suivrait en revenant sur ses pas exactement la

même route qu'il avait prise en arrivant, les rayons divergents qui émanent d'un point lumineux, s'ils viennent
à traverser un prisme placé à une distance convenable,
pourront sortir du prisme suivant des directions parallèles. Le foyer d'une lentille peut donc être défini : le
point d'un axe central où des rayons parallèles viennent se réunir après avoir éprouvé une réfraction ; ou
bien : le point d'où des rayons doivent partir pour qu'a-
près avoir traversé la lentille, ils sortent dans des directions parallèles.

Le système de Fresnel pour l'éclairage des phares est
une application de ces deux propositions. [1]

Soit maintenant AB (pl. VII, fig. 5) la direction
que prendrait un faisceau de rayons en l'absence du
prisme. Je porte le prisme sur sa route en CD; avant
d'y entrer, le faisceau a une largeur d'un centimètre;
la conservera-t-il en arrivant sur l'écran EF où il
sera reçu? Pas du tout. Le faisceau incident s'est
élargi, il s'est épanoui. Toutes les parties de là lumière ne se dévient donc pas de la même quantité, tous
les rayons qui sortent d'un prisme ne sont donc pas
également réfrangés? Non. Et en outre, plus le prisme
est éloigné, plus l'image se dilate. Mais voici qui
est plus singulier. J'ai fait tomber un rayon blanc
sur l'écran, et je reçois actuellement des images rouge,
orangée, jaune, verte, bleue, indigo et violette. En examinant cette image, je constate d'ailleurs que le rouge
est le moins dévié de la perpendiculaire, que l'orangé
l'est plus, que le jaune l'est encore plus que le précé-

---

[1] Voyez la Note B à la fin du volume.

dent et moins que le vert, que le violet l'est avec le plus
d'intensité, c'est-à-dire qu'il se rapproche plus de la
base du prisme que le vert; le bleu et l'indigo occupent
dans le faisceau dilaté des positions intermédiaires. Ce
fait avait été observé par les anciens, et ils pensaient que
la lumière subissait des modifications : aussi, le blanc
était-il pour eux le symbole de la pureté, la couleur
sainte, celle que l'on ne pouvait altérer. Il y a un moyen
simple de vérifier cela. Les enfants dans le Midi s'amu-
sent souvent à éblouir les passants avec de la lumière
projetée au moyen d'un miroir. Servons-nous de cet
appareil en recevant l'image sur un écran. Ceci va nous
conduire à quelque chose de curieux. Les rayons épars
que nous avons obtenus réunis en un faisceau unique
reconstituent de la lumière blanche, sont ramenés au
blanc. Mais si à l'aide de six miroirs je ne fais tomber
sur l'écran que 7—1 ou 6 rayons colorés, l'orangé, le
vert, le jaune, le bleu, l'indigo et le violet, au lieu de
refaire de la lumière blanche je produirai sur l'écran
une tache colorée qui sera verte. Je renouvelle l'expérience en supprimant le vert; je fais arriver tous les
rayons excepté celui-là, la tache est rouge.

On dit alors que le rouge et le vert sont des couleurs
complémentaires, parce qu'il faut l'une de ces deux couleurs pour produire le blanc. Il n'y a pas de couleur,
quelle qu'elle soit, qui n'ait sa couleur complémentaire;
car, si elle n'est pas blanche, il lui manque seulement
quelques-uns des éléments de la lumière blanche, et ces
éléments mélangés entre eux forment sa couleur complémentaire.

Mais voici d'autres développements.

Supposons un point rayonnant R (pl. VII, fig. 6), d'où partent des rayons lumineux et qu'aux points A et B des rayons divergents RA, RB soient placés des miroirs qui, les détournant de leur direction primitive, les fassent arriver en C; les deux rayons ne se réuniront en ce point qu'après avoir parcouru les côtés d'un losange, et il est évident pour tout le monde que ce point C sera plus vivement éclairé qu'il ne l'eût été par chacun d'eux isolément. Mais si nous supposons que le rayon RA vienne coïncider avec un autre rayon RB', qui pour venir en C aura parcouru un plus long chemin RB'C, il semble que dans ce cas encore, malgré la différence des chemins parcourus, les rayons RAC, RB'C dussent produire en s'ajoutant une plus grande intensité de lumière. Eh bien, non. Il arrivera même le contraire; car si je supprime le miroir B, le point C va se trouver dans l'obscurité la plus profonde, c'est-à-dire qu'en ajoutant de la lumière à de la lumière j'ai produit les ténèbres. Bizarrerie du genre le plus étrange et telle qu'à peine l'eût-on rêvée durant le cauchemar. Changeons les miroirs de place. Je porte le miroir B plus loin en B'', les rayons s'ajoutent; plus loin encore, en B''', ils se détruisent : ainsi de suite. C'est là une portion des phénomènes de ce que l'on appelle la *théorie des interférences* [1]. De quoi peuvent dépendre ces phénomènes, quelle en est la loi? La voici. Supposons que l'on ait trouvé que les rayons qui s'ajoutent entre eux lorsque les chemins étaient égaux, s'ajoutent de

---

[1] Du latin *interferre*, porter entre, placer un objet entre deux autres. Ici c'est le miroir qui est placé entre le point lumineux et l'écran. Dans l'Annuaire de 1831, M. Arago a donné un exposé complet de la théorie des Interférences.

nouveau quand les distances sont différentes , mais égales : appelons cette quantité B. Toutes les propriétés de la théorie seront contenues dans cette progression : 1 distance, 2 distances, 3 distances, 4 distances; et, de plus, les propriétés resteront les mêmes si j'ajoute la quantité B à elle-même un nombre entier de fois, c'est-à-dire, si je fais la distance double, triple, quadruple ; mais dans toutes les positions intermédiaires, c'est-à-dire dans les interférences pour lesquelles la différence de route sera $1/2$ de B, $3/2$ B, $5/2$ B , les rayons se détruiront, et c'est pour cela que tout à l'heure nous produisions de l'obscurité en ajoutant de la lumière à de la lumière. Ce phénomène des interférences a lieu pour tous les rayons colorés, quels qu'ils soient, partis d'une origine commune. Ainsi, celui qui nous a servi était rouge; les choses resteraient les mêmes, si on le prenait vert, jaune, etc. Seulement la quantité que nous avons désignée par B n'a pas la même valeur pour chacun d'eux.

Nous approchons de l'exposé complet de toutes les notions qui sont nécessaires pour avoir une idée nette du phénomène de la scintillation.

Revenons au losange, en le laissant tel que nous l'avons admis, R étant un point rayonnant, C un point lumineux reçu sur un écran, A, B, des miroirs. Je place sur la route du rayon A un tube, sur la route du rayon B un autre tube; le premier de ces tubes est en rapport avec le récipient d'une machine pneumatique qui me permet d'enlever de la capacité de ce tube une quantité quelconque d'air. J'en enlève une très-petite quantité, les rayons se détruisent; encore un peu, ils s'ajoutent;

davantage, ils se détruisent : et ainsi, pour déterminer un changement de vitesse dans la route parcourue par les deux rayons RA, RB, il a suffi d'établir une légère inégalité dans la densité des milieux qu'ils traversent.

Voyons les phénomènes produits par les différences de température.

Si je chauffe un peu l'air contenu dans l'un des tubes, les rayons s'ajoutent, un peu plus ils se détruisent, davantage ils s'ajoutent de nouveau, et ainsi de suite.

Il y a plus, je laisse les densités égales, mais j'introduis dans les tubes de la vapeur d'eau; les rayons s'ajoutent, un peu plus ils se détruisent, davantage ils s'ajoutent de nouveau.

Ainsi, un simple changement de température, en produisant une différence dans la densité des milieux a amené le même résultat qu'une raréfaction, opérée par la machine pneumatique.

Et un certain degré d'humidité de l'air détermine aussi des effets semblables à ceux que produit la longueur différente des chemins parcourus.

Ce que nous avons observé il y a un instant, au sujet des phénomènes d'interférence simple, s'applique également aux deux cas que nous venons d'examiner; il est indifférent d'opérer ou sur des rayons rouges ou sur d'autres rayons.

Tous les rayons dont se compose la lumière blanche sont donc modifiés dans leur vitesse par les circonstances que nous venons de mentionner; seulement, pour des circonstances égales de température, de densité, etc., leurs vitesses sont influencées d'une quantité qui n'est pas la même pour chacun d'eux.

Enlevons de l'air avec la machine pneumatique, le rayon blanc devient jaune, puis rouge, et il passe en un mot par toutes les couleurs, selon que les quantités de densité, de chaleur, etc. sont différentes.

Il nous reste à examiner ce qui a lieu lorsque l'on fait arriver sur une lentille deux rayons, l'un perpendiculaire, au centre, l'autre oblique sur les bords, tels que les rayons AB, AC tombant sur la lentille CD. Dans ce cas la petite épaisseur de verre traversée sur les bords par les rayons relativement à celle qu'ils traversent au centre est compensée par l'inégalité du parcours, c'est-à-dire que cette différence est balancée par celle qu'il y a dans la longueur entre les lignes AB, AC; aussi tous les rayons s'ajoutent-ils, et a-t-on de la lumière blanche. Aux propriétés déjà reconnues de la lentille, nous pouvons donc ajouter celle-ci, que les différences d'épaisseur de verre équivalent aux différences de longueur des rayons. Ainsi tous les rayons sont d'accord quoiqu'ils aient traversé des routes et des épaisseurs inégales. Mais ces phénomènes n'ont lieu qu'à la condition que le milieu traversé par les rayons soit également dense; changez ces conditions et il pourra y avoir au foyer destruction du rayon rouge, destruction du rayon vert, etc., en un mot, toutes les nuances prismatiques vont naître, suivant telle ou telle différence de densité, de température, d'humidité des couches d'air interposées entre le point rayonnant et l'œil de l'observateur.

L'œil de l'homme, nous l'avons vu, est organisé de telle sorte que son cristallin n'est autre chose qu'une lentille convergente, et la membrane nerveuse qui ta-

9

pisse la choroïde, la rétine, un écran sur lequel viennent se peindre les images des objets extérieurs.

Une fois ceci posé, l'image de l'étoile qui arrive à notre œil restera blanche si la densité de l'air, si sa température et son degré d'humidité sont uniformes.

Mais cela n'existe que pour quelques régions privilé-
giées ; en général l'air n'est pas homogène, il est formé
de couches plus froides ou plus chaudes, plus rares et
plus denses, plus ou moins humides, c'est-à-dire qu'il
remplit à chaque instant quelques-unes des conditions
que nous avons vu être nécessaires pour amener la destruction d'un des rayons du spectre. On conçoit dès lors
que la lumière blanche émanée d'un point lumineux,
rayonnant librement dans l'espace, pourra passer aux
yeux de l'observateur par toutes les nuances prismatiques, suivant que telle ou telle différence de densité, de
température ou d'humidité, viendra affecter les milieux
que traverse la lumière. Il se produira dès lors des
phénomènes d'interférence et l'étoile observée affectera
notre œil de telle ou telle nuance prismatique. Ce point
lumineux nous paraîtra rouge, par exemple, si les
rayons ont traversé des couches qui ont détruit les
rayons verts ; il nous paraîtra vert si les rayons rouges
ont été détruits, et ainsi de suite. Comme, de plus, ces
effets se reproduisent avec une grande rapidité, l'étoile
paraîtra affectée d'un mouvement d'oscillation plus ou
moins rapide, en même temps qu'elle semblera changer
successivement de lumière, qu'elle *scintillera*.

On voit en un mot que ce phénomène si curieux de la
scintillation n'est qu'un PHÉNOMÈNE D'INTERFÉRENCE,

Le phénomène de la scintillation présente quelques particularités qu'il est important de connaître pour se rendre compte des modifications qu'il peut offrir. Nous allons les étudier.

On voit souvent, dans le midi de la France, de jeunes enfants courir à travers les champs, ayant à la main un bâton dont l'une des extrémités porte un charbon incandescent qu'ils font tourner assez vite pour lui faire décrire sans cesse un cercle de feu. Ce jeu, qui au premier abord n'a aucune importance, va cependant nous servir à expliquer un fait physiologique fort remarquable, que la sensation produite sur la rétine par la lumière qui arrive à notre œil n'est point instantanée, mais qu'elle dure pendant un intervalle de temps appréciable.

Substituons seulement la marche régulière de l'expérience à l'arbitraire auquel le phénomène était livré tout d'abord.

Prenons un charbon incandescent, et faisons-le tourner circulairement avec rapidité : nous verrons un cercle de feu continu; faisons-le tourner moins vite et plaçons-le devant un écran percé d'un trou à sa partie supérieure. A l'instant du passage du charbon rouge devant l'ouverture de l'écran, il y aura un moment de clarté; l'instant d'après, un moment d'obscurité; puis de nouveau un moment de clarté : la lumière et l'obscurité se succéderont ainsi alternativement; mais si on agite d'un mouvement de rotation rapide le charbon rouge, l'œil perçoit une impression continue de lumière; dans une place où le charbon ne s'est montré que quelquefois par intervalle, il apparaît actuellement d'une manière continue. C'est là un résultat singulier, mais incontestable ; il ne se produirait pas si la sensation de la lumière était instantanée.

On a reconnu qu'il fallait que le charbon tournât assez vite pour revenir au même point en moins de 1/10e de seconde, ou, en termes plus généraux, qu'il fallait qu'il s'écoulât au plus 1/10e de seconde entre deux sensations consécutives, pour que l'impression de la lumière fût continue, et cette durée est la même pour tous les rayons de lumière, que cette lumière soit blanche, verte, rouge, etc.

Mais supposons maintenant qu'à la place du charbon on mette deux corps projetant de la lumière verte et de la lumière rouge, en se succédant à 1/10e de seconde d'intervalle. N'est-il pas évident, d'après ce que nous avons dit précédemment, que ces deux impressions presque simultanées venant à se confondre, produiront sur la rétine le même effet que celui qui résulterait de la superposition de ces deux couleurs supplémentaires, en un mot, de la sensation de la lumière blanche, c'est-à-dire que là où passent rapidement du rouge et du vert, on verra du blanc ? Il n'y a donc pas lieu de s'étonner que la scintillation, qui est un phénomène beaucoup plus fréquent qu'il ne le paraît, n'a pas toujours lieu lorsque nous regardons les astres, puisqu'il y a sans cesse des compensations de la nature de celles dont nous venons de parler. Ainsi, supposons que les circonstances qui doivent produire la destruction de la lumière rouge ne soient séparées que par un intervalle moindre de 1/10e de seconde de celles qui doivent amener la destruction des rayons rouges, il y aura superposition de ces deux lumières, et par conséquent du blanc. Voici la preuve de ceci : Si par un mécanisme quelconque, nous donnons à la lunette dirigée vers une étoile un mouvement d'oscillation autour de cette étoile, au lieu d'un point lumineux nous apercevrons un ruban de lumière, et il pourra se faire que les cercles lumineux qui nous apparaîtront tour à tour, perdant ces mouvements de rotation, se revêtent de diverses teintes, qu'ils soient par exemple couleur de rubis, d'émeraude, etc.; mais ces couleurs ne se montreront ainsi distinctes, isolées, qu'autant que l'œil les apercevra dans de grands cercles, parce qu'alors la sensation produite sur la rétine durera au moins autant que la durée de la révolution du point lumineux, c'est-à-dire $1/10^e$ de seconde. S'il arrive au contraire que les cercles lumineux soient petits, vous n'obtiendrez que des couleurs composées, telles que le blanc, qui résulteront de la superposition de diverses teintes.

D'ailleurs, le phénomène de la scintillation est, ainsi que tous ceux qui dépendent de la théorie des interférences, soumis à plusieurs conditions difficiles à obtenir, et qui expliquent pourquoi il ne se produit que rarement; elles proviennent soit de l'astre lui-même, soit des milieux que traverse la lumière qui en émane.

Les rayons de lumière s'ajoutent pour une certaine différence d de route, variable d'un rayon à un autre, ou pour une différence $2\,d$, $3\,d$, etc., qui soit un multiple en nombre entier de cette valeur. Ils se détruisent, au contraire, pour des différences de routes intermédiaires. Ainsi, deux rayons rouges, par exemple, ajoutent leur éclat et font de la lumière quand ils se rencontrent sous

9.

une petite obliquité, après avoir parcouru des chemins
dont la différence est 620 millièmes de millimètre, ou
un nombre pair de fois 620 divisé par 2 (620/2) ; ils se
détruisent au contraire, et font du noir quand ils se rencontrent après avoir parcouru des chemins dont la différence soit un nombre impair de fois 620 divisé par
2 (620/2) ou 310 millionièmes de millimètre. Mais les
changements qui surviennent dans la densité de l'air
ou dans la température de ce fluide suffisent pour troubler tous les résultats, et l'on conçoit qu'il y ait même
certains lieux du globe, certaines hauteurs de l'atmosphère où le phénomène de la scintillation ne se manifeste jamais. Dans quelques régions, cela tient aussi à
l'extrême pureté et à l'immobilité de l'atmosphère.

Pour que les rayons lumineux puissent interférer, il
faut en outre qu'ils proviennent d'une même source,
qu'ils émanent seulement d'un point rayonnant. S'il en
est autrement, si la lumière émane de la surface d'un
corps qui soutende un angle appréciable, de plus de
2° par exemple, les phénomènes d'interférence seront
complexes ; les zones lumineuses et les zones obscures
se croiseront, se superposeront ; il y aura, en un mot,
des compensations qui changeront les conditions vou-
lues, et l'effet n'aura pas lieu.

Les étoiles remplissent la première de ces deux conditions ; certaines planètes la seconde, lorsqu'elles ont un
grand diamètre comme Jupiter et Saturne, qui aussi ne
scintillent pas. Mais il en est d'autres qui se trouvent
dans le même cas que les étoiles, comme Mars, Vénus,
Mercure lorsqu'il se dégage des rayons solaires ; et cependant ces corps ne brillent que par la lumière qu'ils

reçoivent du soleil. Il n'est donc pas vrai de dire que la lumière réfléchie ne peut donner lieu au phénomène de la scintillation. Toute lumière directe ou réfléchie, à condition que les corps lumineux observés soutendent un très-petit angle, peut produire la scintillation. On peut facilement vérifier ce fait quant au soleil; reçu sur un miroir convexe et réduit à n'être plus qu'un point lumineux semblable aux étoiles fixes, il scintille aussitôt. Quant à la scintillation produite par deux étoiles très-rapprochées, elle est différente parce que les rayons de ces deux étoiles traversent les uns et les autres des couches très-dissemblables. Si on réunit tous les rayons émanés d'un ensemble d'étoiles, il est presque évident qu'ils ne scintilleront pas, et que l'on aura du blanc.

Le phénomène de la scintillation se présente pour certaines personnes sous un aspect particulier. Des rayons irréguliers leur semblent se détacher de l'étoile. Mais cela n'arrive pas à tout le monde; c'est une illusion qui n'a rien de réel et qui tient simplement à la forme de l'œil, forme suivant laquelle se modifient les effets de la vision. Que deux personnes, en effet, dessinent une étoile avec les rayons qui leur paraissent en être projetés, et les deux dessins ne se ressembleront nullement. Bien mieux, qu'une seule personne exécute ce même dessin, d'abord avec un œil, ensuite avec l'autre, et les deux images seront encore dissemblables. Ces rayons, je le répète, n'ont rien de réel [1].

[1] Voyez la Note C à la fin du volume.

SEPTIEME LEÇON.

LES NÉBULEUSES ET LA VOIE LACTÉE.

———

Les Nébuleuses.

On appelle *Nébuleuses* des taches diffuses que les astronomes ont découvertes dans toutes les parties du ciel. Ces taches, ces lueurs résultent ou d'amas d'une matière diffuse, lumineuse par elle-même, ou d'amas prodigieux d'étoiles que l'œil et les instruments ordinaires ne peuvent distinguer isolément, mais qu'on parvient à *résoudre* en groupes d'étoiles à l'aide de meilleurs télescopes et de forts pouvoirs amplificatifs. Nous aurons donc ainsi deux classes de nébuleuses : les nébuleuses diffuses, et les nébuleuses stellaires ou composées d'étoiles.

Nébuleuses stellaires. — Le groupe des Pléiades qui,
pour toute personne ayant la vue courte, ne sera qu'une
masse confuse de lumière, devient un groupe d'étoiles
avec de simples besicles; il en sera de même de l'amas
dit *Præsepe*, dans la constellation du Cancer, à l'aide d'un
télescope même assez faible. Les nébuleuses qui ont
résisté à des grossissements de 50, de 100, de 150 et de
200 fois, cèdent quand on peut pousser les grossissements
jusqu'à 500 fois, jusqu'à 1,000 et au delà. C'est ainsi
qu'Herschell parvint à transformer en agglomérations d'étoiles la plupart des nébuleuses que Messier,
pourvu de lunettes moins puissantes, croyait irréduc-
tibles, qu'il appelait des nébuleuses sans étoiles. Ce
fut là ce qui l'engagea à soutenir pendant plusieurs années que toutes les nébuleuses étaient des amas d'é-
toiles; qu'il n'y a d'autre différence essentielle entre les
nébuleuses les plus dissemblables en apparence, qu'un
plus ou moins grand éloignement, une plus ou moins
grande condensation des étoiles composantes. Mais des
observations minutieuses très-délicates, faites avec une
entière bonne foi, finirent par modifier cette opinion. Il
reconnut qu'il y avait des nébulosités qui ne sont pas de
nature stellaire, qui ne sont que de nombreux amas de
matière diffuse et lumineuse. Herschell explora ce
champ de recherches presque entièrement nouveau, dans
toutes ses parties, avec une infatigable ardeur. Le dénombrement des nébuleuses franchit alors les limites
restreintes qu'on lui avait ordinairement assignées.

La première nébuleuse dont il est fait mention dans
l'*Histoire de l'astronomie*, est la nébuleuse d'Andromède.
Elle fut observée par Simon Marius en 1612. Cet astro-

nome en comparait la lumière à celle d'une chandelle vue à travers une feuille de corne. La comparaison ne manque pas d'exactitude. Près d'un siècle s'était écoulé depuis Marius lorsque, dans l'année 1656, Huyghens aperçut la grande nébuleuse de la constellation d'Orion. En 1716, Halley, faisant le dénombrement des nébuleuses connues, n'en trouvait encore que 6. Pendant son séjour au Cap de Bonne-Espérance, Lacaille fixa la position de 28 nébuleuses, dont 14 étaient résolubles avec ses faibles instruments. Peu d'années après, en 1771, le *Catalogue* de Messier, communiqué à l'Académie, en renfermait 68, qui ajoutées aux 28 précédentes formaient un total de 96. Mais cette branche de la science prit l'essor le plus rapide aussitôt qu'Herschell eut mis à son service de puissants instruments. En 1786, le savant astronome publia un *Catalogue* de 1,000 nébuleuses, ou amas d'étoiles. *Trois ans* après il en parut un second aussi étendu que le premier, qui fut suivi, en 1802, d'un troisième *Catalogue* de 500 nouvelles nébuleuses. Ainsi le chiffre primitif de ces taches lumineuses, qui s'élevait à 100 au plus, fut porté par le seul Herschell à 2,500. Aujourd'hui il est d'environ 6,000.

Les nébuleuses, celles-là même auxquelles on donne improprement ce nom, ou qu'on parvient avec de puissants télescopes à résoudre en étoiles, se présentent sous une grande variété de formes. Il en existe qui, à la fois très-allongées et très-étroites, pourraient presque être prises pour de simples lignes lumineuses, droites ou serpentantes ; d'autres, ouvertes en forme d'éventail, ressemblent à l'aigrette qui s'échappe d'un point fortement électrisé. Ici les contours n'ont aucune régularité ;

ailleurs on croirait voir une tête de comète avec son noyau. Il en est une qui a la forme d'un anneau d'étoiles un peu elliptique, au centre duquel on voit un trou noir. La forme circulaire est cependant celle que les nébuleuses résolubles paraissent affecter le plus ordinairement. Mais cette forme n'est qu'apparente; la forme réelle doit être globulaire, sphérique. Cela résulte de l'augmentation graduelle d'intensité, du bord au centre, que présente toute nébuleuse en apparence circulaire; en effet tout rayon visuel qui traverse la sphère près du bord côtoie très-peu d'étoiles, tandis que leur nombre va en augmentant à mesure qu'il se rapproche du centre.

Il serait impossible de compter en détail et avec exactitude le nombre d'étoiles dont certaines nébuleuses globulaires se composent; mais on a pu arriver à des limites. En appréciant l'espacement angulaire des étoiles situées près des bords, c'est-à-dire dans la région où elles ne se projettent pas les unes sur les autres, et le comparant avec le diamètre total du groupe, on s'est assuré qu'une nébuleuse dont le diamètre est d'environ 10 minutes, dont l'étendue superficielle apparente est à peine égale *au dixième* de celle du disque lunaire, ne renferme pas moins de 20,000 étoiles.

Les nébuleuses ne sont pas toutes uniformément répandues dans toutes les régions du ciel, et Herschell a fait cette remarque importante qu'elles forment généralement des couches. Au milieu d'une de ces couches Herschell aperçut dans le court intervalle de 36 minutes 31 nébuleuses parfaitement distinctes.

Les espaces qui précèdent ou qui suivent les nébuleuses simples, et, à plus forte raison, les nébuleuses groupées, renferment généralement peu d'étoiles. Herschell trouvait cette règle constante. Aussi toutes les fois que pendant un peu de temps, aucune étoile n'était venue, par le mouvement du ciel, se ranger dans le champ de son télescope immobile, il avait l'habitude de dire au secrétaire qui l'assistait : « Préparez-vous à écrire ; des nébuleuses vont arriver. » En général les espaces les plus pauvres en étoiles sont voisins des nébuleuses les plus riches, comme si ces dernières s'étaient formées par le travail incessant d'une certaine puissance de condensation, aux dépens des étoiles dispersées qui primitivement occupaient les régions environnantes.

Nébuleuses diffuses. — Après nous être occupés des nébuleuses résolubles, passons à celles qui ne le sont pas, aux nébuleuses proprement dites, composées d'une matière diffuse, continue, phosphorescente. Leurs formes ne sont guère susceptibles de définition, à cause de leur irrégularité. Il en existe à contours rectilignes, curvilignes, mixtilignes. Certaines de ces taches se terminent nettement, brusquement, vivement d'un côté, tandis que sur le côté opposé elles se fondent dans la lumière du ciel par une dégradation insensible. Il en est qui projettent au loin de très-longs bras ; il en existe dans l'intérieur desquelles s'observent de grands espaces obscurs. Toutes les figures fantastiques qu'affectent des nuages, emportés, tourmentés par des vents violents et souvent contraires, se retrouvent dans le firmament des nébuleuses diffuses.

Bien que la lumière des nébuleuses stellaires soit presque semblable à celle des nébuleuses diffuses, celles-

ci ont cependant un aspect tout spécial, indéfinissable,
dont les plus anciens observateurs à qui il fut donné
d'examiner le ciel avec de bonnes lunettes se montrèrent particulièrement frappés. La lumière de ces
grandes taches laiteuses est généralement très-faible et
uniforme; çà et là seulement on remarque quelques espaces un peu plus brillants que le reste, et généralement
de peu d'étendue. Ils semblent résulter d'une condensation, d'une augmentation de densité qui a lieu dans
certains points des espaces nébuleux, et qui, après des
transformations successives, doit avoir pour résultat
définitif autant d'*étoiles* qu'il y avait dans la nébuleuse
originaire de centres d'attraction distincts. A l'aide de
la combinaison naturelle et sobre de l'observation et du
raisonnement, on peut établir, avec une grande probabilité, qu'une condensation graduelle de la matière
phosphorescente conduit comme dernier terme à des
apparences sidérales, que nous *assistons enfin à la formation de véritables étoiles.* Cette idée hardie n'est pas
aussi nouvelle qu'on pourrait se l'imaginer. En effet
Tycho-Brahé attribuait à cette cause l'apparition subite
de la nouvelle étoile de 1572, et Kepler, à son tour, com-
posa l'étoile nouvelle de 1604 avec la matière agglomérée de l'éther. Les deux étoiles étaient voisines.
Kepler voyait dans cette coïncidence une raison plau-
sible pour assigner aux deux astres une même origine.
Seulement il ajoutait : si la matière lactée engendre incessamment des étoiles, comment ne s'est-elle pas
épuisée? comment la zone qui la contient ne paraît-elle
pas avoir diminué depuis Ptolémée? Cette difficulté n'a
vraiment rien de sérieux : quels moyens avons-nous de

savoir ce qu'était la Voie Lactée il y a 1,500 ans? Les adversaires de ces grandes idées posaient des objections qui pouvaient sembler plus graves lorsque, se fondant sur la rareté de la matière diffuse, ils assuraient que la totalité de cette matière observée dans toutes les régions de l'espace ne composerait pas une étoile comparable à notre soleil en grandeur et en densité. Un *calcul* d'Herschell réduisit la difficulté à sa véritable valeur. Il démontra que la matière diffuse contenue dans un cube de 10 minutes de côté, après avoir été condensée *plus de 2 trillions de fois*, occuperait encore autant de volume que notre soleil.

Or, a-t-on réfléchi à une condensation exprimée par le nombre prodigieux de deux trillions? Les objections contre la naissance actuelle d'étoiles, empruntées à la rareté de la matière diffuse, peuvent donc être laissées entièrement de côté.

La Voie Lactée.

Il n'est personne qui, en jetant les regards au ciel, n'ait remarqué au milieu de cette multitude d'astres irrégulièrement disséminés dans l'espace, une immense zone lumineuse, blanchâtre, irrégulière, qui s'étend partout d'un bord de l'horizon à l'autre. Cette espèce de ceinture céleste, qui a reçu le nom de *Voie Lactée*, n'est autre chose qu'une nébuleuse résoluble du genre de celles qui viennent de nous occuper.

Les anciens en avaient été vivement frappés, et Manilius décrit longuement, dans son poëme, les constellations qu'elle traverse. Du reste, la plupart des ex-

plications qu'ils en avaient données méritent à peine
d'être examinées.

Les mythologues, que peu de choses embarrassaient,
lui eurent bientôt trouvé une origine. Les uns préten-
dent que c'est le chemin que les dieux tiennent pour se
rendre au palais de Jupiter, que c'est la route suivie par
Phaéton lorsque le Soleil lui confia imprudemment son
char, route qu'il marqua d'une longue traînée de cendres; que c'est la région que traversent les âmes des hé-
ros allant au séjour de l'immortalité. Les autres, écri-
vent de leur côté qu'à la prière de Minerve, Junon ayant
fait taire un instant sa haine pour Hercule, alla même
jusqu'à lui donner de son lait; puis, que l'enfant l'ayant
mordue, elle en laissa tomber assez pour former dans le
ciel cette traînée blanchâtre qui reçut, de son origine,
le nom qu'elle porte[1]. Les explications plus sérieuses ne
valent guère mieux. Aristote définit la Voie Lactée en
termes vagues: un météore lumineux contenu dans la
moyenne région du ciel. Œnopidès et Métrodore la
croient une trace ineffaçable de la route que le Soleil
abandonna jadis en se rapprochant de sa marche zodia-
cale actuelle. Théophraste, au rapport de Macrobe,
pensait que c'était la ligne suivant laquelle les deux
hémisphères ont été soudés. Mais il est, parmi les anciens, un homme, Démocrite, qui avait avancé que la
Voie Lactée était simplement le résultat d'amas d'étoiles

[1] Les chrétiens des premiers siècles transportant dans leur nouvelle
religion les vieilles idées religieuses qui s'écroulaient devant elle, attri-
buaient la formation de la Voie Lactée au lait de la Vierge, et on sait que
le peuple des campagnes la nomme encore le Chemin de Saint-Jacques,
de même que les anciens l'appelaient le Chemin des Dieux, la Voie de
l'immortalité.

trop pressées, vu leur prodigieuse distance, pour qu'on
puisse les discerner une à une. L'opinion des modernes
est précisément celle du philosophe d'Abdère; le télescope a rendu sensible ce qu'il n'avait fait que soupçonner.

Un phénomène, dont on a toujours lieu d'être sur-
pris, est l'inégale répartition des étoiles dans l'espace.
Quelques parties en offrent à l'observateur par milliers,
tandis que d'autres en paraissent presque dépourvues.
Nulle part cela n'est plus saillant que dans les différentes régions traversées par la Voie Lactée. Ici elles
se pressent accumulées au point de rendre leur dénombrement impossible.

Mais ce n'est pas là le seul caractère de la Voie Lactée.
Elle fait le tour entier du firmament, elle est un grand
cercle de la sphère, et si on prend un amas quelconque
d'étoiles, cet amas ne sera pas un grand cercle. Ceci a
besoin d'être expliqué avec d'autant plus de soin que le
phénomène est plus remarquable.

Il y a une centaine d'années que l'on a commencé à
s'occuper de la *forme* que présente la Voie Lactée, et voici
l'explication à laquelle on s'est arrêté. Elle a été attribuée à Herschell, mais il faut rendre à chacun ce qui
lui revient. Wright [1] est le premier qui l'ait essayée;
Kant [2] et Lambert [3] s'en occupèrent ensuite; puis enfin
Herschell, qui reprit l'examen de la question et l'expliqua d'une manière complète [4]. Voici le résumé de son
travail :

[1] Écrivain anglais, de Durham, qui vivait au milieu du XVIIIe siècle.
[2] Le célèbre philosophe allemand. *Histoire du ciel.*
[3] *Lettres Cosmologiques.* Leipzig, 1761.
[4] Voyez l'examen des travaux d'Herschell sur la Voie Lactée, *Annuaire du bureau des longitudes* pour 1842, (445-459).

Supposons un amas de millions d'étoiles, compris entre deux plans parallèles très-rapprochés, et prolongés à d'immenses distances, formant comme une couche, une strate, *une meule de moulin*. Imaginons que cette couche soit parsemée de points lumineux, d'étoiles, uniformément répandus, et supposons que nous soyons placés dans l'intérieur de la meule. Qu'arrivera-t-il? Si l'on regarde dans la direction de la circonférence, l'œil rencontrera partout une multitude d'étoiles, où du moins il passera tellement dans leur voisinage qu'elles paraîtront se toucher; dans le sens d'une perpendiculaire à la meule, le nombre des étoiles visibles sera au contraire comparativement plus petit, et précisément dans le rapport de la demi-épaisseur aux autres dimensions de la meule; enfin, dans des directions obliques, il y aura à cet égard un changement brusque, leur nombre deviendra plus considérable que dans le second cas, moins que dans le premier. Tout cela a-t-il été légitimé par l'expérience? l'observation conduit-elle à ce résultat? Oui. Herschell a exécuté seul et en peu d'années, pour vérifier cette théorie, un travail considérable. La méthode qu'il a suivie a acquis, par ses résultats, une grande célébrité. Elle était d'ailleurs très-simple, et consistait, suivant l'expression pittoresque de l'illustre auteur, à *jauger les cieux* (gaging the heavens). Pour déterminer en étoiles les richesses comparatives moyennes de deux régions quelconques du firmament, le grand astronome se servit d'un télescope dont le champ embrassait un cercle de quinze minutes de diamètre, c'est-à-dire une surface égale au quart du soleil. Vers le milieu de la première de ces régions, il comptait successivement le nombre d'étoiles

10.

renfermées dans dix champs contigus, ou du moins très-rapprochés. Il additionnait ces nombres et divisait la somme par 10. Le quotient était la richesse moyenne de la région explorée. La même opération, le même calcul numérique lui donnaient un résultat analogue pour la seconde région. Quand ce dernier résultat était double, triple, ..., décuple du premier, il en déduisait légitimement la conséquence, qu'à égalité d'étendue, l'une des régions contenait deux fois, trois fois, ..., dix fois plus d'étoiles que l'autre. Qu'est-il arrivé? En jaugeant suivant une perpendiculaire à la meule, le nombre moyen d'étoiles qu'embrassait le champ du télescope était quelquefois d'*une* seulement, et il en fallut souvent *quatre* successifs pour embrasser *trois* étoiles. En se rapprochant de la Voie Lactée, c'est-à-dire en jaugeant dans des directions obliques, ces mêmes aires circulaires de 15 minutes de diamètre contenaient 300, 400, 500 et même 588 étoiles! Dans la Voie Lactée, l'œil appliqué à l'oculaire en voyait dans le court intervalle d'*un quart d'heure* 116,000.

Les plus grandes dimensions de la strate, de la meule, se trouvent ainsi accusées ou, si l'on veut, dessinées sur le firmament par une condensation apparente d'étoiles, par un maximum de lumière manifeste, par un aspect lacté; enfin ce maximum de lumière paraîtra être un grand cercle de la sphère céleste, puisque la Terre peut être considérée comme le centre de cette sphère, puisque la strate est un de ses plans diamétraux, et que tout plan diamétral d'une sphère, tout plan passant par son centre, la partage nécessairement en deux parties égales.

En un point de son développement, on la voit se bifur-

quer et former un arc secondaire qui, après être resté
séparé de l'arc principal, dans l'étendue d'environ 120
degrés, se confond de nouveau avec lui. Sa largeur semble très-inégale ; dans quelques places elle n'excède pas
5° ; dans d'autres, cette largeur est de 10° et même de 16°.
Ses deux branches entre le Serpentaire et Antinoüs s'é-
talent sur plus de 22° de la sphère.

Si on emploie un télescope qui atteigne jusqu'aux
dernières limites de la *couche stellaire,* le nombre des
étoiles contenues dans le champ visuel du télescope indiquera l'éloignement des différentes limites de la couche. Herschell ayant *jaugé* notre nébuleuse, ayant apprécié sa richesse dans toutes les directions, a pu, d'après
cela, en déduire les dimensions rectilignes correspondantes. D'après le tableau qu'il a donné de ces dimensions, on voit que, sans être sorti du cadre des observations directes, la nébuleuse se trouve *cent fois* plus
étendue dans une dimension que dans l'autre. Il s'est
servi de ces nombres pour donner une coupe et même
une figure, sur trois dimensions, de la vaste nébuleuse
dans laquelle le système solaire est englobé, de la nébuleuse où notre Soleil figure comme une insignifiante
étoile, et la Terre comme un imperceptible grain de
poussière.

Et pour montrer que ces expressions n'ont rien
d'exagéré, rappelons-nous que la lumière parcourt
77,000 lieues par seconde. Eh bien, pour venir d'un des
bords de notre nébuleuse à l'extrémité opposée, on a
démontré qu'elle emploierait 60 années.

Mais notre nébuleuse est-elle la plus grande? Cela
serait singulier et n'est pas probable. Il est plus raison-

SEPTIÈME LEÇON.

nable de croire que si les autres nébuleuses répandues à travers les cieux sont si petites comparativement à l'immense étendue de la Voie Lactée, cela tient à ce qu'elles sont situées à des distances incomparablement plus grandes, et puis à ce que nous sommes placés dans l'intérieur de celle à laquelle nous appartenons. Il y a des nébuleuses qui soutendent un angle de 10'. La lumière ne les traverserait pas en moins d'un millier d'années! Elles pourraient être éteintes ou anéanties que nous les verrions encore tant est grande la distance qui nous en sépare.

Quelque effrayante que soit pour l'imagination l'immensité de ces espaces, gardons-nous de croire que nous soyons arrivés aux dernières limites de l'univers, comme s'il n'y avait rien au delà de ce que nos sens et nos instruments peuvent nous faire apercevoir; car, qui oserait dire qu'avec des instruments plus parfaits encore nous ne découvrirons pas de nouveaux astres, de nouveaux mondes? La puissante main du Créateur les sema dans l'espace avec profusion; il les fit innombrables comme les grains de sable qui couvrent les rivages des mers

HUITIÈME LEÇON.

MOUVEMENT ANNUEL DU SOLEIL.—DISTANCE DE CET ASTRE A LA TERRE.

Situations différentes des couchers et des levers du Soleil dans le cours de l'année. — Déclinaisons. — Équinoxes de printemps et d'automne. — Solstices d'été et d'hiver. — Longueur de l'année tropique. — De l'année sidérale. — Cercles horaires. — Du jour sidéral. — Du jour solaire. — Détermination de la position des points équinoxiaux. — Tracé de l'Ecliptique. — Sa forme. — Signification. — Positions différentes du Soleil. — Précession des équinoxes. — Obliquité de l'Ecliptique. — Ses variations. — Ce qui arriverait si le plan de ce cercle se confondait avec celui de l'Équateur. — Nature de la courbe décrite par le Soleil dans son mouvement annuel. — Développement de cette loi « que les aires décrites sont proportionnelles aux temps employés à les décrire. » — Détermination de la distance du Soleil à la Terre. — Division du cercle. — Mesure des angles. — Rapport approché du diamètre à la circonférence. — Valeur de la seconde. — Rapport entre la distance et l'arc soutenu par un objet quelconque. — Theorèmes de géométrie. — Que tous les angles faits du même côté d'un diamètre valent 180°. — Que les angles opposés par le sommet sont égaux. — Définition des lignes parallèles. — Que deux angles dont les cotés sont parallèles, sont égaux. — Proposition capitale : que dans tout triangle la somme des trois angles est égale à deux droits. — Conclusion. — Distance de la Terre au Soleil, en minutes. — En lieues. — Rapports des rayons. — Volume.

Situations différentes des levers et des couchers du Soleil dans le cours de l'année. — En étudiant les étoiles nous avons recherché quel est le point où elles se couchent, celui où elles se lèvent. Nous sommes revenus le lendemain, les jours suivants, et nous avons trouvé que ces points étaient toujours les mêmes; dix ans après, les choses n'eussent pas été changées. Faisons les mêmes observations sur le Soleil; il nous offrira des phénomènes différents. Du 21 juin au 22 décembre le point du lever devient de plus en plus austral; du 22 décembre au 21 juin il devient de plus en plus boréal. Le point du coucher offrirait les mêmes circonstances que celui du lever.

Faisons une autre série d'observations dont les anciens se sont beaucoup occupés. La nuit ne succède pas de suite au jour. La lumière secondaire qui nous fait voir les objets avant le lever et après le coucher n'est autre chose que le résultat de la lumière crépusculaire. Observez le matin une étoile avant la lumière crépusculaire, et vous verrez les jours suivants le soleil à son lever s'éloigner de cette étoile. Répétez cette observation au coucher, et elle sera la même. Si on examine sa position par égard à une étoile voisine qui se couche un peu après lui, on verra l'intervalle de temps qui sépare leur disparition diminuer les jours suivants, et au bout de vingt-cinq ou trente jours on verra la même étoile reparaître à l'orient, peu de temps avant le lever du soleil. On observe aussi que des étoiles qui étaient à l'est du soleil se trouvent plus tard à l'ouest de cet astre. Il faut donc que de ces deux conditions l'une soit remplie : ou bien que l'étoile ait marché d'orient en occident en s'approchant du soleil, ou bien que le soleil ait marché d'occident en orient en s'approchant de l'étoile. Mais nous savons, et cela d'une manière bien positive, que les étoiles se lèvent sans cessé aux mêmes points de l'horizon ; il est donc plus naturel de croire que le soleil se déplace, puisqu'il ne correspond pas tous les jours aux mêmes points de l'horizon, qu'il s'est transporté d'occident en orient à travers tous les astres auxquels on l'a comparé, et que les étoiles ne se sont point déplacées. Il faut donc, dans ce que nous avons observé, tout lui attribuer. Voilà pour les apparences ; mais ceci ne peut nous contenter : cherchons quelle est la nature véritable de ces changements, en les rapportant à un point invariable.

Déclinaisons. — Revenons sur quelques définitions. La méridienne est une ligne qui passe par le point le plus élevé et le point le plus bas de la course des étoiles ; le cercle mural un cercle gradué placé dans le plan de la méridienne, et qui sert à observer les mouvements des astres au-dessus de l'horizon. On nomme axe du monde la ligne idéale autour de laquelle s'accomplit le mouvement diurne de la terre et de la sphère étoilée ; les deux extrémités de cet axe en sont les pôles ; l'équateur est un grand cercle de la sphère qui coupe le ciel en deux parties égales en passant à égale distance des deux pôles. Eh bien, rapportons le soleil à l'équateur. Nous savons qu'en plaçant d'abord la lunette à 90°, elle doit prendre ensuite une inclinaison de 23° 27′ sur l'horizon pour être couchée dans le plan de ce grand cercle. Examinons si le soleil demeure constamment au nord ou au sud de l'équateur. Les étoiles ne bougent pas ; lorsqu'elles sont au nord, elles restent au nord, lorsqu'elles sont au sud elles restent au sud. Le soleil présente encore avec elles cette différence, qu'en recherchant s'il conserve l'une ou l'autre de ces positions, on ne tardera pas à reconnaître qu'il passe insensiblement de l'une à l'autre. La lunette nous le montre en effet pendant six mois au-dessus, et pendant six autres mois au-dessous; ces positions différentes qui le rapprochent alternativement de l'un et de l'autre pôle, prennent, comme celle des étoiles, le nom de *déclinaisons*; elles sont *boréales* ou *australes* selon l'hémisphère où on les observe. Voulons-nous savoir quelle est la valeur de l'angle formé ainsi par le soleil dans sa course extrême, il suffira de savoir combien le cercle a été déplacé si nous avons suivi l'astre dans sa course; mais comment voir le centre d'un disque aussi grand que celui du soleil! aussi n'essaie-t-on pas de le faire, on observe simplement l'un des bords. Lorsqu'il est parvenu à la partie supérieure de la courbe qu'il décrit chaque jour, sa hauteur ne change pas; on vise le bord inférieur; cela donne un nombre auquel il manque toute la valeur du diamètre du soleil : une simple opération de soustraction nous donnera le centre; on vise le bord supérieur, cela est trop haut et donne un chiffre dont le défaut est inverse de celui acquis par la première opération, c'est-à-dire qu'il est trop fort. Je divise les deux valeurs obtenues par 2, et j'ai ainsi le demi-diamètre du disque, par conséquent le centre du soleil. Avec cette donnée, je puis avoir maintenant et avec exactitude la valeur de l'angle cherché ou de la plus grande déclinaison du soleil: elle est de 23° 27'.

Le soleil ne peut passer du nord au sud de l'équateur sans toucher nécessairement au plan de ce cercle; il le touche en un point que l'on appelle *équinoxe*. Il y a deux équinoxes. Quand l'astre marche du pôle nord vers le pôle sud, il rencontre, le 23 septembre, l'*équinoxe d'automne*; il décline de jour en jour au midi de l'équateur. Ses déclinaisons atteignent leur plus grande valeur vers le 22 décembre. A partir de là, elles vont en diminuant, le soleil se rapproche de l'équateur et atteint de nouveau le plan de ce cercle le 21 mars, passe au delà, et d'*australes* qu'elles étaient d'abord, les déclinaisons deviennent *boréales*. Il monte de jour en jour au nord de l'équateur et atteint sa plus grande déclinaison vers le 21 juin. A partir de ce jour, les déclinaisons vont en diminuant jusqu'au 23 septembre. Ainsi, dans l'espace d'un an, le soleil traverse deux fois l'équateur, le 21 mars et le 23 septembre; lorsque le soleil est au midi de l'équateur, il se comporte à l'égard des étoiles vis-à-vis desquelles il se trouve comme nous l'avons vu se comporter vis-à-vis des étoiles boréales. Les étoiles boréales se comportent de manière à ce que la distance du lever au coucher est plus longue; cela est la même chose pour les étoiles australes.

Mais quelle est la valeur du dérangement du soleil, de l'angle le plus grand qu'il puisse former avec l'équateur. En faisant les observations le 21 juin et le 22 décembre, nous reconnaîtrons que le soleil s'éloigne tout autant de l'équateur au nord qu'au midi, et que cet angle est de 23° 27'. Aux époques où le soleil est parvenu à sa plus grande déclinaison comparé à l'équateur, il change à peine de déclinaison pendant quelques jours et paraît être stationnaire. Aussi a-t-on nommé ces deux moments les *solstices*. Le *solstice d'hiver* est le point de la plus grande déclinaison boréale, le *solstice d'été* l'expression de la plus grande déclinaison australe.

Longueur de l'année. — Pouvons-nous arriver à la connaissance précise du temps que le soleil met à effectuer sa révolution dans le ciel, pour revenir de l'un de ces deux points remarquables auxquels nous avons rattaché sa marche dans le ciel à ce même point? Oui : et au moyen même de ces points, en déterminant avec exactitude la position de l'un d'eux. Prenons l'équinoxe du printemps, le 21 mars. Nous avons reconnu que les observations sont seulement bonnes lorsqu'elles sont faites dans le plan du méridien : mettons-nous donc dans ce plan, au cercle mural ; mais le passage du soleil par l'équateur, au lieu de se faire dans le méridien précisément à midi, se fait en dehors du méridien. Serons-nous pour cela privés du moyen de comparer les observations de ce jour à celles de l'année prochaine? Non. Il y a un moyen d'obtenir la position exacte du point où le soleil a coupé l'équateur. Il suffira d'observer la déclinaison quelques jours de suite, le 20, le 21, le 22, etc., et, comme elle est proportionnelle, il sera aisé d'en conclure par une simple règle de trois l'instant de ce passage aussi exactement que si on l'eût observé directement. Ainsi, supposons, par exemple, que le 20 elle ait été de 10' au midi, le 21 de 10' au nord ; comme le soleil se meut uniformément, il a donc passé à l'équateur au milieu du temps qui sépare les deux observations, c'est-à-dire à minuit. En prenant des valeurs inégales, le résultat serait le même. Ainsi, admettons que la déclinaison soit seulement de 5° le 20, et de 15° le 21, c'est-à-dire que le 20 le soleil ait été à midi de 5° en deçà de l'équateur, et le 21 de 15° au delà de ce plan ; il aura parcouru 20 minutes en 24 heures, et l'on fera cette proportion : 10′ : 24 h. :: 5′ : x; d'où x égal 24, multiplié par 5 et divisé par 10, égal 12. Il faudra ajouter ces 12 heures à midi, ce qui donne, le 20 mars, minuit, pour l'instant où le soleil était à l'équateur. On aura donc ainsi l'heure, la minute, la seconde où le soleil a traversé ce plan, et en changeant les temps en arcs de cercle, à raison de 15° par heure, on en conclura avec précision le point où le soleil a coupé le cercle de l'équateur, ou la position précise de l'équinoxe. Nous avons dit : en 24 heures le soleil s'est déplacé de telle quantité; donc il a dû employer tant d'heures pour se déplacer de telle autre. La partie proportionnelle est légitime puisque le soleil se meut uniformément, comme on peut s'en assurer en comparant la déclinaison du 19 au 20 à celle du 20 au 21, celle du 20 au 21 à celle du 21 au 22, et ainsi de suite.

En faisant les mêmes observations l'année suivante, nous pouvons donc connaître la longueur de l'année. Elle est de 365 jours 5 heures 48 minutes 47 secondes ou 365 jours et 2,422 dix-millièmes. Mais les observations, au lieu de se faire aux équinoxes, se font aux solstices ou tropiques, et l'année vulgaire est nommée d'après cela *année tropique*. L'année dont les limites sont empruntées aux mouvements des étoiles est appelée *année sidérale*; elle est de 365 jours 6 heures 9 minutes 10 secondes, ou de 365 jours 2,563 dix-millièmes. Ces deux longueurs ne sont pas, ainsi qu'on le voit, d'un nombre exact de jours, inégalité qui a singulièrement compliqué le calendrier et la chronologie.

Année sidérale, cercles horaires, jour solaire, jour si-

déral. — Après avoir indiqué le moyen employé pour
déterminer la durée de l'année tropique, voyons quels
sont ceux dont on fait usage pour trouver celle de l'année sidérale.

Soit ABCD (pl. VII, fig. 7) une section faite dans le ciel
par un plan qui est le méridien, AE, AF, AG, AH autant
de cercles auxquels les étoiles arrivent à des heures différentes, ce qui les a fait appeler *cercles horaires*. Prenons
pour point de départ le cercle horaire qui passe par Sirius : aujourd'hui le soleil et l'étoile y passent au même
moment, mais le lendemain le soleil s'étant avancé, il arrivera au cercle d'une autre étoile et y effectuera son
passage en même temps que cette étoile. L'intervalle de
temps entre deux passages consécutifs du soleil n'est
pas le même que l'intervalle entre deux passages d'une
étoile. Ce temps est plus court. Le temps du passage du
soleil au méridien retarde chaque jour sur celui des
étoiles de $3'56''$ en moyenne ; en retardant chaque jour
d'environ $4'$, ce qui correspond à un arc d'environ 1 degré
par jour, le soleil parcourt successivement tous les degrés d'ascension droite d'occident en orient, et rejoint,
après une année révolue, les étoiles auxquelles on l'avait
comparé.

Cela a amené les astronomes à imaginer deux sortes
de jour ; le premier qui embrasse l'intervalle de temps
écoulé entre deux passages d'une étoile au méridien est
appelé de là *jour sidéral* ; le second déterminé également par deux passages du soleil au méridien est le
jour solaire ; ce dernier est plus long que le premier de
$3'56''$. Il résulte de là qu'on se sert dans les observations de deux espèces de pendules, la *pendule sidérale*, et

la *pendule solaire,* qui retarde chaque jour sur la première de 4' environ; on se règle toujours sur les heures
sidérales.

Tracé de l'Écliptique; sa forme. — Le soleil semble
donc décrire deux mouvements particuliers, l'un qui est
perpendiculaire à l'équateur, et l'autre qui lui est parallèle. Ces deux mouvements se combinent en un seul
oblique aux méridiens et aux parallèles. Ces parallèles
sur lesquelles le soleil doit se trouver chaque jour, sont
indiquées par les déclinaisons. Si d'ailleurs, on détermine, à l'aide de la lunette méridienne, les cercles horaires qui les renferment, si en un mot on combine la déclinaison avec la hauteur méridienne, le point d'intersection
du cercle horaire avec la parallèle qui lui correspond
sera le lieu du soleil pour le jour de l'observation. En
renouvelant ces opérations, le lendemain et les jours
suivants, en les répétant pendant une année entière, et
en faisant passer une courbe par tous les points ainsi déterminés, on s'assurera que le soleil décrit une courbe
contenue dans un plan régulier qui passe par le centre
de la sphère. Le soleil paraît se mouvoir dans un cercle,
dans une courbe qui n'est pas l'équateur, qui ne coïncide pas avec lui et qui au contraire s'en écarte d'une
quantité égale aux déclinaisons extrêmes, c'est-à-dire
de 23° 27' On l'appelle *écliptique,* parce qu'il n'y a d'é-
clipse que quand le Soleil et la Lune se trouvent dans
son plan.

Rappelons-nous les définitions qui ont été données
des grands et des petits cercles. La circonférence d'un
cercle est une ligne dont tous les points sont *également
éloignés* d'un autre point appelé centre, point qui dans les

11.

grands cercles est identique avec le centre de la sphère, circonstance qui les distingue essentiellement des *petits cercles*. Mais la courbe que nous avons obtenue au moyen des points de la marche du soleil, déterminés chaque jour, ne remplit qu'une de ces conditions ; son centre est bien celui de la sphère, mais ces points sont inégalement éloignés du centre : ce n'est donc pas un grand cercle, mais une *courbe plate*, une ellipse.

Cette marche du soleil dans le ciel, invariable dans sa forme, nous donne l'explication d'un phénomène qui était inexplicable pour les anciens ; ne sachant comment se rendre compte de la cause qui s'opposait aux progrès ultérieurs du soleil vers le pôle nord, ils pensaient que des vents très-violents soufflaient de ces régions reculées et suffisaient pour produire cet effet.

Positions différentes du Soleil. — D'après ce qui vient d'être dit, le soleil n'est donc pas toujours également éloigné de la terre. Non, et l'observation qui sert à constater ce phénomène est des plus ordinaires. C'est une des lois de la perspective que tout corps qui s'éloigne de l'œil, prend de moindres proportions. Cela va nous servir à reconnaître si le soleil change de place ; car s'il s'éloigne, il diminuera de grandeur. Mais comment reconnaître que le soleil change de grandeur. C'est avec un instrument que l'on appelle *micromètre*, ou mesureur de petites quantités, et que nous avons décrit page 80.

Il se compose, ainsi qu'il a été dit, de deux fils ; un fixe et un mobile ; celui-ci est attaché à une plaque à laquelle tient une vis faite avec la plus grande précision, de sorte qu'un tour équivaut à une minute et le demi-tour à une demi-minute, etc. Tel est l'appareil avec lequel nous allons chercher si le soleil s'est éloigné de la terre. Prenons un jour, le 1er janvier, et visons le soleil avec la lunette à laquelle est appliqué le micromètre. Mettons d'abord le fil fixe en contact avec le bord inférieur, le fil mobile en contact avec le bord supérieur. Laissons l'instrument en repos jusqu'au 7 juillet; à cette époque les deux fils, placés tangentiellement, n'embrassent plus le disque; le diamètre de celui-ci a sensiblement diminué. Le soleil s'est donc éloigné de la terre; la grandeur du disque est donc proportionnelle au changement de distance; il était donc plus près en hiver qu'en été, phénomène auquel on ne se serait certe pas attendu. Il devrait donc échauffer la surface de la terre plus dans le premier cas que dans le second. Nous verrons que non. Du 1er janvier au 7 juillet le diamètre diminue; du 7 juillet au 1er janvier il augmente. Au 1er janvier il est de 32', au 7 juillet de 31; il n'y a donc qu'un 30e de différence; c'est bien peu si on se rappelle que la distance du soleil à la terre est à 38 millions de lieues. L'instant, durant lequel le soleil est le plus près de la terre, est ce que l'on appelle le *périgée*, celui durant lequel il en est le plus éloigné est l'*apogée*. (Voir pl. VII, fig. 8.)

La différence dans le changement de distance est, venons-nous de dire, d'un 32e. Cette différence sera la même en quelque lieu de la terre qu'on l'observe, parce que la distance dont on se déplace sur la surface du globe sera toujours beaucoup moindre que la différence dans la distance des deux astres, différence qui est de plus d'un million de lieues, tandis que le diamètre terrestre est seulement de 2,865 lieues 4.

Précession des équinoxes. — Le soleil, partant, avons-nous dit, de l'équinoxe, reviendra au même point du ciel après une année sidérale; mais le nouvel équinoxe de mars sera-t-il au même endroit où nous l'avions trouvé l'année précédente, en un mot l'équinoxe occupe-t-il toujours la même place par rapport à Sirius? Eh bien, non. L'équinoxe s'avance constamment vers l'orient; il se déplace et parcourt chaque année un petit arc de 50 secondes 1/10e, en marchant à la rencontre de l'astre; le retour du soleil au même équinoxe anticipe donc, chaque année, de 50″ sur un retour vis-à-vis de la même étoile, et cette anticipation rend l'année équinoxiale plus courte que l'année sidérale de 20′ 22″ de temps; c'est le phénomène connu sous nom de *précession des équinoxes.*

Si la précession, le déplacement de l'équinoxe était d'une minute, ce point ferait le tour du ciel en 21,600 ans, mais il ne se déplace pas d'une minute tout à fait comme nous venons de le voir, ce qui nous donne 25,868 années; depuis Hipparque le déplacement a été d'environ un degré. Cette révolution des *points équinoxiaux* constitue ce que les anciens avaient appelé la *grande période.*

Obliquité de l'écliptique. — La quantité dont le soleil s'éloigne de l'équateur à partir des équinoxes, est ce qu'on appelle l'*obliquité de l'écliptique.* Nous avons vu, en traitant des déclinaisons, que cette quantité était, à son maximum, de 23° 27′.

En calculant les plus anciennes observations des Chinois, celles des Anciens, on trouve qu'elle n'est pas tout à fait la même aujourd'hui que jadis; et en rapprochant ces observations des nôtres, on trouve une différence dont la valeur est d'une 1/2 seconde. Voyons ce qui arriverait si ce mouvement se continuait, si l'obliquité diminuait encore, et que le soleil vînt à se mouvoir constamment dans le plan de l'équateur. La terre serait constamment dans la position où elle se trouve à l'époque des équinoxes ; les jours seraient, pour tout le globe, sans cesse égaux aux nuits, au lieu de présenter les différences considérables qui existent actuellement dans leur longueur, et les températures devenant constamment les mêmes, auraient aussi la même régularité, et il n'y aurait plus pour chaque hémisphère ces alternations de chaleur et de froid qui enferment l'année dans un cercle de variations incessantes ; les régions polaires, d'un étendue désormais bien réduite, ne seraient plus obligées de traverser une nuit de six mois pour arriver à un jour aussi long. Tous les phénomènes, en un mot, qui tiennent à l'inclinaison de l'axe auraient cessé d'avoir lieu.

Il ne faut donc pas s'étonner que l'on ait voulu chercher à savoir si cela pouvait arriver, si l'obliquité était susceptible de varier au point que le plan de l'écliptique se confondît avec celui de l'équateur. Du reste les observations ne sont pas assez anciennes pour que l'on puisse le calculer avec certitude. Mais la théorie à précédé l'expérience ; elle a expliqué la cause de ces changements et elle a constaté que c'étaient de simples variations périodiques, c'est-à-dire que l'obliquité, après avoir été en diminuant jusqu'à un certain terme, irait en augmentant pendant un grand nombre de siècles, et que les limites de ces oscillations seraient au plus de 4 ou 5 degrés. D'ailleurs, dans cette question de la diminution de l'obliquité, on s'est trompé lorsqu'on a parlé d'un printemps perpétuel; on a fait usage d'une mauvaise expression; on devait dire seulement que les saisons seraient les mêmes dans tous les lieux de la terre par rapport à eux-mêmes.

Vitesse relative du soleil dans son mouvement annuel. — En comparant les arcs que le soleil parcourt tous les jours sur sa véritable orbite, on s'est aperçu que son mouvement n'est pas uniforme, qu'il ne parcourt pas l'écliptique avec la même vitesse, qu'il est tantôt plus lent, tantôt plus rapide et que les plus grandes différences ont lieu dans deux points diamétralement opposés de l'orbite solaire.

Le soleil ne parcourt pas l'écliptique avec la même vitesse. C'est le 1er janvier qu'il se meut le plus vite, parce que cet astre est le plus près de nous; vers le 7 juillet il se meut au contraire plus lentement, parce qu'il est le plus loin, de sorte qu'il y a une relation, une dépendance mutuelle entre le mouvement angulaire du soleil dans son orbite et la distance de cet astre à la terre. Dans l'intervalle qui sépare les deux points le changement de distance est intermédiaire, et la distance aussi. Le micromètre, qui, ainsi que nous l'avons vu, mesure la grandeur apparente de cet astre aux différentes époques où nous l'observons, nous donne aussi la mesure de son éloignement. Car il faut de toute nécessité supposer ou bien que cet astre augmente ou diminue de volume, ou bien qu'il s'approche ou s'éloigne alternativement de la terre. Mais la première hypothèse est inadmissible. Il est donc évident que les variations

de diamètre qu'il nous présente à différentes époques
correspondent par une conséquence forcée aux variations de sa distance à la terre à ces mêmes époques,
car cette loi de perspective est rigoureuse, que plus un
objet s'éloigne de l'œil plus il diminue de grandeur ; et
comme on peut à l'aide du micromètre apprécier les
variations de diamètre avec la dernière exactitude, il
suffira d'une simple proportion pour en conclure la
différence dans l'éloignement, puisque pour un globe
qui s'éloigne de nous elles sont proportionnelles aux
angles optiques soutendus par son diamètre. Les distances du soleil à la terre étant réciproquement proportionnelles à la grandeur de ses diamètres apparents, il
suit de là que la distance du soleil à la terre varie chaque
jour, et la plus grande et la plus petite distance ont lieu,
l'une vers le 7 juillet, l'autre vers le 1er janvier. En dési-
gnant par d la plus courte distance et par D la plus
longue, on a : d : D : : 31' : 32.5 ; d'où $d = 31/32.5$ D,
c'est-à-dire que la plus courte distance est d'environ
1/32.5 plus petite que la plus grande.

Avec ceci nous pouvons déterminer la nature de la
courbe décrite par le soleil dans son mouvement annuel.

On appelle *rayons vecteurs* les rayons menés du soleil
à la terre. Si, prenant pour unité de largeur le rayon
vecteur qui indiquera, à l'aide du calcul ci-dessus, la
plus courte distance du soleil à la terre, je le divise en
un certain nombre de parties ; qu'avec ces parties je
trace de jour en jour, ou seulement de mois en mois
même, d'autres rayons vecteurs d'une longueur proportionnelle aux variations de diamètre observées ; que par
l'ensemble des extrémités de tous ces rayons je fasse

passer une ligne, j'aurai évidemment tracé la courbe
décrite par le soleil dans le ciel. Voici le résultat de cette
opération.

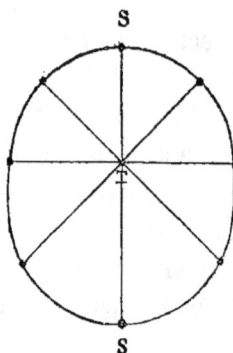

S

S

Eh bien! si nous nous rappelons quelle est la définition du cercle, nous reconnaîtrons de suite que cette
courbe n'est pas un cercle; c'est une courbe plate, une
ellipse un peu allongée dans le sens de la droite STS
qui, passant par le centre de la terre, joint la plus grande
distance à la plus petite.

Le premier qui ait imaginé cette construction ingénieuse est Kepler; mais il a découvert quelque chose de
plus curieux encore, il a trouvé le rapport entre la distance et le changement de vitesse. Dans l'impossibilité
de faire coïncider le rapport entre le changement de
diamètre et le changement de distance, il détermina la
quantité d'hectares compris entre deux rayons vecteurs. Au moment de l'apogée il trouva telle quantité;
au moment du périgée, une quantité égale: il y avait
donc égalité, et il put donc conclure de là que le soleil
se meut en décrivant des champs d'égale étendue, ou,
en d'autres termes, que le mouvement angulaire du

soleil dans son orbite diminue comme le carré de la
distance à la terre augmente. Telle est d'ailleurs la relation du mouvement du soleil à sa distance de la terre
que, si chaque jour vous prenez l'arc qu'il a parcouru
dans 24 heures pour le multiplier par le carré de sa
distance au moment de l'observation, vous trouverez
toujours un produit à peu près constant. Ce produit
exprime, suivant les règles de la géométrie, la surface
du secteur ou l'*aire tracée dans un jour par le rayon vecteur du soleil.* Si, au lieu de la compter d'un jour à l'autre,
on la compte à partir d'un point pris arbitrairement
sur l'orbite du soleil, on ne tardera pas à reconnaître
que les aires décrites par le rayon vecteur croissent avec
le nombre des jours qui s'écoulent, en d'autres termes,
que *les aires décrites sont proportionnelles au temps employé à les décrire.* C'est sur cette loi que repose l'un des
principaux arguments de l'attraction.

Détermination de la distance de la Terre au Soleil.
— Nous admettrons dans ce qui va suivre, que le lecteur n'a aucune notion de mathématiques, bien que nous
le supposions tout d'abord familiarisé avec la mesure
des angles. Comme, en astronomie, on fait surtout usage
dans le calcul des observations du cercle, on a été
obligé de le diviser en un certain nombre de parties qui
prennent le nom de *degrés.* Les degrés étant trop grands,
on les a subdivisés en 60 minutes. Les minutes suffisaient aux astronomes anciens; mais les astronomes
modernes ont eu besoin d'une division plus petite qui
est la *seconde.* Le cercle est divisé en 360 degrés dont
la moitié est 180, et le quart ou l'angle droit de 90 degrés.

On sait comment se mesure un angle ou la distance qui sépare deux objets ou deux points quelconques; nous l'avons indiqué page 40. Pour rapporter cet angle ou tel autre angle que ce soit sur le papier, on se sert d'un petit instrument appelé *rapporteur*, qui n'est autre chose qu'un demi-cercle en corne divisé et sur lequel on lit la division de 10 en 10. Le rapporteur n'a pas besoin d'être de la même étendue que l'instrument avec lequel a été mesuré l'angle, parce que le cercle offre cela de particulier, que les arcs sont toujours les mêmes, bien que les diamètres soient très-différents.

Après la mesure des angles, voici une autre question dont il importe souvent d'avoir la solution : étant donné un cercle, savoir quel est le développement de sa circonférence. Ce problème a donné lieu à de nombreuses et longues études, et n'est pas résolu parce-qu'il est irrésoluble. L'astronomie en souffrira-t-elle? Non. Les géomètres ont calculé les valeurs des polygones inscrits et circonscrits[1] de manière à ce qu'il y eût aussi peu de distance que possible entre les deux polygones, de manière même à ce qu'ils se confondissent et que les suites des chiffres qui expriment leur développement eussent 150 décimales semblables. Eh bien, comme il était incontestable que le cercle était renfermé entre les deux polygones, la valeur de ceux-ci donnait celle de la circonférence. Mais de même que le côté et la diagonale d'un carré sont incommensurables, de même il n'y a pas de rapport exact entre le diamètre

[1] Deux figures à nombre plus ou moins grand de côtés entre lesquelles se trouve renfermé le cercle. Le polygone placé dans l'intérieur du cercle est dit *inscrit*, celui placé à l'extérieur, *circonscrit*.

et la circonférence ; on n'a qu'un rapport approché, mais dont l'approximation est telle qu'elle équivaut au rapport exact ; elle est telle, en un mot, qu'en donnant le rayon, on peut trouver la circonférence d'un cercle de 38 millions de lieues *à la cent millionième partie* de l'épaisseur d'un cheveu près. Maintenant que nous savons trouver la circonférence, déterminons la valeur de la *seconde*. Nous la trouverons en calculant combien il y a de secondes dans le cercle et en divisant la longueur de la circonférence par ce nombre de secondes ; on trouve de cette manière que la seconde est la 206,000ᵉ partie de la longueur du rayon ; que 2 secondes équivalent à sa 103,000ᵉ partie, 3 secondes à sa 51,000ᵉ, que 8 secondes 6 dixièmes, enfin, sont la 24,000ᵉ partie.

Cherchons la signification de ces chiffres, car ils sont féconds en conséquences.

A quelle distance un objet soutend-il un arc d'une *minute ?* quand on en est à une distance égale à 206,000 fois ses dimensions ; un angle de 2 minutes, lorsqu'on en est à 103,000 fois, etc. Ainsi, éloignons-nous d'un mètre placé verticalement et de 206,000 fois, et il soutendra *une minute*. Il en serait de même de tout autre objet. La proposition que nous formulions il y a un instant peut donc être regardée comme générale.

En partant de ce principe, combien la distance du soleil à la terre ne serait-elle pas facile à déterminer, si les astronomes solaires, pouvaient nous envoyer la valeur de l'angle soutendu par une longueur de 1000 lieues ; s'ils nous faisaient savoir que 1000 lieues soutendent 2 minutes, que 2000 lieues soutendent 8 minutes. Cela n'est pas chose possible, et il faut que nous sachions par conséquent nous en passer. C'est ce que nous allons faire; mais nous allons aller dans le soleil sans avoir de communication avec le soleil. Il est impossible d'obtenir du reste ce que nous cherchons sans géométrie; nous allons donc être obligés d'en faire, mais nous la ferons assez simple pour qu'elle soit comprise sans peine.

Soit une ligne droite ABC (pl. VII, fig. 9), sur un point de laquelle nous supposerons que l'on fasse tomber autant de lignes que l'on voudra. Tous les angles que l'on pourra faire sur ce point et du même côté de la ligne vaudront 180 degrés. Si les lignes étaient prolongées de l'autre côté de ABC, les angles formés ainsi d'autre part, seraient égaux aux premiers, d'après ce théorème de géométrie que quand deux lignes se coupent, les angles opposés au sommet sont égaux. En effet AD plus DC égale 180 degrés, et AE plus EC a la même valeur. Si on retranche de part et d'autre l'un des deux angles, il en restera deux autres évidemment égaux: ainsi AC moins DC égale AC moins EC, c'est-à-dire que AD est égal à EC. C'est là une de ces propositions que les géomètres se sont efforcés de démontrer, bien que cela fût inutile, eu égard à la force de l'évidence. On tomberait dans le même enfantillage en voulant démontrer que si, faisant marcher le côté horizontal d'une fausse équerre, car les angles dont nous nous servons ne sont pas autre chose, l'autre côté marchera aussi. Avant de nous servir de cette vérité, établissons d'abord cette autre proposition, qu'on appelle *lignes parallèles* des lignes qui contenues dans le même plan et prolongées indéfiniment ne se rencontrent pas.

D'après cela, soit ABC, A'B'C' (pl. VII, fig. 10) quatre lignes parallèles et se coupant de manière à former trois angles 1, 2, 3. Je dis que ces lignes restant ce qu'elles sont, AB ne pourra s'avancer de la moindre quantité sans que A'B' s'avance d'une quantité égale, jusqu'à ce que les lignes et les angles 1 et 2 soient confondus; il en serait de même de la ligne A'C'. Ce même raisonnement eût eu lieu sur toutes autres lignes, telles que AD, AE, A'D', A'E', etc., c'est-à-dire en termes généraux que deux angles dont les côtés sont parallèles, sont égaux. Eh bien, il ne faut pas autre chose pour arriver à la proposition d'où résulte la distance du soleil à la terre. Mais cette proposition conduit à cette autre, l'une des plus belles que la science ait trouvée, car c'est sur elle que repose toute la science des triangles, la trigonométrie, savoir : que dans tout triangle la somme de trois angles est égale à deux angles droits, ce qui est vrai de quelque manière que le triangle soit contourné, de quelque nature que soient ses angles. Démontrons-le.

Soit AB, CD (pl. VII, fig. 11), deux lignes parallèles coupées par une sécante E F. Par rapport à cette sécante on appelle *angles alternes internes*, les angles 1 et 4, 3 et 2; *internes externes*, les angles 5 et 4, 6 et 2; *alternes externes*, les angles 5 et 7, 6 et 8. Je dis que ces angles pris deux à deux valent deux angles droits; car s'il en était autrement, d'après ce que nous avons dit précédemment, les deux lignes AB, CD se rencontreraient d'un côté ou de l'autre et ne seraient pas parallèles. La valeur des trois angles de tout triangle résulte de cela, et en effet tout triangle tel que ABC peut rentrer dans la proposition précédente. Pour cela, au point C menons la ligne

12.

CD parallèle à AB, et nous aurons ainsi deux parallèles coupées par une sécante BC. Au point C les angles 4, 2 et 5 forment deux angles droits; mais de ces trois angles, l'un, l'angle 4 fait partie du triangle, et les deux autres 2 et 5 sont égaux aux deux autres angles 1 et 6 du triangle comme alternes internes, et comme internes externes : donc enfin les trois angles de tout triangle sont égaux à deux droits.

C'est là tout ce dont nous avions besoin pour marcher au but que nous nous sommes proposé.

Maintenant (pl. VII, fig. 12) plaçons sur la terre deux observateurs A et B éloignés d'une distance AB égale au rayon terrestre, et, afin de simplifier les choses, supposons-les placés sous le même méridien. A un jour donné, le soleil étant dans le méridien, perpendiculaire à AB, en B, l'observateur en A mesure la hauteur de l'astre au-dessus de l'horizon et sa distance au pôle boréal P; l'observateur en B fait la même opération; en retranchant la valeur de l'observation en A et celle de l'observation en B, on aura la valeur de l'angle ASB, sous lequel un astronome qui se transporterait au centre du soleil verrait l'intervalle qui sépare les deux observateurs. Voyons à obtenir cette valeur. Le soleil se montre pour A et B, dans deux positions différentes qui résultent de leur éloignement réciproque; l'un, suivant BO; l'autre, suivant AO, lignes qui se coupent en S, et vont former dans le ciel un angle D, résultant de la différence des deux opérations. Mais d'après ce qui a été dit, que quand deux lignes se coupent, les angles opposés au sommet sont égaux, cet angle n'est autre que l'angle ASB; si donc nous pouvions avoir l'angle D, nous au-

rions ce dernier; rien de plus simple. Prolongeons AB,
et menons une parallèle à AS au point B, nous aurons
ainsi en ce point l'angle droit ABS, qui vaut 90°, l'angle
E égal à l'angle F comme correspondant, et qui est égal
à la hauteur du soleil en A, enfin l'angle H égal à l'angle D comme interne externe, et égal à l'angle ASB. C'est
celui que nous cherchons. Mais, avons-nous dit, les
trois angles d'un triangle sont égaux à deux angles
droits; nous en connaissons deux, le troisième ne sera
donc autre chose que la différence de la valeur de
ces deux angles à 180 degrés. Que trouve-t-on? —
8″ 6/10. — L'intervalle AB ou l'arc de méridien compris entre les deux lieux d'observation est d'ailleurs
connu par la différence de latitude des deux observateurs. Cet angle 8″ 6/10es une fois déterminé, rien
n'est plus facile que d'en déduire la distance de la
terre au soleil. Nous avons dit que l'observation se faisait sur une base de 1,600 lieues, c'est-à-dire que les
deux observateurs étaient éloignés d'une distance égale
au rayon terrestre; nous savons de plus que lorsqu'un
objet soutend un arc de 8″ 6/10, il est à une distance
égale à 24,000 fois la dimension sous laquelle il était
vu, mais c'est ainsi qu'est vu le rayon terrestre : multiplions donc 1,600 lieues par 24,000, et nous aurons la
distance de la terre au soleil, distance qui est égale à 38
millions de lieues, résultat de la multiplication effectuée.
Mais en faisant cette démonstration, nous n'avons pas
eu égard à la figure de la terre; cette figure ne modifie que
très-peu les résultats.

Au moyen de l'angle 8″ 6/10, on peut avec la plus
grande facilité trouver le rapport entre le diamètre du

soleil et celui de la terre. En effet, si un globe de même dimension que celui de la terre était transporté à la place qu'occupe le soleil, on verrait son diamètre sous un angle de 2 multiplié par 8″ 6/10 ou de 17 secondes 2/10. Mais l'angle sous lequel nous appercevons le soleil est d'environ 52 minutes ou de 1,920 secondes. D'après cela nous pouvons écrire : que le rayon de la terre est au rayon du soleil comme 8 secondes 6/10 est à 960, ou bien que le diamètre de la terre est au diamètre du soleil comme 17 secondes 2/10 est à 1,920 secondes, c'est-à-dire que le rayon du soleil est 110 fois celui de la terre.

Les *volumes* de deux sphères sont entre elles comme les cubes de leurs rayons, le cube de 110 est 1,331,000 : le soleil est donc, en nombre rond, 1,300,000 fois plus gros que la terre.

NEUVIÈME LEÇON.

CONSTITUTION PHYSIQUE DU SOLEIL.

Des moyens employés pour étudier la constitution physique du soleil. — Des taches. — Histoire de la découverte des taches et des premières observations auxquelles elles donnèrent lieu. — Rotation ou mouvement du soleil sur lui-même. — Nature des taches. — Théories faites à ce sujet. — Que c'étaient des planètes. — Examen. — Que c'étaient des scories flottants sur un océan de feu. — Examen et objections. — Théorie admise aujourd'hui. — Théorie de la polarisation de la lumière. — Moyen de connaître la nature de la lumière du soleil. — Expériences. — Conclusions.

———

Le soleil nous apparaît sous la forme d'un disque plat, tellement brillant que les anciens ne purent jamais se faire une idée précise de sa nature ; car les moyens de l'observer sans être aveuglé n'ont été découverts qu'à une époque peu éloignée de nous. Lorsqu'ils l'examinèrent, ce fut d'une manière très-imparfaite, avec des corps noirs, tels que la poix fondue, comme le dit Pline ; mais comme cette substance réfléchissait beaucoup de lumière, l'examen était difficile, incommode, et ils le renouvelèrent bien peu. Harriot, d'après ce que le docteur Robertson a rapporté de ses manuscrits, ne connaissait aucune méthode propre à affaiblir artificiellement l'image télescopique du soleil. Fabricius n'avait d'abord trouvé qu'un seul moyen de l'observer avec une lunette : c'était d'attendre qu'il fût très-près de l'horizon. Plus tard, lui et son père imaginèrent de recevoir les rayons du soleil par un petit trou, dans une chambre obscure, sur un papier blanc, et ils y virent très-bien une certaine tache en forme de nuage allongé. Galilée aussi n'observait directement les taches que près de l'horizon, mais ce moyen n'était pas sans inconvénients, car en regardant le soleil, même dans cette position, un quart d'heure, on serait menacé d'un aveuglement. Divers moyens avaient été imaginés pour échapper à ce terrible accident. Les uns visaient à l'image de l'astre renvoyée par l'eau ou par tout autre miroir peu réfléchissant ; les autres regardaient à travers un trou d'épingle, percé dans une carte. On ignore quels sont les premiers qui se soient servis de verre d'une autre nature que les verres blancs, mais le moyen est cité pour la première fois dans l'*Astronomicum Cæsareum,* d'Appien, imprimé en 1540 ; il nous apprend que de son temps quelques personnes faisaient usage de diverses combinaisons de *verres colorés* collés ensemble par les bords. Il est vraiment extraordinaire qu'une méthode si simple ait tant tardé à devenir générale, et particulièrement qu'après l'invention des lunettes un astronome tel que Galilée n'y ait pas eu recours. Les verres colorés auraient probablement préservé cet homme illustre des maux d'yeux dont il souffrait si souvent, et de la cécité complète qui affligea ses dernières années.

La première application des verres colorés *aux lunettes* est due, je crois, à Scheiner. Dans sa lettre à Velser, du 12 novembre 1611, nous lisons qu'aux époques de la journée où le soleil, à cause de sa grande hauteur, ne pouvait pas être regardé impunément, *il couvrait l'objectif avec un verre vert plan.* Dans un ouvrage de 1612, *De maculis in Sole* (Des taches sur le Soleil), Scheiner recommandait des verres *couleur d'azur,* et disait que les marins bataves quand ils prenaient hauteur [1] à l'œil nu, sans lunettes, se servaient de verres colorés pour affaiblir le soleil.

Le verre coloré de Scheiner se plaçait devant l'objectif. Il devait donc être assez grand; il fallait de plus qu'i fût *d'une matière très-pure, bien poli et à faces parallèles;* sans ces conditions la régularité des images télescopiques aurait été fortement altérée. Serait-ce là ce qui empêcha Galilée d'adopter la méthode? Mais alors pourquoi ne plaça-t-il, comme on le fait aujourd'hui, le verre coloré en dehors de la lunette, entre l'œil et l'oculaire. Dans cette position, le verre obscurcissant peut n'avoir que quelques millimètres de diamètre. Il n'est nullement nécessaire qu'il soit très-pur, à faces exactement parallèles et d'un poli en quelque sorte mathématique. Le plus ancien ouvrage, à ma connaissance, où il soit fait mention d'un verre coloré interposé entre l'œil et l'oculaire de la lunette, est de 1620, et intitulé *Borbonia sidèra,* etc., par *Jean Tarde,* chanoine de la cathédrale e Sarlat.

Des taches. — Histoire de la découverte et des premières observations des taches. — Les taches ont été observées pour la première fois en 1611; on attribue cette

---

[1] Pour avoir la latitude du navire, c'est-à-dire une des données servant à déterminer sa position sur mer, on prend l'élévation du soleil au-dessus de l'horizon; de là l'expression *prendre hauteur.*

observation à Galilée, mais cela est faux et l'honneur doit en revenir à Fabricius, si l'on s'en tient aux témoignages écrits, et non aux témoignages des amis : l'amitié manque souvent de lumières et se laisse fasciner.

Le premier ouvrage ou mémoire imprimé que l'on connaisse sur les taches du soleil, est intitulé : *Joh. Fabricii Phrysii, de maculis in Sole observatis et apparente earum cum Sole conversione narratione, et Dubitatio de modo eductionis specierum visibilium. Wittebergæ*, 1611, in-4°. L'épître dédicatoire porte la date du 13 juin 1611. La première publication de Galilée sur les taches solaires, *Epistola ad Velserum de maculis solaribus*, est de 1612 ; l'ouvrage intitulé : *Storia e dimostrazioni intorno alle macchie solari e loro accidenti, Roma*, est du 13 janvier 1613.

Les dates sont positives.

Kepler donnait aux premières observations des taches une date fort ancienne, en se fondant sur deux vers de Virgile.

Dans les *Annales de la Chine*, du père de Mailla, on lit qu'en l'an 321 de notre ère, il y avait sur le soleil des taches qui s'apercevaient à la simple vue. En arrivant au Pérou, les Espagnols reconnurent, suivant Joseph Acosta, que les naturels avaient remarqué les taches solaires, avant que leur existence eût été constatée en Europe. Les contemporains de Charlemagne, Averrhoès, Scaliger, Kepler, virent des taches solaires sans s'en douter. Ils n'eurent donc aucun droit à la découverte de ce phénomène. En prenant à la lettre les assertions du père de Mailla et de Joseph Acosta, les titres des Chinois et des Péruviens seraient de meilleur aloi. Au surplus, s'il est

vrai que, parmi ces peuples, quelques individus doués
d'une vue privilégiée, ou mettant à profit des circonstances atmosphériques assez rares, vinrent à bout de regarder le soleil sans être ébloui et d'y apercevoir les taches,
on peut affirmer qu'ils n'en tirèrent aucune conséquence
utile. Et cette conséquence nous l'avons indiquée en
débutant, c'est la connaissance du mouvement de rotation du soleil.

*Aspect sous lequel se présenta la première tache. —
Idée que l'on s'en fit. — Nature des taches. — Rotation du
Soleil.* — La première tache observée par Fabricius se
trouvait près du bord oriental du soleil. A mesure
qu'elle avançait vers le centre du disque, elle changeait
insensiblement d'aspect, pour reprendre ensuite peu à
peu ses formes premières. La dimension en hauteur ne
changeait pas, mais la largeur se modifiait.

Mais voyons quel est l'aspect ordinaire des taches. Il y
a des taches noires qui naissent au centre même du disque, ce qui montre qu'elles sont nées de la matière même
du soleil; ce sont les *taches proprement dites.* Leur région centrale ou la plus noire est ce qu'on a appelé le
noyau. Tout autour du noyau, quand il a de grandes
dimensions, existe presque toujours une zone étendue
d'une teinte moins sombre; elle porte aujourd'hui le
nom de *pénombre.* La pénombre est une découverte de
Scheiner. Quelquefois aussi on voit à la surface du soleil
diverses petites places plus lumineuses que le reste.
Ces taches ont été appelées des *facules.* Les innombrables rides lumineuses dont la surface du soleil est en outre sans cesse sillonnée, de l'orient à l'occident et d'un
pôle de rotation à l'autre, prennent le nom de *lucules.*

13

Les taches dont parle Fabricius sont les taches noires ;
on les voit souvent naître au centre même du disque, ce
qui montre qu'elles sont nées de la matière même du soleil. Quant aux facules, elles se présentent sous le même
aspect. On les voit s'avancer du bord oriental vers le
bord occidental, avec lequel elles disparaissent. Ce sont
donc aussi des créations de la matière du soleil.

Examinons une tache ; cherchons si elle peut servir à
déterminer le mouvement de rotation et la figure du
soleil.

Les taches se meuvent d'orient en occident sur le
disque solaire ; elles apparaissent comme des fibres
déliées sur le bord oriental du disque, s'avancent graduellement vers le centre en augmentant de largeur,
puis elles vont en se rétrécissant jusqu'à ce qu'elles
aient atteint le bord opposé. Arrivées au bord occidental elles disparaissent, et se montrent plus tard de nouveau au bord oriental. Suivons-en une dans la route
qu'elle parcourt. Près du bord oriental elle se meut très-
lentement ; elle augmente ensuite de vitesse à mesure
qu'elle approche du centre ; par le centre, le déplacement en vingt-quatre heures se fait avec le maximum
de vitesse. Cette vitesse va en diminuant à mesure
que la tache avance vers le bord occidental ; ici le mouvement est enfin à peine sensible. Il doit en être ainsi,
car au centre, les taches se présentent perpendiculairement à l'œil de l'observateur, tandis que près des bords
elles se présentent sous une direction oblique, ce qui
ne permet pas d'en suivre l'uniformité de mouvement.

Combien la tache mettra-t-elle à revenir du bord occidental au bord oriental ? 27 jours et demi. Mais il vaut

mieux observer la tache lorsqu'elle est au centre du disque, parce que ce centre nous donne le moyen de faire des observations plus exactes. En observant l'instant du passage de la tache par le centre même du soleil, et notant l'intervalle de temps qui s'est écoulé entre la première observation et la deuxième, la deuxième et la troisième, la troisième et la quatrième, vous trouverez qu'entre deux apparitions successives de la tache au centre, il s'est écoulé 27 jours et demi. Ce chiffre est-il exact ? Non ; il faut lui faire subir une réduction ; le centre du disque apparent ne correspondant plus lors de la seconde observation au centre physique, ainsi que cela était à la première. Ils ne correspondent plus, parce que durant le temps qui s'est écoulé entre les deux observations, le soleil s'est avancé de 5 en 5 minutes dans son orbite, ce qui obligera la tache à parcourir un petit arc pour que les deux centres correspondent de nouveau. La durée de parcours de ce petit arc est de deux jours ; ce sont ces deux jours que le mouvement apparent avait ajoutés au mouvement réel, et qu'il faut soustraire de la durée du premier pour avoir exactement celle du second ; cela nous donnera, pour la durée de la rotation totale du soleil, 25 jours 500, ou 25 jours et demi.

Cette rotation se fait, comme celle des planètes, sur un axe dont les pôles sont à 7° 20' des pôles de l'écliptique.

Ainsi les taches nous permettent de constater que le soleil se meut sur lui-même ; elles nous ont donc rendu un grand service, car, si elles n'existaient pas, que la couleur du disque fût toujours la même, il n'y aurait pas moyen d'arriver à la connaissance de ce fait impor-

tant. Mais que sont ces taches ? Bien des hypothèses ont
été misés en avant pour en expliquer la nature.

A l'époque de Fabricius on avait adopté l'idée d'A-
ristote que les cieux étaient incorruptibles ; et alors on
imagina que c'étaient des planètes qui reçurent les
noms d'*astre Bourbon*, d'*astre d'Autriche*, etc. Mais
si c'étaient des planètes, on les apercevrait nécessairement à certains moments en dehors du soleil, ce
qui n'a jamais lieu. On a dit que c'étaient des scories
flottant sur un océan de feu. Si on ne savait que cela
on pourrait s'en contenter : mais cela ne répond pas à
tous les faits de détail que fournissent les observations
des taches, et la possibilité de satisfaire aux détails est
la pierre de touche des théories.

Et d'abord les taches observées à la surface du soleil
sont-elles réellement noires ? Herschell avait admis
qu'elles étaient lumineuses, et il disait que si l'on repré-
sentait la lumière du soleil par 1000, celle de la pénombre serait 469 et celle du noyau serait 7 ; mais l'expérience
qui lui fournit cette conclusion n'a pas été vérifiée. On
peut cependant se faire une idée assez nette de l'intensité
lumineuse des taches. Dans les expériences sur les phares
où l'on a produit des feux d'une intensité considérable,
on a remarqué qu'un mélange d'oxygène et d'hydrogène
projeté sur une boule de chaux, donnait lieu à un déga-
gement d'une lumière singulièrement vive ; si cette lumière est plus vive que celle du soleil, elle produira une
facule ; si elle est aussi vive, on ne l'apercevra point ;
si elle est moins éclatante, elle paraîtra noire. On a interposé cette boule de chaux entre l'œil et le disque. Eh
bien ! malgré son grand éclat elle paraissait entièrement

noire. Il est donc probable que les taches sont au moins aussi lumineuses que la boule de chaux [1]. Les taches ne peuvent donc pas être des scories, car alors elles ne sauraient être lumineuses.

Continuons l'analyse de cette théorie. Voici une tache de scories sur le soleil, avec une pénombre plus lumineuse que la tache, et moins que le reste du soleil. On entend par *pénombre*, en physique, cette portion de lumière graduellement décroissante qui s'étend entre la lumière pure et l'ombre totale [2]. Cette définition est impropre, mais cela ne fait rien dans le cas que nous examinons. Or, il devrait arriver par l'effet du refroidissement partiel de la nappe en contact avec la scorie, que la pénombre devrait différer de moins en moins du corps noir. Cela n'a pas lieu. La lumière de la pénombre est complétement tranchée, distincte du noyau central, et son contour assez semblable à celui du noyau lui-même. Suivons maintenant une tache qui se meut de l'orient à l'occident, et vous verrez que, quand une tache et sa pénombre vont disparaître au bord ouest du disque solaire, le bord est de l'ombre diminue d'abord, le noyau décroît ensuite et s'évanouit, et le bord ouest de l'ombre reste visible tout entier, jusqu'à ce qu'enfin il disparaisse à son tour entraîné par le mouvement de rotation. La portion de

---

[1] Dans l'*Annuaire* pour 1842, p. 486, M. Arago a démontré d'une manière évidente, sans expériences, sans observations, que tous les noyaux des taches, quelque noirs qu'ils paraissent sur le soleil, éblouiraient, par leur très-vive lumière, ceux qui les verraient séparément.

[2] Dans ce même travail, p. 480, M. Arago a défini la pénombre des taches solaires : une zone étendue d'une teinte moins sombre qui enveloppe le noyau quand il a de grandes dimensions.

la pénombre voisine du centre s'éteint, disparaît plus tôt que la portion tournée du côté opposé. Admettons que la pénombre enveloppe une scorie, qu'elle soit une portion même de la surface du soleil ; la partie la plus voisine du bord se présentant plus obliquement aux regards de l'observateur, devra paraître, pour cette raison, plus étroite que la portion tournée du côté du centre. C'est précisément le contraire qui a lieu.

L'idée des scories est la première qui se soit présentée dans l'explication que l'on a voulu donner des taches. On a supposé ensuite que le soleil avait des montagnes, que ces montagnes étaient couvertes par un océan de feu et que le niveau de cet océan s'abaissant de temps à autre, le sommet des montagnes se montrait alors au-dessus de sa surface. C'est là l'opinion de Fontenelle que Lalande a adoptée en la modifiant légèrement.

Mais il y a un moyen de prouver que les taches ne sont pas des protubérances. Galilée est le premier qui l'ait signalé. On voit en effet quelquefois deux taches très-voisines, séparées par un espace lumineux très-étroit. Lorsque les taches arriveront au bord du disque, le petit espace lumineux devra disparaître, si l'une des taches est en saillie sur l'autre. Eh bien, l'espace lumineux ne disparaît jamais. On voit donc que cette théorie n'est pas plus complète que celle des scories.

Voici au sujet des taches l'opinion généralement admise aujourd'hui par les astronomes.

Le Soleil se compose de trois corps bien distincts :

Un noyau opaque entièrement obscur, qui constitue le corps même de l'astre ;

Une atmosphère nuageuse très-dense ;

Enfin une atmosphère lumineuse qui est celle dont nous recevons la lumière et la chaleur [1].

Supposons d'après cela (pl. VII, fig. 13) qu'il se fasse une ouverture dans l'atmosphère nuageuse, elle se formera également dans l'atmosphère lumineuse, et le disque présentera alors des taches d'intensités différentes. Que verrons-nous en menant des rayons dans la direction de ces taches. Nous verrons d'abord une zone moins lumineuse que le disque, plus sombre, la pénombre, et enfin à travers ces deux ouvertures, si elles se correspondent, le corps obscur même du soleil.

Supposons qu'il se fasse dans l'atmosphère lumineuse une éclaircie qui n'ait pas lieu dans l'atmosphère nuageuse, et on ne verra qu'une pénombre, une tache pâle.

Supposons enfin (pl. VII, fig. 14) que l'*éclaircie* de l'atmosphère lumineuse soit moins large que l'éclaircie de l'atmosphère nuageuse, alors on ne verra plus une partie de ce dernier et nous aurons: 1° une tache noire ; 2° le reste du disque du soleil.

Cette théorie résulte d'une observation de l'astronome anglais Alexandre Wilson, faite en novembre 1769 et qui par elle-même constitue une belle, une remarquable découverte. Pour s'en rendre un compte exact, il supposa que les taches solaires sont de grandes *excavations dans la matière lumineuse du soleil*; les noyaux deviennent les fonds des cavités ; les talus forment les pénombres; les portions de pénombre voisines du centre doivent alors nécessairement se rétrécir et disparaître les

---

[1] Les astronomes allemands l'ont nommée *photosphère*, sphère de lumière, sphère lumineuse.

premières par un effet de perspective, comme chacun s'en assurera en traçant la figure convenable. C'est ce que nous avons observé, il y a un instant, au sujet de la théorie des scories.

Examinons si tout cela répond aux choses observées sur le soleil.

Nous avons vu de quelle manière les taches se présentent ordinairement; c'est notre premier cas. Quelquefois il y a de larges pénombres sans noyau central; notre seconde hypothèse indique pourquoi. Enfin notre troisième supposition explique comment les taches peuvent exister sans pénombre. Dans de rares occasions, quand la tache s'approche du bord, la pénombre semble également large des deux côtés opposés du noyau; une certaine disposition des talus peut rendre compte de ce fait.

Quand le noyau d'une tache disparait, c'est par l'empiétement inégal de la pénombre, qui subsiste toujours après le noyau. Un noyau qui se rétrécit et va disparaître se divise souvent en plusieurs noyaux distincts. La supposition faite par Wilson explique ces diverses apparences.

La théorie rend compte en un mot de tous les cas du phénomène; elle est possible, mais est-elle fondée? On y suppose deux atmosphères gazeuses; qui le prouve? Y a-t-il une preuve physique que le contour extérieur du soleil n'est ni solide ni liquide ?

C'est ce que nous allons tâcher de démontrer, en donnant à la lumière solaire des propriétés différentes de celles qu'elle possède naturellement.

Nous avons vu qu'un rayon de lumière qui tombe

perpendiculairement sur une surface de verre ou d'eau ne se déviera pas de sa route.

Mais si on le fait tomber perpendiculairement sur du spath, il se partage en deux, l'un continue sa route en ligne droite, l'autre se dévie. Quelle différence y avait-il orginairement entre ces deux rayons? Aucune. Nous appellerons *rayon ordinaire* celui qui n'est pas dévié de la perpendiculaire, et *rayon extraordinaire* celui qui en est dévié et qui éprouve une réfraction très-sensible.

Dans quelle direction le rayon extraordinaire s'en ira-t-il? Dans celle d'un certain angle propre au cristal. On appelle *section principale* dans le cristal le plan mené par l'axe perpendiculairement à une face quelconque du cristal et qui contient le rayon principal et le rayon extraordinaire; ce plan est très-important à considérer, car c'est lui qui détermine dans quel sens le rayon extraordinaire se dirigera.

Eh bien, supposons que le premier cristal ait sa section principale dirigée du nord au midi, et mettons-en un second au-dessous, à quelque distance que ce soit, mais placé de telle manière que la section principale du premier cristal soit parallèle à la section principale du deuxième. En pénétrant dans le second cristal les deux rayons vont-ils se bifurquer de nouveau? Non. Dans le second cristal le rayon ordinaire continue la réfraction ordinaire. Le rayon extraordinaire se comportera de la même manière, c'est-à-dire qu'il suivra la réfraction extraordinaire. La lumière est donc composée de deux sortes de molécules, jouissant de propriétés différentes; les unes qui obéissent aux lois de la réfraction ordinaire, les autres qui subissent la réfraction extraordinaire. Voyons si cela est constant, si rien ne peut le modifier. Faisons tourner par exemple le cristal de manière à ce que la face parallèle du deuxième plan soit perpendiculaire à la face d'entrée du premier, c'est-à-dire qu'au lieu d'être nord et sud elle soit est et ouest. Eh bien, le rayon qui était ordinaire dans le cristal supérieur devient extraordinaire dans l'autre, et réciproquement. Il n'est donc pas vrai de dire qu'il y ait dans la lumière deux espèces de molécules, ainsi que nous l'avancions à l'instant. En coupant un rayon en avant et en arrière, du nord au sud, vous n'obtenez pas le même effet qu'en le coupant de droite à gauche ou de l'est à l'ouest.

Il faut donc que dans chacun de ces rayons les côtés nord et sud n'aient pas les mêmes propriétés que les côtés est et ouest. De plus, les côtés *nord-sud* du rayon ordinaire doivent avoir précisément les propriétés des côtés *est-ouest* du rayon extraordinaire, en sorte que si ce dernier rayon faisait un quart de tour sur lui-même il serait impossible de le distinguer de l'autre. L'image ordinaire est donnée par le rayon coupé dans un plan vertical, de haut en bas; l'image extraordinaire est donnée par le rayon coupé transversalement de droite à gauche. Tout n'est donc pas symétrique dans la lumière, puisque le haut et le bas n'ont pas la même propriété que la droite et la gauche. Faites un trou d'aiguille à travers un cristal, et vous verrez un horizon immense sans que les rayons innombrables partis de tous les points se choquent, et cependant il y en a des milliards. Herschell fixa un jour son télescope sur un objet terrestre, et il fit tomber l'image focale sur une lentille énorme ; aucun des rayons ainsi déviés ne se troubla.

Eh bien, ces rayons si multiples, si déliés, nous sommes parvenus, en leur faisant traverser un cristal, à leur reconnaître des *côtés* doués des propriétés les plus dissemblables.

Les physiciens appellent *pôles,* dans un aimant, certains points de son contour doués de propriétés particulières qu'on ne rencontre pas du tout dans les autres points, ou qui du moins s'y manifestent plus faiblement. La similitude de ces points avec les côtés doués aussi de propriétés particulières que nous venons de reconnaître aux rayons ordinaires et extraordinaires, provenant du dédoublement qu'éprouve la lumière dans le cristal d'Islande, leur a fait donner le nom de *rayons polarisés,* par opposition avec les rayons naturels, où tous les points du contour semblent pareils. La lumière *se polarise* lorsque ses parties acquièrent les propriétés qui distinguent les rayons polarisés.

Cette propriété de la lumière fut signalée pour la première fois par Érasme Bartholin, et la véritable loi en fut découverte par Huyghens. On se persuade généralement que lorsqu'un homme de génie a passé sur un phénomène, il n'y a plus rien à faire ; mais c'est une erreur. Le fait qu'avait signalé le physicien hollandais est devenu depuis quelques années tout un monde.

L'Académie des Sciences avait attiré l'attention des savants sur cette question, en demandant que l'on déterminât la valeur de la déviation des rayons.

Parmi les personnes qui s'occupèrent de la solution du problème, était M. Malus, officier du génie. Il demeurait rue d'Enfer. Un jour il fit passer à travers un cris-

tal des rayons venus des fenêtres du palais du Luxembourg, et il observa que ces rayons ne donnaient toujours
pas de double image. Il trouva qu'en regardant perpendiculairement, il y en avait toujours une, mais que parvenu à 35 degrés il ne s'en formait plus, puis, qu'elle
revenait. La lumière change donc de nature quand elle se
réfléchit suivant certaines conditions. C'est là une expression bien hardie; mais je vais la justifier.

Si je regarde sous un angle de 35°, je n'obtiens qu'une
image; si je regarde sous un angle de 35° 25', j'en obtiens au contraire deux. Mais tout à l'heure, en coupant
le rayon d'avant en arrière, ou du nord au sud, je n'observais pas le même effet qu'en le coupant de droite à
gauche, ou de l'est à l'ouest.

Évidemment, le rayon direct et le rayon indirect n'ont
pas les mêmes propriétés que le haut et le bas, qui n'ont
pas non plus les mêmes propriétés que la droite et la
gauche.

Eh bien, il faut le répéter, c'est là une des plus grandes
découvertes des temps modernes.

Poursuivons avec cette nouvelle donnée si importante
nos recherches sur la nature de la lumière solaire.

Servons-nous, à cet effet, d'un instrument dont on fait
souvent usage en astronomie. C'est tout simplement
une lunette, dans l'intérieur de laquelle on place un
prisme de cristal de roche, le spath d'Islande étant difficile à obtenir pur, et ne déviant pas les rayons convenablement. La lunette a reçu de là le nom de *lunette
prismatique*.

Supposons que l'on y fasse tomber un faisceau lumineux qui, réfléchi suivant l'axe du tube, fasse un angle

de 35° 25' avec la surface réfléchissante ; alors en regardant avec le prisme, on aperçoit, en général, deux
images du faisceau lumineux ; mais en faisant décrire
au prisme une circonférence entière, on reconnaîtra que
l'image *est simple* pour quatre positions du prisme,
c'est-à-dire toutes les fois que la section principale est
parallèle au plan de réflexion, ou bien qu'elle lui est
perpendiculaire; dans toutes les autres positions il
donne *deux* images plus ou moins intenses.

Dans la lumière réfléchie l'image de droite est la plus
forte ; dans la lumière transmise, c'est le contraire.

C'est là un caractère capital, parce qu'il nous servira
à reconnaître si le soleil est un gaz on non.

Je viens de démontrer que la lumière n'est pas symétrique, que toutes les parties du rayon ont des propriétés différentes. Poursuivons cet examen.

Supposons qu'un rayon tombe sur un miroir, sous
un angle de 35 degrés. Qu'arrivera-t-il si c'est un rayon
naturel ? Il sera réfléchi sous un angle égal à l'angle d'incidence ; et s'il est reçu sur un second miroir, il s'éteint
et ne donne pas d'image, si le plan d'incidence sur la
deuxième glace est perpendiculaire au plan d'incidence
sur la première. Dans toute autre position, l'image réfléchie prend un éclat plus ou moins vif, qui s'affaiblit
graduellement à mesure qu'on approche de celle dont
nous venons de parler.

Mais qu'arrive-t-il pour un rayon polarisé ? Il se réfléchit de nouveau à sa face inférieure et à sa face supérieure, mais il ne se réfléchit pas par les côtés latéraux.

Cette propriété est vraiment très-extraordinaire; elle
nous conduit de nouveau à reconnaître que le rayon a

14

des pôles, des côtés dont les propriétés sont différentes.

Ce n'est pas tout.

Prenons une plaque de cristal de roche de cinq milli-mètres d'épaisseur, à faces parallèles, le corps le plus diaphane du monde; plaçons-le de manière à ce qu'il reçoive les rayons du soleil.

Eh bien, ce corps *disloque* un *rayon polarisé*. En effet, soumettons ce rayon au miroir, en le faisant passer à travers la plaque de cristal.

Le miroir tourne, nous avons de la lumière rouge,

— — — — · — de la lumière verte,

— — — — — de la lumière jaune,

A mesure que le miroir tourne, la lumière change donc. Ici, ce ne sont pas seulement quatre pôles qu'il faut admettre dans le rayon, comme tout à l'heure, mais des milliers, qui ont chacun un caractère spécial. Quand il a passé à travers la plaque de cristal, le rayon acquiert donc des côtés que l'on peut appeler côtés rouges, jaunes, verts, etc.

Ceci reconnu, que verra-t-on avec la lunette qui donne deux images du soleil? On verra un soleil rouge et un soleil vert, un soleil jaune et un soleil vio-let, etc. Le soleil rouge est à droite et le soleil vert à gauche; ainsi des autres. Ce ne sont pas là de simples tons, mais des couleurs très-vives, ce qui n'arrive pas avec le prisme, dont les couleurs sont toujours ternes.

Il est donc toujours possible, d'après ce que nous ve-nons d'exposer, de savoir si un rayon est réfléchi ou transmis.

Eh bien, avec cela je puis savoir facilement si la lumière solaire est émise par une atmosphère liquide ou solide.

En effet, je prend un boulet incandescent, puis une nappe de fonte de fer, et je soumets la lumière qui s'en échappe à l'appareil [1]. Comment apparaissent les deux images vues sous un angle très-aigu? J'aperçois deux lunules colorées. Vue par transmission, l'image de droite paraîtra rouge, l'image de gauche verte, *et vice versá,* si cette lumière est vue par réflexion. C'est donc de la lumière réfractée que me donne la fonte de fer. Que je vienne à soumettre au même examen du verre fondu, j'obtiendrai le même résultat, de la lumière réfractée; du platine chauffé au rouge blanc, encore de la lumière réfractée.

Cela fait, je prend une grande nappe de gaz à éclairage; je soumets sa lumière à l'instrument, elle me donne des images sans couleurs.

Cette lumière est donc de la lumière naturelle, du même genre que celle qui nous éclaire.

Voilà donc un instrument qui peut servir à reconnaître la nature de la lumière. Suis-je le maître de m'en servir pour étudier celle que nous envoie le soleil?

Oui, certainement oui.

Je l'examine avec l'appareil de polarisation. Je le regarde au centre, perpendiculairement, point d'image colorée;

Je le regarde un peu plus loin, pas d'image;

Enfin sur le bord, pas d'image.

Les corps solides m'ont donné des couleurs quand je

---

[1] C'est un appareil très-ingénieux, le *polariscope*, inventé par M. Arago.

les regardais perpendiculairement, le soleil ne me donne rien de semblable : le soleil n'est donc pas un corps solide.

Les corps gazeux, au contraire, ne m'ont jamais donné d'images, sous quelque angle que je les aie regardés.

Le soleil ne m'en donne pas non plus. Donc le soleil est un corps de la nature du gaz.

Le soleil a-t-il une atmosphère ordinaire, analogue à la nôtre ? Non.

Si je regarde le soleil par réflexion, j'obtiens deux soleils, un rouge, un vert ; si je fais empiéter les deux segments l'un sur l'autre, le segment commun *a* sera blanc.

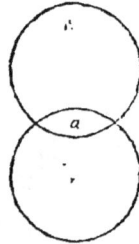

Le soleil est-il aussi lumineux au bord qu'au centre ? On *a cru que non* [1]. Mais l'instrument nous dit *positivement* que oui.

Les deux images que fait voir la lunette prismatique ont leurs couleurs complémentaires bien distinctes l'une de l'autre, dans certaines positions de la lame de cristal ; mais dans d'autres elles empiètent l'une sur l'autre et le segment commun fait du blanc. Le segment ne devra pas être blanc dans toute son étendue, si les bords de

[1] C'était l'opinion de Bouguer.

l'une des lunules et le centre de l'autre ne sont pas également colorés. Car pour que deux couleurs fassent de
la lumière blanche, il ne suffit pas qu'elles soient complémentaires l'une de l'autre. Or, si cela n'est pas, et
que par exemple je représente par 100 le nombre des
rayons rouges au centre et par 50 le nombre des rayons
rouges au bord, que je fasse la même chose pour l'i-
mage verte, qu'arivera-t-il? Je vais placer l'image de
manière à obtenir sur un point la concentration des
150 rayons. Or, si on rajoute 100 rayons rouges à
50 rayons verts, on aura du blanc rougi. Ensuite, par
un mélange semblable, mais en changeant les proportions, c'est-à-dire en ajoutant 100 rayons verts à
50 rayons rouges, on obtiendra du blanc verdi.

Pour nous résumer, nous avons successivement trouvé
que l'astre se composait :

1° d'un noyau solide,

2° d'une atmosphère nuageuse très-dense.

3° d'une atmosphère lumineuse, ou, comme disent les
Allemands d'une *phótosphère.*

Nous avons reconnu de plus, enfin, que la lumière
qui émane du soleil n'est pas de la lumière réfractée,
mais de la lumière émise, et que cette lumière émise est
projetée non par un corps solide, non par un corps liquide, mais par un corps gazeux.

Cette belle série d'expériences qui amène à connaître
d'une manière si simple la nature de la lumière du soleil, qui conduit à un résultat si important, est un des
nombreux titres de M. Arago à la reconnaissance du
monde savant.

14.

DIXIÈME LEÇON.

CONSTITUTION PHYSIQUE DU SOLEIL (Suite). LES SAISONS
ET LES JOURS.

Suite de la constitution physique du Soleil. — Facules, lucules et stries.
— Dimensions des taches. — Influence des taches sur les températures
terrestres. — Du phénomène des jours et des saisons.

Facules. — Supposons une surface *solide* portée à une
température incandescente très-violente, et qui soit vue
par une ouverture faite dans un écran. Le corps sera
d'abord placé obliquement, puis ramené successivement
à la perpendiculaire; on en voit dès lors une portion de
plus en plus grande, et il semble, d'après cela, que l'intensité des rayons envoyés à l'œil doit augmenter; mais
non. Au contraire même, et cela, parce que la quantité
de rayons envoyés est de plus en plus faible, selon que
le corps est de plus en plus oblique. Un corps liquide
placé dans les mêmes conditions présentera les mêmes
phénomènes. Passons à une flamme, et supposons que
la lumière qui s'en échappe traverse une fente très-
fine; les phénomènes seront différents de ceux que nous
venons de constater, puisque la flamme jouit de la propriété d'envoyer la même quantité de lumière, quelle que

soit sa position. Aussi, était-ce une prétention absurde de la part de quelques marchands, de demander que les flammes de gaz destinées à éclairer leurs devantures fussent placées obliquement.

Lorsqu'on examine une flamme à travers une fente, le changement d'intensité ne devient très-sensible que lorsque les inclinaisons sont très-fortes.

Eh bien, les taches que l'on appelle *facules* présentent les mêmes phénomènes que la flamme; on a donc eu raison de dire que ce sont des enfoncements dans la surface du soleil, vus sous des inclinaisons très-fortes. Mais si cela est exact, la lumière devra en être très-sensible sur les bords, et c'est justement ce que démontrent les expériences. On a donc là une nouvelle preuve que la photosphère solaire est un corps gazeux. Il y a du reste une autre considération qui le prouve, c'est que les taches sont très-changeantes de place. On ne peut donc arriver à déterminer le mouvement du soleil qu'au moyen d'observations très-nombreuses, et qui ne fournissent un chiffre exact que par une moyenne.

C'est ce qui arriverait à un observateur, qui, placé dans la lune, voudrait déterminer le mouvement de la terre. Lorsqu'il fait beaucoup de vent, cela serait difficile; mais la multiplicité des observations donnerait en moyenne un chiffre exact.

Outre les grandes taches, il y en a de petites non moins lumineuses, véritables rides dont l'astre est parsemé dans toute l'étendue de sa surface, et que l'on nomme, ainsi que nous l'avons vu, *lucules*. Elles donnent au soleil l'aspect d'un nuage pommelé, et faisaient dire à Herschell, en 1795 : « Le soleil me semble irré-

gulier comme la peau d'une orange. » Elles semblent se
renouveler incessamment, car si l'on examine pendant
quelque temps la surface du soleil, l'aspect qu'elle offrira
maintenant ne sera pas celui qu'elle présentera une minute, une seconde après, parce que les stries sont extrè-
mement changeantes.

On trouve souvent, dans les ouvrages d'astronomie,
la mention de taches solaires très-grandes.

Le diamètre de la terre soutend, vu du centre du
soleil, un arc de 17° 2'. Pour déterminer la grandeur des
taches, il s'agira donc de connaître le rapport qui existe
entre la grandeur de la tache et celle du diamètre de la
terre.

« De 1716 à 1720, la plus grosse qu'on ait vue avait
un diamètre égal à la 60e partie de celui du soleil. Son
diamètre réel était donc double de celui de la terre. Le
15 mars 1758, Mayer mesurait une tache dont le diamètre était égal à 1/20 du diamètre du soleil, ou à 1 minute 1/2, plus de 3 fois le diamètre de la terre.

« Dans l'ouvrage déjà cité de 1789 [1], Schroeter parle
d'une tache, qui, d'après ses mesures, couvrait sur le
soleil une étendue superficielle 16 fois plus grande que
celle de la terre. »

On s'est souvent demandé quelle influence les taches
solaires pouvaient avoir sur les saisons. Avant que l'on
sût que c'étaient des éclaircies dans la photosphère, on
s'inquiétait beaucoup des conséquences que leur apparition pouvait avoir sur la nature des phénomènes atmosphériques de la terre. Herschell pensait, ainsi que

---

[1] Ce passage entre deux guillemets est extrait de la notice sur les
taches solaires, *Annuaire pour* 1842. p. 516-517.

nous l'avons vu, que les taches solaires étaient formées par des émanations gazeuses, qui, s'élevant de la surface obscure du soleil, venaient brûler dans la région des nuages lumineux. Comme, à l'époque où le grand astronome faisait ses observations, les thermomètres n'existaient que depuis un fort petit nombre d'années, comparativement à l'espace de temps qu'il eût fallu embrasser pour s'assurer de cette influence, on ne pouvait espérer la reconnaître de cette manière. Les observations météorologiques manquant, il prit, faute de mieux, le *prix* du blé en Angleterre, comme un indice de la grandeur des températures annuelles. J'ai dit *faute de mieux*, car Herschell ne se dissimulait pas que le prix du blé pouvait avoir été modifié par des causes indépendantes de la température, ou qui ne s'y rattachaient que d'une manière très-indirecte. Mais on n'arrive ainsi à rien de concluant [1].

[1] « La question, dit M. Arago dans l'*Annuaire* de 1842 (p. 519), exigera donc un nouvel examen. Je suis toutefois tellement éloigné de m'associer aux quolibets dont la table d'Herschell a été l'objet, que je la reproduirai ici. Les lecteurs décideront ensuite eux-mêmes, si les nombres qu'ils auront sous les yeux indiquent, avec quelque probabilité, comme le croyait l'astronome de Slough, que les récoltes sont d'autant meilleures que le soleil *a plus de taches*.

	Prix moyen du quarter de blé en shillings.
De 1650 à 1670, on ne voit qu'une ou deux taches...	50
De 1676 à 1684, point de taches................	48
De 1685 à 1691, taches.......................	37
De 1691 à 1694, taches.......................	32
De 1695 à 1700, point de taches..............	63
De 1690 à 1694, taches......................	49
De 1700 à 1713, deux taches seulement..........	57
De 1714 à 1717, taches..................	47

Nous ferons suivre cette étude de la constitution physique du soleil de deux courtes observations.

On s'est demandé quelle était la cause des éclaircies
que présente souvent la surface lumineuse du soleil;
mais en vérité, il est aussi difficile de répondre à une
semblable question, que d'expliquer la cause des éclaircies qui apparaissent dans notre atmosphère. On a pensé
que ce pouvait bien être des émanations volcaniques
qui, surgissant du corps même du soleil, en brisaient
subitement l'atmosphère. Mais ce peut bien être autre
chose aussi; il est de fait que l'on en est encore réduit
aux conjectures.

La lumière solaire, avons-nous dit, doit son origine à
une atmosphère incandescente; faisons observer à ce
sujet que le mouvement du soleil sur lui-même est
propre non-seulemen à cette atmosphère, mais encore au
corps, au noyau même de l'astre. C'est une chose identique à ce qui se passe autour de nous. En effet, la terre
tourne sur elle-même avec une vitesse de 400 mètres
par dixième de seconde; tous les objets qui sont à sa
surface participent à ce mouvement et il ne faudrait pas
croire, par exemple, qu'un oiseau qui s'éloignerait de
son nid en serait à 400 mètres 1/10e de seconde après.
Nous donnerons plus loin quelques autres détails à ce
sujet. (Voyez la XIVe leçon.)

Après avoir minutieusement étudié la constitution
physique du soleil, après avoir reconnu quelles étaient
les sources de la lumière et de la chaleur, nous allons
chercher à apprécier d'une manière complète la mesure
de son influence sur la terre, en procédant à l'étude de
phénomènes qui ont pour nous un grand intérêt: nous

voulons parler des Saisons et des Jours. Voyons d'abord le rôle important qu'y jouent l'inclinaison de l'axe sur l'orbite, le mouvement annuel et le mouvement diurne.

Des jours et des nuits. — La variété qu'ils présentent pour les différents points de la terre est facile à comprendre.

A Paris, par exemple, la latitude est d'environ 49° (48° 50' 13"). On aura donc (pl. I, fig. 18) pour zénith OZ, Hh sera l'horizon, Pp la ligne des pôles, Ee l'équateur. Quand le soleil S sera dans le plan de l'équateur, il décrira le cercle Ee que l'horizon Hh divise en deux parties égales : il sera donc aussi longtemps au-dessus qu'au-dessous de ce plan, et les jours seront égaux aux nuits. Mais quand le soleil aura décliné vers le pôle austral de 23° 28', ou qu'il aura atteint le tropique du Capricorne, il décrira le cercle S'M, divisé par l'horizon Hh en deux parties inégales, dont la plus grande est au-dessous de ce plan ; les nuits seront donc plus longues que les jours. Enfin, lorsque le soleil aura atteint 23° 28' de déclinaison boréale, il sera dans le tropique du Cancer, décrira le cercle S"n, et les jours seront plus longs que les nuits.

Voyons maintenant comment le phénomène se passe pour les régions équatoriales. Pour elles, le zénith OZ (pl. I, fig. 19) coïncide avec le plan équatorial Ee, et l'horizon Hh avec l'axe des pôles Pp. Or, le soleil, qu'il soit en S, S', S", c'est-à-dire à l'équateur ou aux tropiques, décrit toujours des cercles que l'horizon divise en deux parties égales. Les régions équatoriales ont donc toujours des nuits et des jours d'égale durée.

Les régions polaires, au contraire (pl. I, fig. 20), ont

la ligne du zénith OZ qui coïncide avec celle des pôles Pp, et leur horizon Hh se confond avec l'équateur Ee. Lorsque le soleil S est dans le plan de l'équateur, il décrit le cercle SH, qui est celui de l'horizon, et la moitié de son disque est au-dessus de ce plan, tandis que l'autre moitié est au-dessous. Mais quand le soleil S″ a atteint le tropique du Cancer, il décrit le cercle S″N, tout entier au-dessus de l'horizon, tandis qu'au tropique du Capricorne il décrit le cercle S′M, qui est tout entier au-dessous. Les régions polaires ont donc le soleil six mois au-dessus, six mois au-dessous de l'horizon, c'est-à-dire un jour et une nuit de six mois. Pourtant elles ne sont pas, en l'absence du soleil, plongées dans une obscurité profonde, car nous avons déjà vu qu'indépendamment du crépuscule dont elles jouissent jusqu'à ce que le soleil soit descendu d'environ 18° au-dessous de l'horizon, la lune vient, pendant l'absence de cet astre, leur dispenser sa lumière. Nous ajouterons que le crépuscule doit y être plus intense qu'ailleurs, par le décroissement rapide de la densité de l'air à de petites hauteurs, à cause de la congélation habituelle de la surface du sol ; c'est aussi là une des causes que l'on a signalées comme devant produire dans ces régions des réfractions extraordinaires.

Enfin, aux cercles polaires, le zénith (pl. I, fig. 21) coïncide à peu près avec le tropique. Lors donc que le soleil S sera dans le plan de l'équateur et décrira le cercle SE, divisé par l'horizon en deux parties égales, les jours seront aussi longs que les nuits. Mais quand il sera au tropique du Cancer, il décrira le cercle S″N, et viendra seulement raser l'horizon de son bord inféférieur; il y aura donc un jour de 24 heures. Quand, au contraire, arrivé au tropique du Capricorne, il parcourra le cercle S'M, il restera 24 heures sous l'horizon qu'il viendra seulement raser de son bord supérieur.

Nous avons supposé, dans cette explication, que le soleil tourne autour de la terre, tandis que c'est la terre qui tourne autour du soleil; mais les choses se passent absolument de la même manière. Toutefois, pour placer à côté de l'explication du phénomène apparent celle du phénomène réel, nous ferons tourner la terre autour du soleil en parlant des saisons.

Soit donc (pl. I, fig. 22) S le soleil, T la terre, ST le rayon qui joint le centre du soleil et celui de la terre, c'est-à-dire le rayon vecteur. Ce rayon rencontre la surface de la terre en A. Tous les points situés dans le parallèle AB auront donc successivement le soleil au zénith, à mesure que le mouvement de rotation les amènera en A, et ces régions auront alors l'été. Si le point A est le solstice de cette saison, le parallèle décrit par la rotation de la terre sera le tropique boréal, et, dans cette situation, le plan PTS est perpendiculaire à celui de l'écliptique.

Mais, lorsque, en vertu de son mouvement de translation, la terre sera parvenue au point directement opposé, c'est-à-dire en T', le rayon vecteur rencontrera la surface terrestre en A', et le parallèle A'B', qui dans la position précédente recevait les rayons les plus obliques, les recevra à son tour verticalement, et les régions qu'il comprend auront l'été, tandis que celles du tropique opposé auront l'hiver. Le plan ST'P', déterminé par la rencontre du rayon vecteur et de l'axe, est encore

15

perpendiculaire à l'écliptique, comme dans le cas précédent ; mais l'angle STP, sous lequel l'axe de la terre
et le rayon vecteur se coupent dans la première situation, est aigu, tandis que dans cette position il est ob-
tus, ST'P'. Dans les situations intermédiaires il est droit.
Il va donc en croissant de t en t', et en décroissant de
t' en t.

Enfin, lorsque le rayon vecteur est perpendiculaire à
l'axe de la terre, aux points t' et t, et que le soleil paraît
décrire l'équateur, on a les équinoxes, c'est-à-dire le
jour égal à la nuit pour toute le terre, et l'on est dans
l'automne ou le printemps.

L'espace compris entre les tropiques a reçu le nom
de *zone torride,* parce que les rayons du soleil y tombant
presque toujours perpendiculairement, la chaleur y est
sans cesse très-forte.

Les régions qui s'étendent des tropiques aux cercles
polaires, jouissant d'une température modérée, s'appellent *zones tempérées.*

Enfin, les pays qui sont compris entre les cercles polaires et les pôles forment *les zones glaciales.*

On peut se représenter par une expérience très-simple,
comment le mouvement de rotation de la terre et un
mouvement de translation combinés produisent les
phénomènes des jours et des saisons.

On prend une tige rigide de fer, par exemple, et on la
courbe en cercle, commele représente la fig. 1, pl. II. Vue
de côté, cette tige paraîtra elliptique. Au centre, on place
une bougie allumée, puis on attache un fil de soie K au
pôle d'un globe terrestre de trois pouces environ de
diamètre. Maintenant, si l'on tord le fil de manière

qu'en se détordant il fasse tourner le globe de l'est à
l'ouest, après que celui-ci a été placé contre le cercle,
on voit la lumière et les ombres se succéder sur sa surface, et simuler la succession régulière des jours et des
nuits. Mais pendant que le globe tourne, si on le promène le long de la circonférence du cercle, son centre
étant toujours dans cette circonférence, la bougie, qui
est perpendiculaire à l'équateur, éclaire le globe d'un
pôle à l'autre, et chacune de ses parties se trouve alternativement dans la lumière et dans les ténèbres, ce qui
fait un équinoxe perpétuel. C'est ainsi que nous aurions
toujours des jours et des nuits d'égale durée, sans variation de saisons, si l'axe de la terre était perpendiculaire à son orbite. Mais il n'en est pas ainsi. Inclinons
donc le cercle dans lequel tourne le globe, sur l'axe de
ce dernier, dans le sens ABCD par exemple. Si nous
plaçons le globe dans la partie la plus basse du cercle
en Z, et que nous le fassions tourner sur lui-même, et
autour du cercle, dans le sens de l'ouest à l'est, la bougie éclairera perpendiculairement le tropique du Cancer, et le pôle nord verra la lumière. De l'équateur au
cercle polaire nord, les jours seront plus longs que les
nuits : ce sera l'inverse dans l'autre hémisphère. Le soleil ne se couchera jamais pour la zone glaciale nord,
et ne se lèvera jamais pour la zone opposée. Mais quand
le mouvement de révolution aura porté le globe de H en
E, la limite de l'ombre approchera du pôle nord, et s'éloignera du pôle sud : les lieux qui avoisinent le premier
seront de moins en moins éclairés, et ce sera le contraire
vers le second. Les jours décroissent donc au nord et
augmentent au sud à mesure que le globe procède de H

en E. Quand il est à ce point, la bougie est dans le plan
de l'équateur, la limite des ombres s'arrête exactement
aux deux pôles, et les jours sont partout égaux aux
nuits. Enfin, quand le globe se trouve en F et en G, nous
voyons se reproduire dans un ordre inverse les phénomènes que nous venons d'examiner.

C'est dans le soleil que réside la cause de la chaleur
qui anime et féconde la terre et qui produit les modifications infinies qu'on observe à la surface; par conséquent l'inégale durée de sa présence sur l'horizon doit
influer d'une manière très-notable sur la température des
régions qu'il éclaire et qu'il échauffe de ses rayons. En
été, dans nos contrées, les jours ont une durée de 16
heures, et les nuits de 8 seulement. En hiver la durée des
jours comparée à celle des nuits est précisément l'inverse
ou beaucoup plus courte. A la vérité, le soleil est plus
près de nous en hiver qu'en été; mais est-ce là une compensation suffisante à l'inégalité de durée du soleil sur
notre horizon? Non, sans doute, car la chaleur des
rayons que le soleil envoie aux différentes planètes qui
circulent autour de lui, diminue d'intensité proportionnellement au carré de leur distance. Il envoie bien la
même quantité de rayons à toutes ces planètes, mais
comme ils s'éparpillent sur des surfaces de sphère qui
sont entre elles comme les carrés de leurs rayons, il
s'ensuit que l'intensité calorifique va en diminuant dans
le même rapport, dans le rapport du carré des distances.
Eh bien, ce qui est vrai pour différentes planètes, telles
que la Terre, Jupiter, Saturne, Uranus, placées à 1, à 5,
à 10, à 20 fois 38 millions de lieues, est vrai aussi pour
la même planète à son périgée et à son apogée. Or, le

1er janvier et le 7 juillet, les distances respectives de la terre au soleil sont entre elles comme 31 est à 32. Nous sommes donc plus fortement éclairés par les rayons solaires en hiver qu'en été, et dans le rapport du carré de nos distances respectives au soleil, par conséquent dans le rapport de 1024 à 961, ou, ce qui est la même chose, dans le rapport de 102 à 96 : il y a 6 de différence sur 300. C'est là une quantité très-petite et l'influence de cette cause est tout à fait inappréciable, ou plutôt elle est totalement dissimulée par des causes qui prédominent sur celle-là.

Les véritables causes qui déterminent le degré de chaleur en chaque lieu sont les inégalités dans la longueur des jours, et celles qu'on aperçoit dans les hauteurs du soleil. Le 21 mars, le soleil se lève et darde ses rayons sur l'horizon de Paris. A mesure qu'il s'avance dans sa course, la chaleur qu'il envoie aux objets matériels de l'horizon de Paris devient de plus en plus grande jusqu'à une certaine limite, passé laquelle la chaleur solaire va en diminuant de plus en plus. Il a peu à peu imbibé la terre de ses rayons calorifiques, et elle s'est graduellement échauffée pendant le jour. Mais la nuit on observera des phénomènes inverses, parce que les objets matériels de l'horizon de Paris rayonnant en présence d'une région immense qui est à une température extrêmement basse, perdront beaucoup de la chaleur qu'ils avaient acquise. Ils se refroidiront plus ou moins, suivant l'état du ciel ; et, le 22 au matin, le soleil en se levant ne retrouvera plus la terre dans le même état où la veille il l'avait laissée. De 6 heures du soir à 6 heures du matin, la terre a perdu une partie de sa chaleur ; elle s'est dissipée par le rayonnement ; mais elle ne la perd

15.

pas en totalité et elle en conserve une partie. Les jours
suivants de nouvelles doses de chaleur s'ajoutent à la
première, et la terre se réchauffe en raison des actions
successives qu'elle reçoit du soleil; mais on conçoit que,
les jours devenant plus longs et les nuits plus courtes,
elle se réchauffera davantage à mesure que le soleil de-
meurera plus longtemps sur l'horizon, et la température
du lieu deviendra de plus en plus élevée.

En été, nous voyons le soleil décrire de grands arcs
de cercle sur notre horizon; il darde sur nous presque
perpendiculairement ses rayons; la terre les absorbe et
elle s'échauffe. C'est tout le contraire en hiver. Dans cette
saison le soleil se lève très-peu; et soit qu'on le prenne
à son lever, au milieu de sa course ou à son coucher,
ses rayons tombent sur notre horizon sous un angle
très-petit; en raison de la direction très-oblique qu'ils
suivent, la terre en reçoit très-peu, et cela suffit pour
compenser la différence de 1024 à 961.

En outre, le soleil en hiver se levant très-peu se
montre toujours dans les vapeurs voisines de l'horizon.
On peut dire qu'il est presque toute la journée à son
lever. Or, si l'on fait attention que les rayons qu'il nous
envoie ne sauraient parvenir dans nos climats qu'a-
près avoir traversé les couches d'air qu'il échauffe aux
dépens de sa propre chaleur, on concevra sans peine qu'à
mesure que le soleil est plus abaissé sur l'horizon ces
rayons traversent l'air dans des directions plus obliques,
de sorte qu'ils doivent en traverser une plus grande étendue avant de nous arriver, et qu'ils ne parviennent ainsi
vers nous qu'après avoir perdu une portion d'autant plus
grande de leur chaleur : ce qui nous explique pourquoi

le soleil est si brûlant en été et si pâle en hiver. En hiver, par rapport à nous, le soleil est peu élevé sur notre horizon. Ses rayons arrivant sous une grande inclinaison, ils traversent les couches épaisses de l'atmosphère, qui en diminuent l'éclat et l'intensité; les nuits sont plus longues que les jours, et la chaleur produite par la présence du soleil a plus de temps qu'il ne lui en faut pour se dissiper entièrement. Le froid s'accumule et se fait sentir dans toute sa force quelque temps après le solstice d'hiver.

Le printemps et l'été sont ensemble de huit jours plus longs que l'automne et l'hiver. Le temps où le soleil est plus bas sur notre horizon est donc plus court que celui où il est plus élevé, et cette cause doit contribuer à donner une plus forte température à notre été.

Il est vrai qu'on peut opposer à ce fait une autre cause qui pourrait le contre-balancer : c'est celle qui vient de l'ellipticité de l'orbe solaire. En effet, la température des lieux ne résulte pas seulement de la hauteur du soleil sur l'horizon et de la durée de sa présence, mais elle dépend encore de la distance de cet astre. Dans notre hémisphère, nous avons l'hiver quand le soleil est le plus près de nous, et l'été quand il en est le plus loin. Cette disposition tend donc à tempérer la chaleur de l'été, et à modérer les froids de l'hiver. Mais le calcul montre que cette cause est peu importante; la différence des distances solaires de l'été à l'hiver est trop petite pour que la différence des actions de l'astre soit sensible.

D'après cette influence de la marche du soleil relative à la chaleur qu'il répand sur le globe, on comprendra facilement que, sous la zone torride ou dans les régions équatoriales, que le soleil ne quitte jamais et où il darde

presque toujours ses rayons à plomb, verticalement, la
chaleur soit excessivement élevée. C'est là que la nature déploie toute sa vigueur et qu'elle pare ses richesses
des plus vives couleurs. Au contraire, au pôle, les tristes habitants de ces contrées ne voyant jamais le soleil
que sous un très-grand oblique, les jours et les nuits
y étant alternativement de longue durée, le froid y est
excessif, et ces contrées sont frappées de stérilité. Les
régions les plus heureusement situées sont les régions
intermédiaires, telles que l'Europe, parce qu'elles ne
reçoivent jamais le soleil sous une trop grande ou sous
une trop petite inclinaison, et que, n'étant point exposées à de longues alternatives de jour et de nuit, elles
jouissent d'une température moyenne qui leur a valu
leur nom.

Une des questions les plus intéressantes que l'on
puisse se proposer de résoudre est de savoir si l'état
thermométrique du globe a changé, si la chaleur du soleil a été toujours la même à toutes les époques? Nous
manquons d'observations thermométriques. Mais il est
un phénomène qui pourra servir à démontrer que la
température du globe n'a pas varié d'un 1/2 degré depuis trois mille ans : ce phénomène est celui de la végétation.

Pour que la datte mûrisse, il faut au moins un certain degré de température moyenne. D'un autre côté la
vigne ne peut pas être cultivée avec profit, elle cesse de
donner des fruits propres à la fabrication du vin, dès
que cette même température moyenne dépasse un certain point du thermomètre également déterminé. Or, la
limite thermométrique en moins de la datte diffère très-

peu de la limite thermométrique en plus de la vigne ; si donc nous trouvons qu'à deux époques différentes la datte et le raisin mûrissaient *simultanément* dans un lieu donné, nous pourrons affirmer que, dans l'intervalle, le climat n'y a pas sensiblement changé. C'est ce que nous allons faire.

La ville de Jéricho s'appelait la *ville des Palmiers ;* la Bible parle des palmiers de Débora, situés entre Rama et Béthel ; de ceux des rives du Jourdain ; les Juifs mangeaient des dattes et les préparaient comme fruits secs ; ils en tiraient aussi une sorte de miel et de liqueur fermentée. Pline, Théophraste, Tacite, Josèphe, Strabon, etc., font également mention de bois de palmiers situés dans la Palestine. On ne peut donc douter que cet arbre ne fût cultivé très en grand chez les Juifs.

Nous trouverons tout autant de documents sur la vigne, et ils nous apprendront qu'on la cultivait, non pas seulement pour en manger les raisins, mais aussi pour avoir du vin. Dans vingt passages de la Bible il est question des vignobles de la Palestine, et le raisin figurait comme symbole sur les monnaies hébraïques tout aussi fréquemment que le palmier.

En résumé il est bien établi que dans les temps les plus reculés, on cultivait *simultanément* le palmier et la vigne au centre des vallées de la Palestine.

Voyons maintenant quels degrés de chaleur la maturation de la datte et celle du raisin exigent.

A *Palerme* (Sicile, côte nord), dont la température moyenne surpasse 17° centigrades, le dattier croît, mais son fruit ne mûrit pas.

A *Catane* (Sicile, côte orientale), par une température moyenne de 18 à 19° centigrades, les dattes ne sont pas mangeables.

A *Alger*, dont la température moyenne est d'environ 21°, les dattes mûrissent bien, mais elles ne sont pas bonnes; et pour les avoir telles il faut s'avancer jusqu'au voisinage du Désert, c'est-à-dire en des lieux qui aient *au moins* 21°.

En partant de ces données nous pouvons affirmer qu'à Jérusalem, à l'époque où l'on cultivait le dattier en grand dans la Palestine, la température moyenne devait être de 21° centigrades ou un nombre plus fort.

M. Léopold de Buch place la limite méridionale de la vigne, à l'*île de Fer*, dans les Canaries, dont la température moyenne doit être entre 21° et 22° centigrades.

Au *Caire* et dans les environs, par une température moyenne de 22°, on trouve bien çà et là quelques ceps dans les jardins, mais pas de vignes proprement dites.

A *Abouchir*, en Perse (sur le golfe Persique), dont la température moyenne ne dépasse certainement pas 25° [1], on ne peut, suivant Niebuhr, cultiver la vigne que dans des fossés, ou à l'abri de l'action directe du soleil.

Nous venons de voir qu'en Palestine, dans les temps les plus reculés, la vigne était, au contraire, cultivée en grand; il faut donc admettre que la température moyenne de ce pays ne surpassait pas 22°. La culture du palmier nous apprenait tout à l'heure qu'on ne saurait prendre pour cette même température un nombre

---

[1] Une année d'observation a donné pour température moyenne de ce point, 25°.   HUMBOLDT, *Asie centrale*, t. III.

au-dessous de 21°. Ainsi de simples phénomènes de végétation nous amènent à caractériser par 21° 5' du thermomètre centigrade le climat de la Palestine au temps de Moïse, sans que l'incertitude paraisse devoir aller à un degré entier.

A combien s'élève aujourd'hui la température moyenne de la Palestine? Les observations directes manquent malheureusement, mais nous pouvons y suppléer par des termes de comparaison pris en Égypte.

La température moyenne du Caire est de 22°; Jérusalem se trouve 2° plus au nord ; 2° de latitude correspondant, sous ces climats, à une variation d'un demi à trois quarts de degré du thermomètre centigrade. La température moyenne de Jérusalem doit donc être un peu supérieure à 21°. Pour les temps les plus reculés nous trouvions les deux limites 21° et 22°, et pour moyenne 21° 5'.

Tout nous porte donc à reconnaître que 3,300 ans n'ont pas altéré d'une manière appréciable le climat de la Palestine, que 33 siècles enfin n'ont apporté aucun changement aux propriétés lumineuses ou calorifiques du soleil.

C'est ce que démontre également, de la manière la plus positive, l'examen des températures d'autres régions du globe et celui du mouvement de la lune dans son orbite (Voy. la leçon XVIIe)[1].

[1] Nous renvoyons le lecteur curieux de connaître la discussion de ces questions si pleines d'intérêt, à la Notice publiée par M. Arago dans l'*Annuaire de 1834*, sous ce titre : *Sur l'état thermométrique du globe terrestre*, p. 171-240.

ONZIÈME LEÇON.

DES PLANÈTES.

Formes et aspects sous lesquels elles apparaisent dans l'espace. — Distances au soleil. — Diamètres apparents, réels. — Durée des mouvements de révolution et de rotation. — Orbites. — Mercure. — Constitution physique. — Vénus. — Constitution physique. — La Terre. — Mars. — Constitution physique. — Vesta. — Junon. — Cérès. — Pallas.

MERCURE ☿.

Mercure est la planète la plus rapprochée du soleil. Il se voit le soir, après le coucher de cet astre, dans la partie occidentale du ciel, sous la forme d'un disque petit, mais très-brillant, qui, d'abord difficile à distinguer à cause de la lumière crépusculaire, devient de plus en plus visible à mesure qu'il s'éloigne, jusqu'à ce qu'enfin parvenu à une certaine distance, il semble demeurer quelque temps immobile. Cette première partie de son cours est directe comme celui des étoiles. Mais il ne tarde pas à revenir sur lui-même, et finit par disparaître entièrement. Bientôt après il reparaît le matin à l'orient, quelque temps avant le lever du soleil, s'en éloigne de plus en plus, jusqu'à un point où il reste de nouveau stationnaire, pour revenir ensuite se plonger dans les rayons du soleil, et reparaître de nouveau après son coucher.

Le peu de durée de son apparition provient de son voisinage du soleil, dont il ne paraît s'écarter que de 16° à 29°; sa distance à cet astre est de 15,000,000 lieues. Son diamètre apparent est d'environ 7″, et son diamètre réel à peu près les 2/5 de celui de la terre. Il tourne sur son axe en 24 h. 5′ 3″, et met 87 j. 23 h. 25′ 44″ à parcourir son orbite, avec une vitesse de 40,000 lieues par heure. Cette orbite, qui demeure toujours enfermée dans celle de la terre, forme une ellipse très-excentrique, très-inclinée au plan de l'équateur de la planète, et faisant avec le plan de l'écliptique un angle d'environ 7°

Lorsque Mercure, dans son mouvement rétrograde, se plonge dans les rayons du soleil, il arrive quelquefois qu'on le voit parcourant, sous la forme d'une petite tache noire, le disque du soleil. C'est bien lui, car sa position, le diamètre et le mouvement sont les mêmes; c'est ce qu'on appelle les passages de Mercure. Ils n'ont pas lieu pour nous à toutes les révolutions, à cause de l'inclinaison de son orbite sur le plan de l'écliptique, et nous ne pouvons voir la planète sur le disque du soleil, que lorsqu'elle est à son point d'intersection avec l'écliptique, et que la ligne qui joint son centre à celui du soleil passe également par le centre de la terre. Mais la petitesse de cette planète, sa distance de la terre et sa proximité du soleil nous empêchent souvent d'être témoins de ses passages, qui arrivent régulièrement après les périodes de 6, 7, 13, 46 et 263 ans.

46

Constitution physique de Mercure. —Mercure est d'une forme parfaitement sphérique. Comme toutes les planètes, il emprunte sa lumière du soleil. C'est ce que prouvent et ses passages sur le disque de cet astre, passages pendant lesquels il apparaît sous la forme d'une tache obscure, et l'observation des phases qu'il présente et qu'on peut suivre comme celles de la lune, avec le secours du télescope.

L'emploi de cet instrument a fait aussi reconnaître que l'une des extrémités de son croissant est tronquée. C'est cette *troncature* qui a fourni le moyen de déterminer la durée de son mouvement de rotation, car son disque ne présente aucune tache. Elle est un effet des aspérités dont sa surface est sans doute hérissée, et qui nous masquent, dans une position donnée, quelques-uns des points éclairés par le soleil.

On croit que Mercure est enveloppé d'une atmosphère extrêmement dense; son mouvement de translation dans l'espace est plus rapide que celui des autres planètes, parce qu'il est plus voisin du soleil. Cet astre lui apparaît trois fois aussi grand que nous le voyons; et Newton a calculé qu'il lui envoie une chaleur sept fois plus considérable que celle de notre zone torride. Mais il ne faut pas s'empresser de conclure que cette planète éprouve réellement une température aussi élevée : nous ne sommes pas encore assez instruits, pour être en droit de tirer cette conséquence, et il pourrait bien se faire que l'action des rayons lumineux fût modifiée par la nature des éléments constitutifs des différentes planètes.

VÉNUS. ♀

Vénus est à la vue la plus belle des planètes : c'est pourquoi elle a reçu le nom qu'elle porte. Comme Mercure, elle se montre tantôt le matin, tantôt le soir, et on l'appelle l'étoile du soir ou l'étoile du matin, selon qu'on l'aperçoit après le coucher ou avant le lever du soleil. Quelques jours après sa conjonction avec cet astre, on la voit d'abord le matin à l'ouest du soleil, sous la forme d'un beau croissant, dont la convexité est tournée vers lui. Elle se dirige à l'ouest, et à mesure qu'elle avance, son mouvement se ralentit et son croissant augmente, jusqu'à ce qu'enfin elle arrive en un point où elle s'arrête quelque temps ; elle forme alors un demi-cercle, ensuite elle reprend sa course vers l'est, avec une rapidité graduellement accélérée, jusqu'à ce qu'elle ait atteint le soleil. Quelque temps après on la voit le soir, à l'est de cet astre, tout à fait ronde, mais très-petite ; elle continue sa marche à l'est, augmentant en diamètre, mais perdant de sa rondeur jusqu'à ce qu'elle soit redevenue en demi-cercle. Enfin elle se dirige de nouveau vers l'ouest, augmentant toujours en diamètre, et dessinant un croissant de décours, puis elle finit par revenir en conjonction avec le soleil.

Comme celle de Mercure, la distance de Vénus à la terre est très-invariable, ainsi que l'indiquent les variations apparentes de la grandeur de leurs diamètres. Sa distance moyenne du soleil est de 27,500,000 lieues ; son diamètre apparent varie de 30″ à 184″, sa rotation sur son axe s'accomplit en 23 h. 21′ 19″, et la durée de sa révolution autour du soleil est de 224 j. 16 h.

49'. Son orbite est inclinée de 3° 24' sur l'écliptique et reste toujours renfermée dans l'orbe de la terre.

Vénus a, comme Mercure, des passages sur le disque du soleil, et, comme lui, elle se dessine alors sous la forme d'une tache. Ces phénomènes sont très-rares, et les astronomes en profitent pour mesurer sa distance avec précision. On est aussi parvenu à obtenir, au moyen de ces passages, la parallaxe du soleil à un dixième de seconde près.

Constitution physique de Vénus.—Lorsque cette planète se projette sur le disque du soleil, elle s'y dessine sous la forme d'une petite tache ronde et noire. Sa figure est donc sphérique, et sa lumière empruntée du soleil, comme nous étions déjà autorisés à le conclure du phénomène de ses phases.

La durée de son mouvement de rotation a été déterminée, comme pour Mercure, par l'observation des aspérités qu'elle porte à sa surface, et qui, interceptant la lumière qu'elle réfléchit, donnent une forme tronquée aux cornes de son croissant. Il a suffi pour cela de calculer l'intervalle qui s'écoule entre deux retours de la troncature observée. Cette planète est enveloppée d'une atmosphère : un astronome allemand l'avait reconnu en calculant les lois de la dégradation de sa lumière, et il est constant que sa partie éclairée est plus grande qu'elle ne devrait l'être, s'il n'y avait là en effet de réfraction.

Quoique à peu près aussi grande que la terre, Vénus se meut avec plus de rapidité que la terre, parce qu'elle est plus voisine du soleil. Cet astre lui apparaît presque deux fois aussi grand qu'à la terre, et Mercure est son étoile du matin et du soir, comme elle l'est elle-même pour nous. L'axe de Vénus est incliné sur son orbite de 75° c'est-à-dire de 51° 1/2 de plus que l'axe de la terre sur l'écliptique. Le pôle nord de son axe incline vers le 20° du verseau en partant du cancer de la terre; conséquemment la région nord de Vénus a l'été dans les signes où nous avons l'hiver, et réciproquement. Comme la plus grande déclinaison du soleil de chaque côté de son équateur va à 75°, ses tropiques sont à 15° de ses pôles, et ses cercles polaires aussi loin de l'équateur. Elle a donc à son équateur deux étés et deux hivers dans chacune de ses révolutions annuelles.

LA TERRE. ♁

Nous traiterons de la Terre et de la Lune avec détails, après avoir achevé l'étude de toutes les autres planètes.

Planètes supérieures.

Mercure et Vénus ont été appelés planètes inférieures, parce qu'elles sont, comme nous l'avons dit précédemment, moins éloignées du soleil que la terre; celles dont nous allons maintenant nous occuper ont été nommées, par opposition, planètes supérieures, parce que la terre est plus voisine qu'elles du soleil.

MARS. ♂

Cette planète vient immédiatement après notre globe, dans la proportion des distances au soleil. Elle paraît se mouvoir de l'ouest à l'est autour de la terre, mais

16.

son mouvement offre beaucoup d'irrégularités. Le matin, quand elle commence à se séparer du soleil, sa marche est très-rapide; mais cette rapidité s'affaiblit graduellement, et cesse tout à fait à environ 137°. La planète reprend enfin un mouvement direct, qui la porte en opposition avec le soleil. Sa rapidité diminue de nouveau progressivement, et elle semble rétrograder jusqu'à ce qu'elle ait dépassé l'astre de 137°. Alors le mouvement redevient direct, et la planète va se plonger dans les rayons du soleil.

La distance moyenne de Mars au soleil est de 58,000,000 de lieues. Comme sa distance à la terre est très-variable, cette variation se manifeste par les diminutions apparentes de son diamètre, qui est quelquefois de 18°, et d'autres fois de 90°. L'observation des taches que présente son disque a fait reconnaître que Mars tourne sur lui-même en 24 h. 51′ 22″. Il se meut dans une ellipse très-excentrique, qu'il met 686 j. 25 h. 50′ 42″ 4 à parcourir. Son axe est incliné sur son orbite de 61° 55′, et son orbite l'est sur l'écliptique de 1° 51′ 1″; son diamètre équatorial est à son diamètre polaire dans la proportion de 16 à 15.

Mars éprouve, en parcourant son orbite, de grandes variations de distance : il se montre tantôt près, tantôt loin du soleil; quelquefois il se lève quand cet astre se couche, et se couche quand il se lève; sa distance de la terre varie aussi prodigieusement, moins forte dans les oppositions, et plus grande dans les conjonctions. Comme Mercure et Vénus, il offre le phénomène des phases, sans éprouver, comme ces deux planètes, une troncature de son croissant.

Constitution physique de Mars. — Observée au télescope, cette planète présente un disque arrondi, et qui n'étant jamais échancré, semble moins hérissé d'aspérités. Ses phases font voir qu'elle n'est pas lumineuse par elle-même. On aperçoit sur sa surface des taches de nuances diverses, au moyen desquelles on a déterminé la durée de son mouvement de rotation. La lumière que Mars réfléchit est d'un rouge obscur, apparence que l'on attribue à l'atmosphère dont il est enveloppé, et qui est si haute et si dense, que, lorsqu'il s'approche de quelque étoile fixe, celle-ci change de couleur, s'obscurcit et disparaît souvent, quoique à quelque distance du corps de la planète.

Outre les taches qui ont servi à déterminer le mouvement de rotation de Mars, plusieurs astronomes ont remarqué qu'un segment de son globe, vers le pôle sud, a un éclat si supérieur à celui du reste du disque, qu'il paraît comme le segment d'un globe plus considérable. Maraldi nous apprend que cette tache brillante a été observée il y a soixante ans, et qu'elle était de toutes la plus permanente. Une partie de cette planète est plus brillante que le reste, la plus sombre est sujette à de grands changements et disparaît quelquefois. Un éclat semblable a souvent été observé au pôle nord. Ces observations ont été confirmées par Herschell, qui a examiné la planète avec des instruments mieux faits et plus forts que ceux qu'on avait employés jusqu'à lui. Suivant cet astronome, l'analogie qu'il y a entre Mars et Vénus est la plus grande que présente le système solaire. Les deux corps ont presque le même mouvement diurne. L'obliquité de leur écliptique ne présente pas de grandes

différences. De toutes les planètes supérieures, Mars est
celle dont la distance au soleil est la plus approchante
de celle de la terre, et la longueur de son année ne paraît non plus beaucoup différer de la nôtre, quand on
la compare avec l'excessive durée de celles de Jupiter,
de Saturne et d'Herschell. Puisque le globe que nous
habitons a ses régions polaires glacées et des montagnes couvertes de glaces et de neiges, qui ne fondent
qu'en partie, quand elles sont alternativement exposées
à l'action du soleil, on peut supposer que les mêmes
causes produisent les mêmes effets sur Mars; que ses
taches polaires resplendissantes sont dues à la vive réflexion qu'éprouve la lumière sur ces régions glacées, et
que la diminution de ces taches, lorsqu'elles sont exposées aux rayons du soleil, est un effet de l'influence
de cet astre. La tache du pôle sud était extrêmement
grande en 1781, ce qui devait être puisque ce pôle sor-
tait d'une nuit de douze mois, et avait été privé pendant tout ce temps de la chaleur du soleil : elle était
plus petite en 1783 et diminua graduellement depuis le
20 mai jusqu'au milieu de septembre qu'elle sembla
devenir stationnaire. A cette époque le pôle sud avait
joui de huit mois d'été, pendant lesquels il avait constamment éprouvé l'influence des rayons solaires. Il est
vrai qu'à la fin ils étaient tellement obliques qu'ils ne
pouvaient en exercer une bien considérable. D'un autre
côté le pôle nord, qui, d'une exposition de douze mois
au soleil, était tombé dans une obscurité profonde, paraissait peu considérable quoiqu'il eût sans doute augmenté de volume. Il n'était pas visible en 1783, attendu

la position de l'axe de la planète, qui ne nous permettait pas de voir ce pôle.

Une autre considération vient encore confirmer l'hypothèse que les taches brillantes des pôles de Mars sont dues à la présence des glaces et des neiges, c'est que l'axe de cette planète étant incliné sur son orbite de 61° 33′, les variations des saisons ne doivent pas être fort sensibles, et cette constance de chaque parallèle à conserver la même température est regardée comme favorable à la formation des glaces.

Le soleil ne dispense à Mars que le tiers environ de la lumière qu'il répand sur la terre, aussi paraît-il singulier qu'il n'ait pas de lune ou satellite. Toutefois cette circonstance peut être compensée par la hauteur et la densité de son atmosphère que nous avons vues être considérables [1].

Des quatre planètes télescopiques.

Ces planètes qui, dans le système solaire, sont placées entre Mars et Jupiter, sont dues aux découvertes modernes. Cette circonstance, jointe à leur petitesse, fait qu'elles sont encore fort peu connues.

VESTA. ⚷

Vesta fut découverte par un des élèves d'Olbers le 29 mars 1807. Elle décrit en 3 ans 66 jours 4 heures, son orbite qui paraît fort irrégulière, et qui s'incline sur l'écliptique de 7° 8′. Cette petite planète est fort peu

[1] Voy. Annuaire pour 1842, p. 541-542.

connue. Observée par Herschell avec un instrument
d'un pouvoir amplificatif puissant, elle ne donna pas
l'apparence d'un disque, mais parut comme un poin
brillant. On la croit à 91,000,000 de lieues du soleil.

JUNON. ☿

Découverte par Harding le 1er septembre 1803, cette
planète a, selon Schrœter, un diamètre de 475 lieues.
Elle emploie 4 ans et 128 jours à accomplir sa révolution autour du soleil, dans une orbite inclinée sur l'é-
cliptique de 31° 05′; sa distance au soleil est de
102,000,000 de lieues environ.

CÉRÈS. ⚳

Des quatre planètes télescopiques, Cérès fut découverte la première par Piazzi, directeur de l'Observatoire
de Palerme, le 1er janvier 1801. Son diamètre, de
50 lieues selon Herschell, et de 475 selon Schrœter,
n'est pas bien connu. Elle accomplit dans l'espace de
4 ans 1/2 sa révolution autour du soleil, dans une
orbite dont le plan fait un angle de 10° 37′ 25″ avec
celui de l'écliptique. Sa distance au soleil est d'environ 106,252,000 lieues. Son apparence est celle d'une
étoile nébuleuse, environnée de brouillards très-va-
riables, ce qui a donné lieu à Herschell de penser
qu'elle a une atmosphère. D'après les mesures de
Schrœter, elle n'aurait pas moins de 276 lieues de hauteur.

PALLAS. ♀

Elle fut découverte par Olbers le 28 mars 1802. Sa couleur est blanchâtre et elle est peu distincte même avec un instrument puissant. Schrœter lui donne un diamètre de 700 lieues et Herschell un de 50 lieues seulement. Son orbite extrêmement allongée est celle dont l'inclinaison sur l'écliptique est le plus considérable; elle est de 34° 37′ 30″. Elle la parcourt dans l'espace de 4 ans 7 mois et 11 jours. Sa distance au soleil est de 106,291,000 lieues.

Bien qu'on ne connaisse pas encore parfaitement les dimensions de ces quatre planètes, on peut dire cependant qu'elles sont extrêmement petites, relativement à celles qui les avoisinent et eu égard à la distance qui les sépare du soleil. Deux d'entre elles présentent cette anomalie qu'elles dévient beaucoup du zodiaque, de la zone dans laquelle se meuvent les autres planètes. Ces considérations ont fait émettre une opinion très-hardie, savoir que ces quatre petites planètes pourraient bien n'être que les éclats d'une planète unique qui aurait existé entre Mars et Jupiter. Cette opinion acquiert un grand degré de probabilité, si aux considérations qui précèdent on ajoute que ces planètes ne sont pas rondes, ce qu'indique la diminution momentanée de leur lumière, lorsqu'elles présentent leurs faces angulaires, et que l'entrelacement de leurs orbites, qui les fait toutes

revenir au même point, est conforme à ce qu'exige-
raient les lois de la mécanique, dans l'hypothèse dont
il s'agit. En effet, suivant ces lois, si une planète écla-
tait violemment, chacun de ses éclats, après avoir décrit une nouvelle orbite, viendrait passer par le point où
aurait eu lieu l'explosion [1].

[1] Voyez Annuaire pour 1832, à la fin de la Notice sur les comètes,
l'examen de cette question : Cérès, Pallas, Junon et Vesta sont-elles les
fragments d'une grosse planète qu'un choc de comète aurait brisée ? —
Dans l'Annuaire pour 1842, Notice sur les travaux de Herschell, voyez
le paragraphe relatif aux quatre petites planètes, p. 543-547.

DOUZIÈME LEÇON.

LES PLANÈTES (SUITE).

Jupiter et ses satellites. — Mouvements. — Eclipses. — Constitution physique. — Saturne, ses satellites, son anneau. — Herschell ou Uranus et ses satellites. — Tableaux résumant toutes les données de volume, de masse, de densité, de distances, de vitesse, de d'inclinaison, etc., des planètes, relativement les unes aux autres.

JUPITER ♃ ET SES SATELLITES.

Jupiter est la plus grande des planètes, et la plus brillante après Vénus ; elle est 1470 fois plus grosse que la Terre, et c'est à cause de la distance prodigieuse (200 millions de lieues) où elle se trouve qu'elle nous paraît si petite. Son mouvement sur son axe est extrêmement rapide ; il s'accomplit en 9 heures 55'. Quant à son mouvement de révolution, elle l'exécute en 4,332 jours 596, dans une ellipse dont le plan est incliné sur celui de l'écliptique de 1° 46'. La distance à laquelle Jupiter est placé ne permet pas qu'on puisse voir les phases qu'il éprouve sans doute comme toutes les autres planètes.

17

Constitution physique. — Nous avons vu que Jupiter emprunte, ainsi que ses satellites, sa lumière du soleil. Quoique 1470 fois plus volumineux que la Terre, sa densité n'est que le quart de celle de cette planète; sa figure est celle d'un sphéroïde aplati sous les pôles. Cet aplatissement qui est de 1/14, est un effet de la rapidité de son mouvement de rotation, comme nous le démontrons en parlant de la Terre. Son axe étant presque perpendiculaire au plan de son orbite, le soleil est presque toujours dans le plan de son équateur, de manière que la variation des saisons est presque insensible, et que les nuits sont toujours à peu près égales aux jours. Le soleil paraît à Jupiter cinq fois plus petit qu'à nous, et lui envoie vingt fois moins de chaleur et de lumière; mais ses nuits sont fort courtes et éclairées par quatre lunes brillantes dont une au moins luit toujours.

Quand on observe Jupiter avec un bon télescope, on aperçoit une foule de zones ou bandeaux d'une couleur plus brune que le reste de son disque. Elles sont généralement parallèles à l'équateur, qui l'est pour ainsi dire lui-même à l'écliptique; mais elles sont, sous d'autres rapports, sujettes à de grandes variations. Quelquefois on n'en aperçoit pas, d'autres fois on en discerne jusqu'à huit; tantôt elles ne sont pas parallèles entre elles, et sont d'une largeur variable. L'une se rétrécit souvent pendant que celle qui l'avoisine se dilate; on dirait qu'elles se fondent ensemble. Le temps de leur durée varie : on en a vu garder trois mois la même forme, et de nouvelles se dessiner en une heure ou deux. La continuité de ces bandes est quelquefois interrompue, ce qui leur donne l'apparence d'une rupture. Les

taches et les bandes qui furent observées le 7 avril 1792
sont représentées par la fig. 4, pl. II. On les considère
comme le corps de la planète et les parties lumineuses
comme des nuages transportés par les vents avec des
vitesses et dans des directions différentes.

Voici de quelle manière Herschell explique la formation
de ces zones. Il croit à l'existence, dans les régions équi-
noxiales de la planète, de vents analogues à nos alizés.
Le principal effet de ces vents réguliers est, suivant lui,
de disposer, de réunir les vapeurs équatoriales en *bandes
parallèles*. Ils entraînent aussi les nuages accidentels (les
taches) avec des vitesses variables. Pour concilier la détermination de Cassini avec les divers résultats d'Herschell, il faut supposer que certaines taches, certains
nuages observés par l'astronome de Slough, avaient en
10 heures un mouvement propre de 3 degrés de l'équateur de Jupiter, c'est-à-dire une vitesse de 96 lieues à
l'heure.

Plus les spéculations sur des mondes si éloignés sont
intéressantes, plus il est juste de dire qu'elles n'avaient
pas échappé aux anciens membres de l'Académie des
Sciences [1].

Satellites — Vu au télescope, Jupiter se montre es-
corté de quatre petits corps lumineux, ou satellites, qui
circulent autour de lui; on les distingue par leur position, le premier étant celui qui est le plus voisin de la
planète. Ils se meuvent dans une orbite qui est à peu
près dans le plan de l'équateur:

[1] Voyez l'Annuaire pour 1842, 547-550.

Le 1er en 1 jour 18 h. 27′ 35″
Le 2e   3   13   13 42
Le 3e   7   3   42 33
Le 4e   16   16   32 8.

Les trois premiers se meuvent dans des plans très-peu différents, mais le quatrième est un peu plus écarté. Les orbites sont à peu près circulaires ; on n'a reconnu d'excentricité que dans celles du troisième et du quatrième ; l'orbite de ce dernier est surtout plus sensible. Les mouvements des trois premiers sont liés par de singuliers rapports. Le mouvement sidéral moyen du premier, ajouté à deux fois celui du troisième, est constamment égal à trois fois le mouvement moyen du second ; et la longitude sidérale ou synodicale moyenne du premier, moins trois fois celle du second, plus deux fois celui du troisième, est toujours égale à deux angles droits (Laplace).

Herschell, en examinant attentivement ces satellites au télescope, s'est aperçu que l'intensité de leur lumière offrait des variations périodiques ; et en calculant les époques auxquelles leurs faces sont tournées vers nous, il a pu déterminer la durée de leur révolution sur leur axe. Il a trouvé qu'ils tournaient toujours la même face vers Jupiter et faisaient ainsi un seul tour entier sur leur axe, pendant qu'ils parcourent leur orbite entière, ce qui confirme d'une manière évidente leur analogie avec la Lune. Maraldi était déjà arrivé à la même conséquence pour le quatrième satellite, en suivant les retours d'une même tache observée sur son disque.

Quand les satellites de Jupiter viennent en vertu de

leur mouvement de révolution se placer entre le soleil et
lui, ils projettent sur la partie éclairée de son disque
une ombre qui varie suivant la distance et la grosseur
de chacun d'eux. C'est donc une éclipse partielle de cette
planète. D'où la conséquence que ni Jupiter ni ses satellites ne sont lumineux par eux-mêmes.

Lors, au contraire, que leur mouvement porte les
satellites derrière la planète, on les voit successivement
disparaître; ce sont les éclipses des satellites. Les trois
premiers s'éclipsent à chaque révolution; mais le quatrième a une orbite si fort inclinée, que dans son opposition à Jupiter il est deux années sur six sans tomber
dans son ombre. On voit, par les rapports singuliers que
nous avons signalés, que, pour un grand nombre d'années du moins, les trois premiers satellites ne peuvent
être éclipsés à la fois, car dans les éclipses simultanées
du second et du troisième le premier est constamment
en conjonction avec Jupiter, et réciproquement.

On a remarqué que ces éclipses n'avaient jamais lieu
d'orient en occident, mais lors de leur retour d'occident en orient. D'où la conséquence que les satellites
circulent, comme toutes les planètes de notre système,
d'occident en orient. Les éclipses des satellites de Jupiter ont fourni le moyen, ainsi que nous le verrons plus
tard, de déterminer la vitesse de la lumière; nous verrons aussi qu'elles sont aussi d'une grande utilité pour
déterminer les longitudes, tant sur mer que sur terre.

SATURNE ♄, SON ANNEAU ET SES SATELLITES.

Observé à l'œil nu, Saturne se présente à nous sous
l'apparence d'une étoile nébuleuse, d'une lumière terne

et plombée; comme son mouvement est fort lent, il se distingue à peine d'une étoile fixe. On y remarque parallèlement à l'équateur une série de bandes analogues à celles de Jupiter, quoique plus faibles, et c'est à l'aide de ces bandes que Herschell détermina son mouvement de rotation sur lui-même; il l'exécute en dix heures 16 min. Il se meut à 366,000,000 de lieues du soleil, dans une orbite qu'il décrit en 9 ans 5 mois 14 jours, et dont l'inclinaison sur l'écliptique est de 2° et demi. Cette planète est près de 900 fois plus grosse que la Terre, et le soleil ne lui envoie que la huitième partie de la lumière qu'il dispense à notre planète.

Constitution physique. — Nous avons vu que la surface de Saturne présentait des bandes semblables à celles de Jupiter, mais elles sont plus difficiles à apercevoir. Herschell les observa à plusieurs reprises. Les bandes d'un jour différaient souvent beaucoup de celles du lendemain. L'astronome anglais considéra ces grands changements comme des indices certains de l'atmosphère de Saturne. Il remarqua des changements de teinte dans les régions polaires, qui étaient d'autant moins blanchâtres que le soleil les avait plus longtemps éclairées. Ainsi les variations dont il s'agit sembleraient devoir être rangées parmi les phénomènes de température. Qu'on veuille maintenant les expliquer par de la neige ou par des agglomérations nuageuses, l'une et l'autre hypothèse supposent une atmosphère. Herschell reconnut que la lumière de Saturne est, en intensité, fort au-dessous de celle de l'anneau. Il lui trouvait aussi une teinte jaunâtre que la lumière de l'anneau n'avait pas.

Satellites.—Ainsi que Jupiter, Saturne a des satellites;

on en compte sept : six se meuvent à peu près dans le plan de l'équateur, mais le septième s'en écarte sensiblement, l'inclinaison de son orbe étant d'environ 30°. On a reconnu qu'il ne faisait qu'un tour sur lui-même pendant la durée de sa révolution, et si l'on n'a pu encore découvrir qu'il en soit de même pour les autres, l'analogie porte à le croire, car cette égalité de durée des mouvements de translation et de rotation paraît être la loi des planètes secondaires. La durée de la révolution de chacun des satellites de Saturne offre d'assez grandes différences.

Voici leurs périodes et leurs distances.

Le premier opère sa révolution moyenne sidérale dans l'espace de :

	22 h.	37'	25''
Le 2e	1 j. 8	53	9
Le 3e	1	21	18	26
Le 4e	2	17	44	51
Le 5e	4	12	23	11
Le 6e	15	22	41	14
Le 7e	79	7	54	37

Les satellites de Saturne ont de fréquentes éclipses qui servent, comme celles des satellites de Jupiter, à déterminer la longitude ; mais leur grand éloignement en rend l'observation plus difficile.

Le premier satellite de Saturne fut découvert par Huyghens, le 25 mars 1655. Pénétré de cette idée que le nombre général des satellites ne devait point dépasser celui des planètes de premier ordre, il ne chercha point les autres. A la fin d'octobre 1671, J.-D. Cassini en aperçut un second, puis, le 23 décembre 1672, un troisième, et enfin, au mois de mars 1684, deux nouveaux. Le sujet semblait épuisé, lorsque des nouvelles de Slough apprirent combien on se trompait. Le 28 août 1789, le grand télescope de 39 pieds signala à Herschell un satellite plus voisin encore de l'anneau que les cinq autres et qui eût dû être logiquement le premier, mais que l'on a qualifié de sixième, par une faiblesse de volonté trop commune dans les sciences. Grâce à la puissance prodigieuse du télescope de 39 pieds, un dernier satellite, le *septième* alla s'interposer, le 17 septembre 1789, entre le sixième et l'anneau.

Le peu de durée de la révolution du premier satellite est quelque chose de très-remarquable. Une lune faisant sa révolution entière en *moins d'un jour* n'est pas une des moindres singularités de la plus singulière planète que le firmament ait offerte aux regards des hommes.

Anneau. — Saturne, déjà si remarquable par le nombre de ses satellites, l'est plus encore par l'anneau dont il est enveloppé (pl. II, fig. 5). C'est une bande lumineuse, située dans le plan de l'équateur de la planète, à laquelle elle forme une espèce de ceinture, mais dont elle est séparée par une distance égale à sa largeur. Elle se présente sous une forme elliptique plus ou moins allongée, suivant l'obliquité sous laquelle elle est vue, et qui est due aux diverses inclinaisons que prend le globe de Saturne, par rapport à nous, dans son mouvement de translation. Quand l'anneau affecte cette forme elliptique, ses extrémités, du côté du plus grand axe, prennent le nom d'*anses*; et l'on peut alors, quand l'obliquité n'est pas trop grande, apercevoir les étoiles entre sa planète et

lui. Mais lorsque sa position est telle que le prolongement de son plan passe par le centre de la terre, il ne nous
offre que son bord, et alors l'angle qu'il soutend est si
petit, qu'il faut un instrument d'un pouvoir amplificatif
très-grand pour le rendre visible. Il paraît sous la
forme d'un filet lumineux qui coupe le disque de la
planète.

Lorsqu'on emploie des lunettes puissantes, on découvre sur la surface de l'anneau des lignes noires concentriques, qui paraissent former plusieurs séparations ;
mais on distingue surtout deux anneaux dont Herschell a calculé les dimensions. Selon cet astronome, le
diamètre intérieur du plus petit anneau serait de
23,000 lieues, le diamètre extérieur du plus grand aurait
pour longueur 35,000 lieues. Il y aurait donc, d'après
cela, entre Saturne et la circonférence de l'anneau pos-
térieur, une distance de 8,000 lieues. La largeur totale
des deux anneaux serait de 12,000 lieues. L'épaisseur
n'est certainement pas de 100 lieues [1].

Au moyen des taches de l'anneau, Herschell a déterminé la durée de sa rotation sur son axe ; elle est de
10 h. 29' 16". Cet axe de rotation est perpendiculaire à
son plan, et est le même que celui de Saturne.

La durée de cette rotation, qui paraît précisément
celle d'un satellite qui aurait pour orbite la circonférence moyenne de l'anneau, a servi à M. Biot à expliquer comment l'anneau de Saturne peut se soutenir
autour de cette planète sans la toucher, ou du moins à
rattacher ce fait à la cause générale qui soutient ainsi
tous les satellites.

[1] Annuaire pour 1844, pag. 325, 326, 390.

En effet, dit-il [1], on peut considérer chaque particule de l'anneau lui-même comme un petit satellite de Saturne, et l'anneau lui-même comme un amas de satellites liés entre eux d'une manière invariable. Si ces corps étaient libres et indépendants les uns des autres, leur vitesse varierait avec leur distance au centre de la planète ; les plus voisins de ce centre iraient plus vite ; les plus éloignés, plus lentement ; et, si l'on prend pour terme moyen la vitesse qui convient à la circonférence moyenne de l'anneau, les vitesses des autres particules s'en écarteraient, soit en plus, soit en moins, d'une égale quantité. Maintenant si les particules viennent à s'unir et à s'attacher les unes aux autres pour former un corps solide, il se fera une sorte de compensation entre leurs mouvements ; les plus rapides communiqueront une partie de leur vitesse aux plus lentes, qui, à leur tour, communiqueront en échange une partie de leur lenteur, et les efforts opposés se faisant mutuellement équilibre, il ne restera que le mouvement moyen, commun à toutes les particules, et qui sera celui de la circonférence moyenne. Ces anneaux se soutiendront autour de Saturne comme la Lune autour de la Terre, ou comme feraient les arches d'un pont, si le foyer de la pesanteur était au centre des voussoirs.

Cette théorie subsisterait encore dans le cas où l'anneau serait composé, comme il paraît l'être, de plusieurs anneaux concentriques, et détachés les uns des autres ; seulement il faudrait l'appliquer séparément à chacun d'eux : alors les durées de leur rotation devraient être sensiblement différentes.

[1] *Astronomie physique*, t. II, p. 405.

Quelquefois l'anneau de Saturne, se projetant sur le disque de cette planète, en cache une partie : d'autres fois, c'est la planète, à son tour, qui dérobe par son ombre la vue d'une partie de l'anneau. Il suit de là que l'anneau est opaque comme la planète, et que la lumière de l'un et de l'autre est empruntée.

Depuis quelque temps les astronomes ont pris l'habitude d'appeler la bande qui sépare les deux anneaux de Saturne, *bande herschélienne*. Cette dénomination est impropre : la bande fut aperçue pour la première fois par J.-D. Cassini, en 1675[1]; les arguments que l'astronome de Slough a tirés de l'existence de la bande sur les deux faces opposées de l'anneau avaient déjà été développés par Cassini et surtout par Maraldi. Rappelons-nous l'adage : il ne faut pas donner aux riches.

En 1794, Herschell trouvait l'anneau extérieur moins brillant que l'anneau intérieur. Le fait a été confirmé par tous ceux qui ont examiné Saturne à l'aide de grossissements un peu forts. Il est juste d'ajouter que la remarque appartient à Cassini. En 1675, cet astronome mettait entre les nuances des deux anneaux la même différence qu'entre l'éclat de l'argent mat et celui de l'argent bruni. Herschell ajouta à cette ancienne observation la circonstance nouvelle que l'anneau le plus vif n'a pas le même éclat dans toute sa largeur.

Figure de Saturne. — Herschell ajouta en 1815 une

---

[1] Qui empêche dès lors de substituer aux mots *bande herschélienne*, ceux-ci : *bande cassinienne?* ce serait rendre un juste hommage au nom d'un homme qui le mérite à plus d'un titre. Est-ce que les astronomes cités par M. Arago ne seraient pas exempts d'anglomanie, ou bien la partialité serait-elle montée de la terre vers les sphères supérieures qu'ils habitent ?

grande singularité à toutes celles que ses prédécesseurs avaient observées dans la constitution physique de Saturne.

Jupiter et Mars sont aplatis. L'axe autour duquel chacune de ces planètes tourne sur elle-même *est le plus court* des diamètres du disque apparent; le diamètre équatorial, au contraire, *est le plus grand*; les diamètres intermédiaires ont des *longueurs intermédiaires* graduellement croissantes depuis le pôle jusqu'à l'équateur : ces deux planètes sont en un mot des ellipsoïdes de révolution, des sphéroïdes engendrés par le mouvement d'une ellipse tournant autour de son petit axe.

Selon Herschell cette régularité, cette simplicité de formes n'existe pas dans le globe de Saturne. Le disque apparent, au lieu d'être une ellipse, ressemble plutôt à un rectangle dont les quatre angles seraient arrondis. Il y a bien là un axe des pôles le plus court de tous : c'est l'axe autour duquel la planète exécute une révolution sur elle-même, dans l'intervalle de 10 h. 1/4; il y a a bien aussi un axe équatorial notablement plus grand que l'axe des pôles, mais (c'est ici que l'anomalie commence) sur Saturne l'axe équatorial n'est pas l'axe maximum; l'axe maximum fait avec l'axe de l'équateur un angle que l'observateur a trouvé tantôt de 46° 38', tantôt de 45° 51', et enfin, par une dernière mesure plus exacte, de 45° 20'. Aux extrémités de l'axe maximum, la courbure du disque est très-forte. Près des pôles et de l'équateur on croirait voir, au contraire, des lignes droites sur une assez grande longueur.

Herschell se demanda quelle pourrait être la cause de l'étrange anomalie que ses puissants télescopes venaient de lui révéler. Suivant lui cette cause serait l'attraction que l'anneau exerça, dès l'origine, sur la masse fluide rotative de la planète; mais il ne prouva pas, même vaguement, qu'une pareille attraction aurait produit nécessairement une transformation de la figure elliptique en une sorte de rectangle à angles arrondis [1].

URANUS ♅ ou HERSCHELL

et ses Satellites.

Cette planète est, de toutes, la plus éloignée du soleil, et son orbite enveloppe celle de toutes les autres. Située à plus de 737,000,000 de lieues de l'astre central, elle accomplit sa révolution en 84 ans. L'inclinaison de son orbite n'est que de 46′ 26″.

A peine visible à l'œil nu, elle offre au télescope une couleur blanc bleuâtre; son disque est bien terminé. Elle ne reçoit du soleil que la 362e partie de la lumière que nous en recevons.

Uranus a été découvert par Herschell, dont cette planète porte aussi le nom, le 13 mars 1781, entre dix et onze heures du soir, en examinant les petites étoiles voisines de H des Gémeaux [2]. Le célèbre astronome crut que c'était une comète, bien qu'elle ne

[1] Voyez sur *Saturne, son anneau et ses satellites,* l'Annuaire pour 1842, p. 551-564. Une partie de ces détails sont extraits de cette Notice.

[2] Si Herschell avait dirigé son télescope vers la constellation des Gémaux onze jours plus tôt (le 2 mars au lieu du 13), le mouvement propre d'Uranus lui aurait échappé, car cette planète était, le 2, dans un de ses moments de station. On voit par cette remarque à quoi peuvent tenir les plus grandes découvertes astronomiques.

présentât aucune trace de barbe ou de queue; et ce fut sous ce nom qu'elle devint l'objet des travaux assidus de tous les astronomes du continent. Les uns comparèrent, chaque nuit sereine, la position de l'astre mobile à celle des étoiles fixes situées dans son voisinage; les autres cherchèrent à déterminer la courbe le long de laquelle le déplacement s'opérait. Malgré l'extrême habileté des calculateurs, le travail était sans cesse à recommencer. Quoique l'astre marchât avec beaucoup de lenteur, on ne parvenait jamais à représenter l'ensemble de ses positions. Cela provenait de la désignation fausse sous laquelle elle avait été signalée; on cherchait à renfermer *dans une parabole cométaire* un mouvement qui s'exécutait dans une *orbite circulaire*. Ce fut le président de Saron, en France, qui le premier brisa les entraves dans lesquelles l'erreur d'Herschell avait enchaîné les calculateurs; et au mois d'août suivant, Laplace détermina *l'orbe circulaire d'un très-grand rayon* que traçait dans l'espace le nouvel astre. Plus tard (1783), lui et Méchain calculèrent son mouvement avec précision et lui assignèrent *une forme elliptique*.

Herschell ne prit aucune part au long débat que suscita la découverte d'Uranus. Mais quand les recherches de Saron, de Laplace, de Lexell, eurent montré que l'étoile mobile du 13 mars 1781 était, non une comète comme on l'avait d'abord supposé, mais une grosse planète située aux confins de notre système, il réclama le droit qui lui appartenait incontestablement, de donner un nom à ce nouvel astre. Le nom qu'Herschell proposa fut celui de *Georgium Sidus*, l'astre de Georges.

L'astronome témoignait ainsi de sa juste reconnaissance envers le souverain, ami des sciences (Georges III), qui venait de le placer dans une position indépendante. Lexell, Lalande, Prospérin, Poinsinet, Bode, proposèrent les divers noms de *Neptune de Georges III, Herschell, Neptune, Astrée, Cybèle, Uranus.* Le nom d'*Uranus* a prévalu, bien que celui proposé avec raison par Lalande (*Herschell*) soit pour le moins aussi usité. L'astronome français a été d'ailleurs plus heureux en faisant adopter pour désigner la nouvelle planète un signe qui, à peu de chose près, reproduit le nom de l'illustre découvreur.

Bien que le moindre diamètre apparent d'Uranus ait été de la part d'Herschell l'objet de recherches assidues, tout ce qu'il se hasardait à conclure de l'ensemble des résultats, c'est que sa valeur ne devait être ni sensiblement plus grande ni sensiblement plus petite que 4″; c'est que le diamètre réel de la nouvelle planète se trouvait entre quatre fois et quatre fois et demi le diamètre réel de la Terre.

De toutes les tentatives que fit Herschell pour s'assurer de la vraie figure d'Uranus, il résulte pour la planète un aplatissement sensible, mais dont ce grand astronome n'a jamais déterminé la valeur. Cet aplatissement sous-entend une grande vitesse de rotation; mais la durée de ce mouvement est restée également indéterminée.

Satellites.— L'immense éloignement d'Uranus, son petit diamètre angulaire, la faible intensité de sa lumière ne permettaient guère d'espérer que si cet astre avait des satellites dont les grandeurs fussent, relative-

ment à sa propre grandeur, ce que les satellites de Jupiter, de Saturne, sont par rapport à ces deux grosses
planètes, aucun observateur parvînt à les apercevoir
de la Terre. Herschell n'était pas homme à s'arrêter
devant ces conjectures décourageantes.

Ses puissants télescopes ordinaires ne lui ayant rien
fait découvrir, il les remplaça par des télescopes *front-
wiew,* par des télescopes qui donnent beaucoup plus d'é-
clat aux objets; et le 11 janvier 1787, il vit Uranus
entouré de quelques étoiles très-petites. Leurs positions,
relativement à la planète, furent marquées avec toute
la précision possible. Le lendemain *deux* de ces étoiles
avaient disparu! Cet indice de l'existence de satellites
amena une série de longues observations, et le 14 décembre 1797 Herschell annonça qu'il avait constaté
l'existence de *quatre nouveaux satellites,* ce qui portait
le nombre total à six.

Herschell avait éprouvé tant de difficultés, non-seulement à observer, mais, qui plus est, à apercevoir ces
astres presque invisibles, qu'il n'osait presque pas
aborder la question de la durée de leur révolution périodique. Pour satisfaire néanmoins la curiosité des astronomes, il présenta les résultats suivants :

		Durée de la révolution.		
1ᵉʳ satellite. . .	5 j.	21 h.	25 m.
2ᵉ — . . .	8	3/4	
3ᵉ — . . .	10	23	4
4ᵉ — . . .	13	1/2	
5ᵉ — . . .	38	1	49
6ᵉ — . . .	107	16	40

Il est du reste indispensable de remarquer que de ces six satellites il n'y en a que *deux* (ceux de 1787) dont l'existence ait été positivement constatée depuis la découverte d'Herschell; les nouvelles observations n'ont d'ailleurs que légèrement modifié les chiffres donnés par l'illustre astronome.

Cependant M. Lamont, directeur de l'Observatoire de Munich, dans un Mémoire publié en 1838, a dit avoir vu et observé le sixième satellite, dans la soirée du 1er octobre 1837. Voilà donc un des quatre satellites annoncés par Herschell en 1797, et considérés depuis comme douteux, rétabli dans ses droits.

La masse d'Uranus, que M. Lamont déduit de ses observations des deux principaux satellites, est de 1/24,600, c'est-à-dire d'un quart plus petite que celle dont M. Bouvard a trouvé la valeur d'après les perturbations produites par la planète [1].

[1] Ces détails sont tous extraits de la notice contenue dans l'Annuaire pour 1842, à laquelle nous renvoyons le lecteur curieux d'approfondir un sujet dont nous n'avons pu donner qu'un aperçu.

TREIZIÈME LEÇON.

LOIS DE KEPLER.

Nous nous sommes contentés, en traitant des planètes, de dire qu'elles décrivent autour du soleil des courbes elliptiques plus ou moins allongées ; mais nous n'avons point encore recherché les moyens de déterminer ces orbites ; nous n'en avons pas non plus étudié la nature.

Les courbes décrites par les planètes font toutes avec le plan de l'écliptique un angle plus ou moins ouvert : elles le coupent toutes, par conséquent, en deux points exactement opposés, qui sont les nœuds. La ligne qui les joint est la ligne des nœuds. Cette ligne détermine la trace du plan de l'orbite sur l'écliptique.

Supposons maintenant qu'un observateur soit placé dans le soleil, il lui sera facile de connaître l'instant précis du passage de la planète à ses nœuds ; ce sera quand il la verra sur la ligne qui passe par le nœud et le centre du soleil. Pour l'observateur placé sur la terre, c'est-à-dire hors du centre du système planétaire, il peut bien saisir l'instant du passage des nœuds, mais il ne peut les voir lorsqu'ils sont constamment opposés l'un à l'autre, parce que la droite qui les réunit prend successivement diverses inclinaisons par l'effet du mouvement du soleil; cependant il arrive quelquefois, mais très-rarement, que le soleil et la terre étant sur la même ligne, la planète que l'on veut observer se trouve également sur son prolongement. Elle se voit alors sur le même point que le soleil; on peut fixer sa longitude, et il suffit de plusieurs observations semblables pour déterminer si le nœud de la planète répond toujours à la même longitude, vue du soleil.

Le nœud connu, pour déterminer l'inclinaison on attend que le soleil ait la même longitude que la planète; et alors on obtient la latitude de l'astre, d'où l'on déduit l'inclinaison du plan de l'orbite.

Ces données obtenues, pour trouver la nature de la courbe on mesure la durée d'une révolution entière, ce qui se fait en fixant un point, un des nœuds, par exemple, et on calcule le temps qui s'écoule entre deux passages successifs de l'astre par le même point.

Lorsqu'on a ainsi obtenu la durée du mouvement, il ne reste plus qu'à fixer, au moyen des oppositions et des conjonctions, le mouvement angulaire de la planète.

Quand on aura ainsi tracé les orbites des planètes, on reconnaîtra :

1° *Que les astres se meuvent tous dans des ellipses dont le soleil occupe un des foyers;*

2° *Que le mouvement est d'autant plus rapide que la planète est plus près du soleil, de telle sorte que le rayon vecteur décrit toujours, dans un temps donné, des surfaces égales;*

3° *Que les carrés des temps des révolutions sont entre eux comme les cubes des grands axes des orbites.*

Ce sont les trois lois de Kepler : elles servent de base à toute l'astronomie. Nous verrons tout-à-l'heure comment elles renfermaient en germe la loi générale de l'attraction. Ces belles lois, vérifiées pour toutes les planètes, se sont trouvées si parfaitement exactes, qu'on n'hésite pas à conclure les distances des planètes au soleil, de la durée de leurs révolutions sidérales; et l'on conçoit que ce mode d'évaluation des distances offre une grande exactitude, car il est toujours facile de déterminer avec précision le retour de chaque planète en un point du ciel, tandis qu'il est fort difficile de calculer directement sa distance au soleil.

On conçoit, a dit M. Arago dans la première leçon du cours de 1845, qu'enthousiasmé par les magnifiques résultats auxquels son génie venait de le conduire, Kepler ait écrit en rédigeant son ouvrage, ces paroles : « Le sort en est jeté; j'écris mon livre; on le lira dans l'âge présent ou dans la postérité, que m'importe; il pourra attendre son lecteur : Dieu n'a-t-il pas attendu six mille ans un contemplateur de ses œuvres! »

ATTRACTION UNIVERSELLE.

Les lois de Kepler, qui venaient de rendre un si grand service à l'astronomie en découvrant les rapports merveilleux des mouvements célestes, devaient porter les esprits à la recherche des causes qui président à ces mouvements. Cette découverte était réservée au génie

de Newton. Nous ne redirons pas comment il y fut conduit en méditant sur la cause qui venait de faire tomber
une pomme à ses pieds, cause dont il eut l'idée lumineuse d'étendre la sphère d'activité jusqu'aux astres.
Nous n'entrerons pas non plus dans les détails, hérissés
de calculs, à l'aide desquels il parvint à établir cette
cause générale. Nous nous bornerons à l'exposé des
conséquences qu'il déduisit des lois de Kepler.

De ce que les aires décrites par les rayons vecteurs
sont proportionnelles au temps, Newton tire cette conséquence, appuyée sur le calcul, *que la force qui sollicite
les planètes est dirigée vers le centre du soleil.*

De ce que les orbites des planètes sont des ellipses
dont le soleil occupe un des foyers, il conclut *que la
force qui anime les astres est en raison inverse du carré
de la distance de leur centre à celui du soleil.*

Enfin, de ce que les carrés des temps des révolutions
sont entre eux comme les cubes des grands axes des orbites, il déduisit cette conséquence que *la force est proportionnelle à la masse.*

De tous ces résultats, il suit que le soleil est le centre
d'une puissance attractive qui agit en vertu des lois que
nous venons de donner.

Newton, qui était parti de l'attraction exercée par la
Terre sur les corps qui sont à sa surface pour étendre
cette attraction jusqu'à la Lune, devait conclure, par
analogie, que puisque les autres planètes retiennent
aussi leurs satellites dans leurs orbites, elles doivent
posséder, comme la terre, une force attractive, et que
ce ne peut être qu'une force de même nature, qui donne

au soleil le pouvoir de faire circuler autour de lui tous les astres de son système.

Ainsi tous les corps qui tournent autour du soleil sont, comme lui, doués de la puissance de l'attraction; et si l'on pousse plus loin l'analogie, on arrivera à ce résultat général, dont la physique s'est emparée, et que la sphéricité des corps célestes aurait pu faire présumer, savoir : que toutes les molécules de la matière s'attirent mutuellement en raison directe des masses, et réciproquement au carré des distances.

Mais comme la force d'attraction, si elle existait seule, ne tendrait qu'à réunir en une seule masse tous les globes de la nature, Newton a supposé que les corps célestes avaient reçu primitivement une impulsion en ligne directe; et c'est de la combinaison de ces deux forces que naît le mouvement curviligne.

En effet, si le corps A, fig. 5, pl. III, est projeté, suivant la ligne droite ABX, dans l'espace libre où il ne rencontre aucune résistance qui affaiblisse l'impulsion qu'il a reçue, il continuera indéfiniment de se mouvoir avec la même vitesse et dans la même direction. Mais si, arrivé en B, il est attiré par S avec une force convenable et perpendiculaire à son mouvement, il sortira de la ligne droite ABX, et décrira autour de S le cercle BYTU. Pour que le corps décrive ainsi un cercle, il faut que la force projectile soit égale à celle qu'il aurait acquise par la gravité seule, en tombant suivant le demi-rayon du cercle. Ainsi, pour que le corps, arrivé en B, décrive le cercle BYTU, il faut qu'il soit attiré par S, de manière à tomber de B en Y, moitié du rayon BS, dans le temps qu'il mettrait à aller de B en X par le seul effet de la force de projection. A sera, si l'on veut, une planète, et S sera le soleil.

Mais si, pendant que la force projectile porte la planète de B en *b*, l'attraction du soleil la faisait descendre de B en I, la puissance de gravitation serait proportionnellement plus considérable que dans le premier cas, et la planète décrirait la courbe BC. Lorsqu'elle serait arrivée en C, la gravitation qui augmente en raison inverse du carré des distances serait encore plus forte qu'en B, et ferait descendre encore plus la planète, de manière à lui faire décrire les arcs CD, DE, EF, dans des temps égaux : la planète se mouvrait donc avec beaucoup plus de rapidité que précédemment ; elle acquerrait donc une plus grande tendance à s'échapper par la tangente K *k,* ou, en d'autres termes, une plus grande force projectile, qui serait assez énergique pour vaincre la force d'attraction, et pour empêcher la planète de tomber vers le soleil, ou même de se mouvoir dans le cercle K *l m n*. La planète s'éloignerait donc, en suivant la courbe K *l m n,* mais sa vitesse décroîtrait graduellement de K en B, comme elle aurait augmenté de B en K, parce que l'attraction solaire s'exercerait maintenant en sens contraire. Revenue en B, après avoir perdu de K en B l'excès de vitesse qu'elle avait acquis de B en K, elle obéirait aux mêmes forces, et décrirait la même courbe.

Une force projectile double balance une force attractive quadruple. Supposons, en effet, que la planète en B ait vers X une impulsion deux fois aussi grande que celle dont elle était d'abord animée, c'est-à-dire qu'elle passe de B en *c* dans le temps qu'elle mettait à aller de B en *b*. Dans ce cas, il faudra une force de gravité quatre

fois plus grande pour la retenir dans son orbite, c'est-
à-dire, une force capable de la faire tomber de B à 4,
dans le temps que la force projectile aurait mis à la
porter de B en *c*; autrement elle ne pourrait pas décrire
la courbe BD, comme le montre la figure.

Comme les planètes s'approchent et s'éloignent du
soleil à chaque révolution, on peut trouver quelques
difficultés à concevoir comment, dans le premier cas,
elles ne s'en approchent pas de plus en plus jusqu'à se
confondre avec lui, et comment, dans le second cas,
elles ne s'en éloignent pas, pour ne plus revenir; mais
cette difficulté disparaît, dès qu'on étudie l'action des
forces et leur intensité respective dans les cas en question. La planète, avons-nous dit, mue par une force
projectile qui la porterait p dans le temps que
le soleil la ferait tomber 1, soumise à l'action
de ces deux forces, décrit la courbe BC. Mais quand
la planète sera en K, comment agiront ces deux
forces? KS étant égal à la moitié de BS, la planète
sera deux fois plus près du soleil : l'action de la gravité sera donc quatre fois plus grande, d'après le principe ci-dessus énoncé. Conséquemment, elle tendra à
faire tomber la planète de K en V, dans le même temps
qu'elle tendait à la faire tomber de B en 1, KV étant
quatre fois plus grand que B1. Mais la force projectile
tend à porter, dans le même temps, la planète de K
en *k*, espace double de B *b*, comme le montre la figure;
cette force projectile est donc double de ce qu'elle était
en B. Or, nous avons vu plus haut qu'une force projectile double balance toujours une force attractive
quadruple; l'équilibre, entre les deux forces, ne sera

donc pas rompu, et la planète continuera sa route de K
en L, selon la résultante des deux forces. Quand elle
sera revenue en B, elle se trouvera de nouveau soumise
aux deux forces qui lui ont fait décrire une première
fois son orbite, et comme ces forces agiront avec la
même inten_ité que précédemment, elle décrira indéfiniment l_ _me courbe.

Tel est le grand principe de l'attraction universelle. Il
est s_ _act, qu'il n'y a point de perturbations, point
d'écarts, quelque légers qu'ils puissent être, dont il ne
_de compte avec la plus rigoureuse pré_ion. Les
astron_mes y ont une foi si entière, que, quand les
observations ne s'accordent pas avec les résultats du
calcul, ils aiment mieux croire que _erreur tient à l'ou-
bli de quelques circo_ _ _nfirmer la doctrine
de l'attraction : et _n_ _ toujours par en reconnaître la cause.

DES MASSES PLANÉTAIRES.

C'est encore à l'aide du principe de l'attraction, qu'on
est arrivé à connaître la masse et la densité du soleil
et des planètes : densité et masse que nous allons donner à l'instant, avec toutes les autres notions qu'on
possède sur les globes de notre système. Puisque, en
effet, la vitesse de révolution des satellites dépend de la
puissance attractive de la planète, on peut déduire
leurs masses de leurs vitesses. Si la planète n'a pas de
satellite, sa _asse se détermine par les perturbations
que l'astre produit.

La masse et le volume une fois connus, il est facile

19

d'obtenir la densité : il suffit pour cela de diviser la masse par le volume.

Cavendish a déterminé la masse de notre globe par une autre méthode, quoique toujours fondée sur le principe de l'attraction. Il prit un fil très-mince et non tendu, à l'extrémité duquel était suspendue une aiguille susceptible de céder à l'attraction la plus faible. Auprès de cette aiguille, il plaça une sphère de plomb qui, exerçant son attraction sur l'aiguille, lui fit éprouver des oscillations dont il apprécia la durée. Puis comparant ces oscillations à celles du pendule soumis à l'action de la gravité terrestre, il en déduisit le rapport de la force d'attraction de la sphère de plomb à celle de la gravité, et trouva ainsi le rapport de la masse de la sphère de plomb à celle de la terre.

Enfin nous verrons en traitant de la terre que l'attraction a fourni les moyens d'en déterminer les dimensions avec une précision qu'on chercherait vainement dans des opérations d'un autre genre.

Les tableaux suivants présenteront, sous un seul coup d'œil, toutes les circonstances de volume, de masse, de densité, de distance, de vitesse, d'inclinaison, etc., des planètes, relativement les unes aux autres.

1. *Distances des Planètes au Soleil.*

Mercure.	15,000,000	de lieues.
Vénus.	27,500,000	—
La Terre	38,000,000	—
Mars.	58,000,000	—

Vesta	91,000,000	—
Junon	102,000,000	—
Cérès	106,252,000	—
Pallas	106,291,000	—
Jupiter	200,000,000	—
Saturne	366,000,000	—
Uranus	737,000,000	—

2. *Diamètres du Soleil et des Planètes, celui de de la Terre étant 1.*

Le Soleil	109,93
Mercure	0,39
Vénus	0,97
La Terre	1,00
La Lune	0,27
Mars	0,56
Vesta	
Junon	inconnus.
Cérès	
Pallas	
Jupiter	11,56
Saturne	9,61
Uranus	4,26

3. *Volumes du Soleil et des Planètes, celui de la Terre étant 1.*

Le Soleil	1,526,480
Mercure	0,1

Vénus. 0,9
La Terre. 1,0
La Lune. 0,50
Mars 0,2
Vesta . . . . ⎫
Junon. . . . . ⎬ inconnus.
Cérès . . . . ⎪
Pallas. . . . . ⎭
Jupiter. 1470,2
Saturne 887,3
Uranus 77,5

4. Masses des Planètes, celle du Soleil étant 1.

Le Soleil. . . . . 1.
Mercure. 1/2,025,810
Vénus. 1/401,847
La Terre. 1/354,936
La Lune. 1/23,090,000
Mars. 1/2,680,337
Vesta. . . . . ⎫
Junon. . . . . ⎬ inconnues.
Cérès . . . . ⎪
Pallas. . . . . ⎭
Jupiter. 1/1,050,5
Saturne 1/3,512
Uranus. 1/17,918

5. *Densités du Soleil et des Planètes. celle de la Terre*
étant 1.

Le Soleil. 0,23624
Mercure. 2,879646
Vénus. 1,04701
La Terre. . . . . 1.
La Lune. 0,715076
Mars 0,930736
Vesta . . . . ⎫
Junon. . . . . ⎬ inconnues.
Cérès . . . . ⎪
Pallas. . . . . ⎭
Jupiter. 0,24119
Saturne 0,095684
Uranus 0,020802

6. *Nombre de pieds, par seconde, qu'un corps pesant*
parcourrait en tombant à la surface du Soleil et des
Planètes.

Le Soleil. 439
Mercure. 12
Vénus 18
La Terre 16
La Lune 3
Vesta. . . . . ⎫
Junon . . . . ⎬ inconnus.
Cérès. . . . . ⎪
Pallas . . . . ⎭

19.

Jupiter.   42

Saturne   15

Uranus.   4,2

7. *Temps de rotation sur l'axe du Soleil et des Planètes.*

Le Soleil.	25 j.	12 h.	0'	0''
Mercure	1	0	4	0
Vénus	0	23	21	0
La Terre.	1	0	0	0
La Lune.	27	7	44	0
Mars.	1	0	39	22
Vesta.				
Junon.				
Cérès		inconnus.		
Pallas				
Jupiter.	0 j.	9 h.	56'	37''
Saturne	0	10	16	2
Uranus		inconnu.		

8. *Temps des révolutions sidérales.*

Mercure.	87 j.	23 h.	14'	50''
Vénus.	224	16	41	27
La Terre.	365	5	48	49
Mars	686	22	18	27
Vesta	4 ans 66	3	0	0
Junon	4	128	0	0	0
Cérès	4	220	2	0	0
Pallas	4	220	16	0	0

Jupiter.	11	315	12	30	0
Saturne.	29	161	4	27	0
Uranus.	83	29	8	39	0

9. Parallaxes annuelles.

Mercure	126°	14'
Vénus	139	9
La Lune	27	1
Mars	18	6
Jupiter	9	59
Saturne	5	42
Uranus	2	55

10. Inclinaison de l'orbite sur l'écliptique.

Mercure	7°	78'
Vénus	8'	76
La Lune	5	71
Mars	1	85
Vesta	7	17
Junon	31	05
Cérès	10	62
Pallas	34	60
Jupiter	1	46
Saturne	2	77
Uranus	0	86

11. *Inclinaison de l'axe sur l'orbite.*

Le Soleil.	82°	50′
Mercure	»	»
Vénus.	»	»
La Terre	66	52
La Lune	88	50
Mars.	61	30
Vesta		
Junon	} inconnues.	
Cérès		
Pallas		
Jupiter.	89	45
Saturne.	60	
Uranus.	»	»

12. *Lieues parcourues en 1′.*

Mercure	635
Vénus.	485
La Terre.	412
La Lune.	14 (rel. à la terre).
Mars.	329
Vesta.	»
Junon.	»
Cérès.	»
Pallas.	»
Jupiter.	178
Saturne	132
Uranus.	95

13. SATELLITES DE JUPITER.

Distances moyennes, le demi-diamètre de la planète étant 1, ou 18,881 lieues.	Durées des Révolutions.	Masses des satellites, celle de la planète étant l'unité.
1er Satellite.	6,0485	1j.7691	0,000017
2e Satellite.	9,6235	3 ,5512	0,000023
3e Satellite.	15,3502	7 ,1546	0,000088
4e Satellite.	26,9983	16 ,6888	0,000043

14. SATELLITES DE SATURNE.

Distances moyennes, le demi-diamètre de la planète étant 1, ou 15,696 lieues.	Durées des révolutions.
1er Satellite.	3,35	0 j.943
2e Satellite.	4,30	1 ,370
3e Satellite.	5,28	1 ,888
4e Satellite.	6,82	2 ,739
5e Satellite.	9,52	4 ,517
6e Satellite.	22,08	15 ,945
7e Satellite.	64,36	79 ,330

15. SATELLITES D'URANUS.

Distances moyennes, le demi-diamètre de la planète étant 1, ou 6,958 lieues.	Durées des révolutions.
1er Satellite. 13,12	5 j.893
2e Satellite. 17,02	8 ,707
3e Satellite. 19,85	10 ,961
4e Satellite. 22,75	13 ,456
5e Satellite. 45,51	38 ,075
6e Satellite. 91,01	107 ,694

Le 1er et le 8e de ces tableaux ont été calculés d'après les données de l'*Annuaire* pour 1844; le 2e, le 3e, le 4e, le 13e, le 14e et le 15e en ont été extraits; ils se trouvent aux pages 222 et 223.

QUATORZIÈME LEÇON.

LA TERRE.

Si, en nous occupant des planètes, nous n'avons pas
traité de la terre, à la place que nous lui avons assignée,
c'est que nous voulions, pour le faire complétement,
acquérir préalablement les notions qui nous sont indis-
pensables.

Nous étudierons successivement la figure, les dimensions et le mouvement de la terre.

Figure de la Terre. — Trompés par l'illusion des sens,
les hommes regardèrent longtemps la terre comme une

plaine sans limites. Mais peu à peu les observations vinrent détruire. cette erreur. On remarqua, dans les contrées plates de l'est, qu'en s'approchant des objets élevés et placés à une grande distance, on n'en aper-cevait d'abord que le sommet, puis les parties moins hautes, et enfin la base, qui se découvrait la dernière. Ce phénomène ne pouvait pas être l'effet de quelques accidents de terrain, de quelques circonstances parti-culières, car on le remarquait dans toutes les directions, et il était d'autant plus sensible que l'atmosphère était plus pure. Bien plus, il se manifestait sur la mer, et ici il était plus concluant encore, car il n'y a ni inégalités ni obstacles; tout est de niveau, et la surface de la mer doit nécessairement suivre la figure du globe. Il faut savoir, en effet, que toutes les fois qu'un vais-seau s'éloigne du rivage, ses parties inférieures dis-paraissent d'abord, puis successivement celles qui sont plus élevées, et en dernier lieu l'extrémité des mâts : les navigateurs eux-mêmes, près d'atteindre le port, ne découvrent d'abord que le sommet des objets les plus élevés, et ne voient les parties inférieures qu'à mesure qu'ils approchent davantage. Depuis, la con-vexité du globe a été surabondamment démontrée, soit par les voyages de longs cours entrepris par des na-vigateurs hardis, qui, après avoir fait le tour de la terre, sont revenus au point de leur départ, par une direction opposée à celle qu'ils avaient prise en partant; soit par les observations astronomiques, et entre autres par la forme circulaire de l'ombre projetée par la terre sur le disque de la lune, lorsque celle-ci est éclipsée; soit enfin par quelques opérations qui ont servi à déterminer les dimensions du globe, comme la direction du fil à plomb aux diverses stations. La terre est donc à peu près sphérique : nous disons à peu près, car nous verrons bientôt qu'elle a la figure d'une sphère, mais aplatie vers les pôles et renflée vers l'équateur. Nous acquerrons ces données en cherchant à déterminer ses dimensions, et nous verrons plus tard que cette forme est un effet nécessaire de son mouvement de rotation.

Dimensions de la Terre. — Puisque la terre a sensiblement la forme d'une sphère, si nous connaissions la longueur d'un seul de ses degrés, en la multipliant par 360, on obtiendrait la circonférence, et partant le diamètre, la surface et le volume de la terre.

L'opération se réduit donc pour nous à la détermination d'un degré terrestre. Or, pour arriver à cette détermination d'une manière pratique, voici la méthode qu'on a suivie : on a pris sur la terre un espace tel, que les verticales, déterminées au moyen du fil à plomb, et menées aux deux extrémités de cet espace, correspondissent à deux étoiles séparées entre elles d'un degré; puis, mesurant avec soin l'espace qu'il avait fallu parcourir pour obtenir ce résultat, on a eu ainsi la valeur d'un degré terrestre. On conçoit que rien n'empêcherait de prendre sur la terre un espace plus grand ou plus petit qu'un degré; une simple proportion donnerait toujours la longueur exacte du degré. Reste donc à mesurer d'une manière précise la base ainsi choisie. Cette mesure est donnée avec une incroyable précision par des méthodes trigonométriques que nous ne pouvons exposer ici.

Cette détermination pratique des degrés terrestres

20

a confirmé l'aplatissement de la terre aux pôles et son renflement à l'équateur. En effet, le degré, ou l'espace qu'il faut parcourir entre deux verticales pour avoir un degré, n'est pas le même à toutes les latitudes : il est d'autant plus long qu'on s'approche davantage des pôles ; il est à son minimum sous l'équateur : ce qui indique bien évidemment un aplatissement des pôles, et non un allongement comme on l'avait d'abord conclu par une étrange erreur.

La mesure de cet aplatissement, déduite des inégalités lunaires (Voyez la leçon XVIII), a donné 1/305 [1], c'est-à-dire que le diamètre polaire est plus petit de 1/305 que le diamètre équatorial. Le ménisque ou renflement de l'équateur est à peu près de cinq lieues d'épaisseur. Ces mesures sont données mathématiquement par les mouvements de la lune avec bien plus de précision qu'elles ne peuvent l'être au moyen d'opérations faites sur les lieux.

La gravitation a fourni aussi le moyen de les déduire des oscillations du pendule, lesquelles varient, aux divers points du globe, avec la force de la pesanteur. Voici les mesures précises des dimensions de la terre en mètres et en lieues de 3,898 mètres, c'est-à-dire de 28 1/2 au degré : ..

Demi-diamètre à l'équateur. . 1636 lieues. . . ou 6,377,107 mètres.
Demi-diamètre au pôle. . . . 1633,19 — . . . ou 6,356,198 —
Demi-diamètre par 45°. . . . 1633,31 — . , . ou 6,366,669 —

---

[1] Cet aplatissement est celui qu'il faut préférer lorsque l'on considère le globe entier. Il s'accorde d'ailleurs à fort peu près avec les résultats des meilleures opérations géodésiques et des mesures du pendule. Francœur, *Géodésie*, p. 185.

Aplatissement . . . . .5,33 lieues. . . ou . . 20,809 mètres.
Longueur de 1° du méridien pris
  au milieu de l'espace qui sé-
  pare le pôle de l'équateur. . . 25 — . . . ou . 111,119 —
Quart du méridien de Paris. 2,565,60 — . . . ou 10,000,738 —

Le degré de l'arc du méridien, dont nous venons de donner la valeur, a été pris au milieu de l'espace qui sépare le pôle de l'équateur. Celui qui résulte de l'arc du méridien traversant la France, de Dunkerque à Barcelone, et qui a été prolongé jusqu'à l'île Formentera, évalué en mesures itinéraires de divers pays, donne les résultats suivants[1]:

Le degré est divisé en 60 minutes.

La lieue de France est de 25 au degré et vaut 4,444 mètres.

Lieue de poste [2] de	28 1/2	au degré vaut	3,898	mètres.
Lieue marine de...	20	—	5,564	5
Lieue d'Espagne....	20	—	5,564	5
Mille d'Angleterre..	69 1/2	—	1,609	31
Mille d'Italie......	60	—	1,854	9
Mille arabe........	56 57	—	1,963	9
Mille d'Allemagne..	15	—	7,408	
Mille de Suède.....	10 41	—	10,691	0
Mille hongrois.....	13 30	—	8,043	1
Verste de Russie....	104 30	—	1,067	0
Berry Turk.......	66 67	—	1,669	3

Il résulte de ce tableau que la lieue marine vaut 3 minutes de degré, que le mille italien est égal à la minute, que le verste de Russie équivaut à peu près au kilomètre, dont il y a 111 par degré, le degré moyen

---

[1] Voyez pour tout ce qui peut être relatif à l'étude de la forme de la terre, le *Traité de Géodésie*, de M. Puissant, 2e édition, 1843; les *Bases du Système métrique*, et la *Géodésie* de M. Francœur, 2e édition, 1840. Les chiffres que nous donnons ici sont extraits de ce dernier ouvrage.

[2] C'est la lieue toujours employée dans ces leçons.

équivalant, ainsi que nous venons de le dire, à 111,119 mètres. Dix kilomètres font le myriamètre dont la valeur est de 2 lieues de France 252 ou 2 lieues 1/4.

La surface entière du globe terrestre est de 33,523,206 lieues carrées, dont les trois quarts sont couverts par la mer; à peine la moitié du reste est-elle habitée par des populations en rapport numérique convenable avec son étendue.

Dans cet aperçu sur les dimensions de la terre, nous n'avons point parlé des inégalités de sa superficie. C'est qu'en effet les plus hautes montagnes peuvent être considérées comme insensibles relativement à son volume, et la surface du globe, malgré les aspérités qu'elle présente, peut être comparativement regardée comme infiniment plus unie que la peau d'une orange.

Mouvement de la Terre. — La sphéricité de la terre établie, ses dimensions connues, occupons-nous de son mouvement. Nous démontrerons d'abord qu'elle tourne sur elle-même, ensuite qu'elle est animée en outre d'un mouvement de translation dans l'espace.

Rotation diurne de la Terre. — Toute la sphère céleste nous paraît tourner en vingt-quatre heures autour de la terre : ce spectacle est-il réel, ou n'est-ce qu'une illusion?

Et d'abord, si l'on compare la terre, nous ne dirons pas seulement aux globes de notre système, mais à cette infinité d'étoiles que nous avons vu n'être autre chose que des soleils, au moins aussi grands que le nôtre, et centres probables d'autant de systèmes planétaires, on reconnaîtra qu'elle n'est qu'un point imperceptible à côté de ces masses énormes, et il paraîtra sans doute bien étonnant qu'un atome soit le centre autour duquel viennent circuler tant de globes immenses. L'étonnement sera bien plus grand encore, si l'on songe à l'incroyable vitesse dont ces corps devraient être animés pour décrire en si peu de temps des cercles incommensurables : et comme cette vitesse devra augmenter avec l'éloignement, il faudra nécessairement admettre que la terre attire tous les astres avec une force d'autant plus grande qu'ils sont plus éloignés d'elle : ce qui est absurde.

On sera donc forcé de rejeter, en présence de ces conséquences, l'opinion qui y conduit, et l'on se demandera si cette révolution apparente des cieux ne pourrait pas être l'effet d'une illusion de nos sens. On sera conduit de cette manière à supposer le mouvement de la terre, et cette supposition admise, les phénomènes s'expliqueront avec logique et facilité.

En effet, accompagnant le globe dans sa rotation, nous croyons rester immobiles, tandis que les astres nous paraissent marcher dans la direction contraire à celle que nous suivons. C'est ainsi que, placés dans une voiture ou sur un vaisseau, nous croyons voir les objets emportés loin de nous par un mouvement d'autant plus rapide que ces objets sont plus voisins : l'illusion est d'autant plus forte, que la vitesse s'accroît davantage : et comme l'équipage du vaisseau ne sent pas le mouvement qui l'emporte, nous sommes insensibles à celui de la terre, se mouvant avec beaucoup plus de rapidité, et sans jamais rencontrer ni obstacles ni résistance.

Le mouvement de rotation de la terre rendu ainsi

extrêmement probable par l'explication naturelle et facile qu'il donne des phénomènes, et par l'évidente absurdité de l'opinion opposée, il nous reste à le prouver directement.

On a prétendu que si la terre tournait, un corps lancé en l'air devrait retomber en arrière, qu'une pierre lâchée du haut d'une tour ne devrait pas tomber au pied de l'édifice, parce que la terre aurait marché pendant le temps de la chute. C'est une erreur; l'expérience prouve qu'un corps projeté partage le mouvement de celui qui le projette. C'est ainsi qu'une personne, placée sur un vaisseau, lance en l'air un corps qu'elle reçoit très-aisément, et qu'elle croit jeter verticalement, tandis que, vu du rivage, le corps est projeté obliquement en avant. Tout le monde sait qu'une pierre, lâchée du haut du mât d'un vaisseau qui marche, tombe au pied du mât, comme si le vaisseau était en repos; et qu'une bouteille d'eau renversée et suspendue au-dessus de la cabine, s'écoule goutte à goutte et en remplit une autre placée exactement au-dessous, quoique le vaisseau parcoure plusieurs pieds pendant le temps que chaque goutte met à tomber.

Mais il y a plus, et nous tirerons même de là une preuve mathématique du mouvement de rotation de la terre. De deux corps qui décrivent dans le même temps deux circonférences inégalement éloignées de l'axe de rotation, celui qui parcourt la plus éloignée, et par conséquent la plus grande, doit se mouvoir avec plus de rapidité que l'autre. Supposons donc que, du haut d'une tour fort élevée, on abandonne un corps à lui-même. Comme le sommet de la tour, parcourant une

plus grande courbe que le pied, puisqu'il est plus éloigné
de l'axe de rotation, aura un mouvement plus rapide, il
communiquera ce mouvement au corps qu'on laisse
tomber, et celui-ci ne suivra pas la direction du fil à
plomb, mais déviera vers l'orient. C'est ce que l'expérience démontre de la manière la plus convaincante.

Une autre démonstration du mouvement de rotation
de la terre est empruntée à la transmission de la lumière. Avant de l'aborder, établissons que cet agent ne
se meut pas instantanément, mais qu'il met un temps à
parcourir l'espace.

Galilée s'était proposé de résoudre expérimentale-
ment ce problème. Pour y parvenir, il avait imaginé
une lanterne munie d'un écran mobile et qu'on pouvait
faire tomber de manière à intercepter instantanément
la lumière. Il se transporta, avec une lanterne de ce
genre, au sommet d'une montagne, tandis qu'une autre
personne, munie d'une lanterne pareille, se plaça sur
une hauteur voisine. Galilée lui avait recommandé de
faire tomber son écran à l'instant même où elle verrait
la lumière de l'autre lanterne disparaître. Il pensait que,
si la lumière ne se meut que progressivement, il s'écou-
lerait quelque temps entre le moment où il ferait tomber
son écran, et celui où il verrait l'autre lanterne s'é-
teindre. Il se trompait ; les deux lumières diparaissaient
au même instant, d'où il conclut que les rayons lumineux se meuvent instantanément. Nous allons voir que
cette conséquence erronée tenait à ce qu'il n'agissait
pas sur une assez grande échelle.

Soit S le soleil (fig. 15, pl. I), T, la terre, J, Jupiter
au moment de l'opposition, et J', Jupiter au moment de

la conjonction. Si l'on observe deux immersions d'un satellite de Jupiter, l'une à l'opposition et l'autre à la conjonction, et qu'on répète ensuite l'opération en sens inverse, c'est-à-dire qu'on observe une immersion à la conjonction et l'autre à l'opposition, le temps qui se sera écoulé entre les deux premières immersions observées sera plus long que celui qui sépare les deux dernières, et la différence sera de 16' 26''. Or, cette différence ne peut provenir que du temps qu'il faut pour que les immersions de la conjonction soient visibles, c'est-à-dire du temps nécessaire à la lumière pour venir de J' en T; et comme les opérations ont été faites en ordre inverse, la différence 16' 26'' exprime le temps que la lumière a mis pour venir de J' en T; ou, en d'autres termes, 16' 26'' est le temps qu'il faut à la lumière pour parcourir le grand diamètre de l'orbite terrestre, qui est de 76,000,000 de lieues. La lumière se meut donc avec une vitesse d'environ 77,000 lieues par seconde.

La transmission progressive de la lumière établie, déduisons-en notre démonstration de la rotation de la terre.

Si la terre est immobile, nous ne devons pas voir les astres au moment où ils arrivent sur l'horizon ou au méridien, mais seulement après le temps qu'il faut aux rayons lumineux qu'ils lancent pour arriver jusqu'à nous.

Si, au contraire, la terre tourne, on doit voir les astres au moment même de leur arrivée, soit au méridien, soit à l'horizon; car, par l'effet du mouvement de rotation, l'œil viendra se placer sur la ligne des rayons lancés par les astres depuis plus ou moins longtemps, et arrivant en ce moment aux points de l'espace que traverse notre horizon.

Or, nous voyons les astres à l'instant de leur arrivée. Ce qui le prouve, c'est que les passages au méridien de Mars, par exemple, seraient de plus en plus hâtifs, ou de plus en plus tardifs, selon que cette planète s'approche ou s'éloigne de nous, si nous ne la voyions pas au moment où elle arrive; mais rien de cela ne s'observe : il faut donc que la terre tourne.

La terre ayant à peu près 10,600 lieues de circonférence, les différents points de l'équateur parcourent en vingt-quatre heures un cercle de pareilles dimensions, c'est-à-dire à peu près un dixième de lieue par seconde. C'est la vitesse d'un boulet de canon.

Puisque la terre tourne, elle est, comme tous les corps qui obéissent à un semblable mouvement, douée d'une force centrifuge, dont l'intensité, d'après l'expérience et le calcul, est en raison des carrés des vitesses de circulation. D'où il suit que, sous l'équateur, la force centrifuge sera à son maximum, tandis qu'elle sera nulle sous les pôles. L'intensité de la gravité sera donc plus faible sous l'équateur que sous les pôles, et c'est ce que démontrent les oscillations du pendule, quand on le promène de l'un de ces points à l'autre. Mais il ne faut pas oublier que la différence obtenue par ce moyen n'est pas due seulement à l'action de la force centrifuge, car nous avons vu que l'éloignement du centre est plus considérable à l'équateur qu'aux pôles, et nous savons que l'attraction agit en raison inverse du carré des distances.

Il nous sera facile à présent de nous rendre compte de

la raison pour laquelle les pôles se sont aplatis, tandis que l'équateur s'est renflé.

La terre, comme toutes les planètes, a dû être primitivement fluide; c'est du moins une opinion que les observations et la théorie s'accordent à confirmer, et qui est généralement admise aujourd'hui. Cela posé, donnons à la terre son mouvement de rotation autour de AB, (fig. 16, pl. I). Les molécules qui se trouvent dans le canal AB, c'est-à-dire sur la ligne des pôles, ne sont douées d'aucune force centrifuge, et conséquemment ne perdent rien de leur poids. Les molécules, au contraire, qui remplissent le canal BC sont soumises à l'action de la force centrifuge qui paralyse en partie l'attraction, et sont proportionnellement plus légères: il en faudra donc une plus grande quantité pour maintenir l'équilibre.

Il est facile d'imaginer une expérience qui montre que la vitesse d'un mouvement de rotation produit un sphéroïde aplati comme celui de la terre. Soient deux bandes de carton ou d'autres matières flexibles; courbez-les en cercles, et montez-les sur un axe, comme dans la figure 2, pl. II, pour qu'elles puissent tourner avec lui. Faites-les tourner lentement au moyen de la manivelle G, elles n'éprouvent pas de changement dans leurs formes; mais si vous leur imprimez un mouvement rapide, leurs pôles se dépriment et les cercles s'allongent sur les côtés.

Mouvement annuel de la Terre. — Nous venons de voir que la terre tourne sur elle-même en 24 heures, et que la révolution apparente de la sphère n'est que l'effet d'une illusion. Il nous reste à rechercher maintenant si le mouvement annuel du soleil est réel, ou si ce n'est encore qu'une apparence due au déplacement de la terre, car nous avons appris à nous défier du témoignage de nos sens.

Mais décrivons d'abord ce mouvement. Si l'on observe chaque jour le soleil, on reconnaît qu'il s'avance toutes les 24 heures d'environ 1° vers l'orient. Or, 1° répond à 4 minutes de temps; le soleil arrive donc 4 minutes plus tard dans le plan du méridien; de sorte qu'après 90 jours, il arrivera six heures plus tard que l'étoile avec laquelle il y arrivait primitivement. Après 180 jours, ils seront l'un et l'autre dans le plan du méridien en même temps; mais l'un sera au méridien supérieur, et l'autre au méridien inférieur. Enfin, après 365 jours 1/4, ils se retrouveront en même temps au méridien. La ligne qu'aura tracée le soleil dans ce mouvement est l'écliptique, dont le plan est incliné à l'équateur de 23° 28′. Les points les plus élevés de l'écliptique ont reçu le nom de solstices, parce que le soleil semble s'arrêter en cet endroit, et les équinoxes, c'est-à-dire l'époque à laquelle les jours sont égaux aux nuits, ont lieu quand le soleil est dans le plan de l'équateur, ce qui arrive deux fois par an.

Telle est la marche que paraît suivre le soleil dans le cours d'une année. Mais son mouvement est-il bien réel? N'est-ce pas plutôt la terre qui parcourt l'écliptique et donne lieu aux apparences que nous voyons?

Et d'abord, si l'on se laisse aller aux inductions de l'analogie, on reconnaîtra qu'il est bien plus naturel d'admettre que la terre, à laquelle il ne manque que le mouvement de révolution pour prendre rang parmi les planètes, est réellement douée de ce mouvement, que de vouloir que le soleil vienne, avec tout le cortége de ses planètes, circuler autour de la terre, au mépris des lois de l'attraction. Mais cette probabilité déjà si grande du mouvement de translation de la terre va atteindre le dernier degré de certitude, quand nous déduirons de l'observation des phénomènes qu'elle explique si naturellement, des démonstrations qui lèveront tous les doutes.

Comment rendre compte, en effet, dans l'hypothèse de l'immobilité de la terre, du phénomène des stations et rétrogradations des planètes? Et quoi de plus naturel que cette explication dans l'hypothèse contraire?

Nous avons vu, en parlant des planètes, que ces corps paraissent se mouvoir, tantôt d'occident en orient, tantôt d'orient en occident, et rester quelquefois stationnaires. Voilà le phénomène. Or supposons que la terre se meuve dans l'écliptique, et voyons comme les choses se passent dans cette hypothèse. Soit S, le Soleil (fig. 17, pl. 1), T, la Terre, et M, Mars, par exemple. La Terre se mouvant plus rapidement que Mars, sera en T' quand cette planète ne sera qu'en M'. Mars aura donc paru, en vertu de l'illusion dont nous avons déjà parlé, rétrograder du côté de M. Mais lorsque la Terre sera en T'', la ligne qu'elle parcourra, s'inclinant par rapport à celle que Mars décrit, ne donnera pas une plus grande longueur parallèle; Mars paraîtra alors stationnaire. Enfin quand la Terre sera en T''', la ligne qu'elle trace s'inclinant encore davantage, Mars paraîtra marcher en avant.

Telle est, dans l'hypothèse du mouvement de la terre,

l'explication naturelle et facile du phénomène des stations et rétrogradations : on la chercherait vainement
dans tout autre système.

Bradley, en essayant de déterminer la parallaxe annuelle des étoiles fixes, découvrit qu'elles ne sont pas
immobiles, mais qu'elles paraissent décrire, pendant
le temps que la terre met à parcourir l'écliptique, celles
qui sont dans le plan de l'orbite terrestre, des lignes
droites; celles qui sont dans le plan perpendiculaire à
cette orbite, des cercles; enfin celles qui sont dans des
plans intermédiaires, des ellipses plus ou moins allongées, selon qu'elles sont plus ou moins voisines de l'une
ou de l'autre de ces positions. C'est le phénomène de
l'aberration de la lumière; il va nous fournir une nouvelle démonstration du mouvement de translation de la
terre dans l'espace.

Rappelons-nous d'abord que la lumière met un temps
à nous venir des étoiles. Cela prémis, soit CA (fig. 7,
pl. V), un rayon lumineux qui tombe perpendiculairement sur la ligne BD. Si l'œil est en A et en repos, il
verra l'objet dans la direction AC, que la lumière se
propage ou qu'elle se meuve instantanément; mais si
l'œil est en mouvement de B vers A, et que la lumière
se propage avec une vitesse qui soit à celle du mouvement de l'œil comme CA est à BA, elle ira de C en A
pendant que l'œil ira de B en A. Or, chaque particule de
lumière qui fait discerner l'objet en arrivant à l'organe,
est en C quand l'œil est en B. Joignons donc les deux
points B et C, et supposons que la ligne CB soit un tube
incliné à la ligne BD, et d'un diamètre tel qu'il ne puisse
admettre qu'une particule de lumière. Il est évident que

21

la particule de lumière en C, qui rendra l'objet visible quand l'œil, emporté par son mouvement, arrivera en A, passe à travers le tube BC, qui accompagne l'œil dans son mouvement en conservant son inclinaison. Or, puisque la particule de la lumière est arrivée à l'œil à travers le tube BC, l'œil verra l'objet dans la direction de ce tube. Si, au lieu de supposer le tube extrêmement petit, nous en faisons l'axe d'un plus grand, la particule de lumière passera toujours à travers cet axe, s'il est incliné dans le rapport convenable. De même, si l'œil marche de D en A, ce tube CD doit être incliné en sens contraire.

Il résulte de là que, si la terre se meut, nous ne voyons pas les étoiles dans leur position réelle, mais un peu en avant de cette position; et la différence entre leur position réelle et leur position apparente est au sinus de leur inclinaison visible sur le plan de l'écliptique, comme la vitesse de la terre est à celle de la lumière.

Il est aisé de concevoir maintenant que le mouvement de la terre admis, les étoiles fixes doivent présenter le phénomène remarqué par Bradley; et l'explication que nous venons de donner de ce phénomène, inexplicable autrement, constitue la preuve la plus puissante du mouvement de révolution de notre globe.

La terre n'est donc plus pour nous le centre immobile autour duquel gravite tout l'univers. Ce n'est plus qu'une petite planète du système solaire, obéissant comme toutes les autres aux lois de l'attraction. Sa distance au soleil est de 38,000,000 de lieues. Sa révolution annuelle se fait en 365 j. 5 h. 48' 48", c'est ce qu'on appelle son *année tropicale*; mais le temps qu'elle met à accomplir sa révolution annuelle, en prenant une étoile fixe pour point de départ et d'arrivée, est de 365 j. 6 h. 9′ 12″ ; c'est ce que l'on appelle l'*année sidérale*. La rotation de la terre sur son axe se fait en 24 h., qui sont la longueur du jour naturel. Son diamètre moyen est de 3,266 lieues 63. Un point de l'équateur parcourt, en vertu du mouvement de rotation, environ 1/10 de lieue par seconde, et quoique la terre se meuve dans l'écliptique avec une vitesse de 7 lieues par seconde, son mouvement est presque moitié moins rapide que celui de Mercure. Le diamètre de l'orbite terrestre est d'environ 76 millions de lieues. Nous ne nous arrêterons pas plus longtemps à ces détails, que nous avons déjà donnés dans les tableaux comparatifs des notions acquises sur les planètes.

QUINZIÈME LEÇON.

LA LUNE.

Mouvements de la Lune. — Révolution. — Mois périodique; — synodique. — Déclinaisons. — Nœuds. — Diamètres apparents. — Distance de la Lune à la Terre. — Volumes. — Surface. — Phases. — Manière ordinaire de distinguer les lunaisons. — Lumière cendrée. — Nature de la lumière de la Lune.— Éclipses de Lune.— Éclipses de Soleil. —Éclipse du 8 juillet 1842. — Détails donnés à Halley sur une éclipse de Soleil.

La lune participe comme la terre au mouvement diurne; elle se lève à l'occident et se couche à l'orient. Au moyen de lunettes on est parvenu à constater que le soleil se mouvait de l'occident à l'orient; pour la lune il n'y a pas eu besoin d'observations de ce genre. Pour constater son mouvement propre il a suffi de remarquer que si l'un des bords de la lune se trouve en contact avec une étoile, une heure après l'étoile est de l'autre côté; c'est-à-dire qu'en une heure de temps la lune se déplace de son diamètre.

Nous avons vu que le soleil est six mois au-dessous de l'équateur; la lune aussi est tantôt au midi, tantôt au nord de cette ligne; seulement le temps pendant lequel elle se trouve dans ces deux positions n'est pas aussi long, car elle passe en treize jours d'un point à l'autre. Le soleil est, avons-nous dit, 365 jours 1/4 à accomplir sa révolution; la durée de celle de la lune est de 27 jours et 3/10es, ce qui est l'étendue du mois lunaire. Et comme pour le soleil, nous avons à rechercher si elle accomplit sa révolution toujours dans le même espace de temps. Dans le courant du siècle dernier les astronomes remarquèrent que le mouvement s'accélérait, que la lune allait de plus vite en plus vite, et que si cela continuait elle viendrait, après s'être incessamment rapprochée de la terre, tomber à sa surface, où elle formerait une protubérance énorme en causant d'immenses et irréparables désastres. Ceci était plus grave que la rencontre de la comète de 1685. Mais en 1787 on annonça que cette accélération de mouvement n'était qu'une perturbation qui devait ensuite amener un ralentissement semblable dans sa marche. Aussi en traitant de la température de la terre, pourrons-nous montrer que depuis 2,000 ans le mouvement de la lune n'a pas changé d'une manière appréciable.

La lune présente, durant sa révolution, deux mouvements à observer. Nous savons qu'elle revient à la même étoile en 27 jours 3/10es, mais on peut se demander en combien de temps elle reviendra au soleil, car lorsqu'elle sera revenue à l'étoile, ce dernier en sera déjà assez éloigné; et il lui faudra pour le rattraper parcourir un espace de temps qui est de 2 jours et quelques minutes.

La durée du premier de ces mouvements est ce que l'on nomme le *mois périodique*; le second est le *mois synodique*.

21.

Déclinaisons de la lune. — La déclinaison de la lune est, ainsi que celle du soleil, le mouvement par suite duquel elle s'éloigne ou se rapproche de l'équateur. Il y a donc une déclinaison boréale et une déclinaison australe. En l'observant avec soin on trouve qu'elle est constante dans toutes les lunaisons; mais elle ne l'est plus si on la rapporte à l'écliptique, dont elle s'écarte de 5° 8′ 49″ vers le nord et vers le midi.

Nœuds. — Les deux points où l'orbite lunaire se croise avec l'orbite solaire s'appellent *nœuds*, l'un ascendant ☊, quand la lune s'élève vers le pôle boréal, l'autre descendant ☋, quand elle se rapproche du pôle austral. Ces deux points n'ont aucun rapport avec ce que l'on entend vulgairement par nœud; les lignes qui les forment sont idéales : on ne saurait donc demander à les voir, ce serait aussi peu raisonnable que si on demandait à voir le périgée de la lune, qui, lui aussi, n'a rien de matériel, rien de visible, puisque c'est seulement un endroit de l'espace où la lune s'est trouvée le plus près de la terre.

Les nœuds changent de place continuellement. En 18 ans 7 mois 1/2 environ, ou, plus exactement, en 6788 jours 54,019, ils font une révolution entière qui s'accomplit le long de l'écliptique d'orient en occident, c'est-à-dire dans un sens rétrograde dont la cause est dans l'action du soleil. En effet lorsque la lune, dans son mouvement de révolution autour de la terre, se rapproche du plan de l'écliptique, la force d'attraction du soleil la fait descendre et avance ainsi le moment où elle doit couper le plan de l'écliptique (Voyez la leçon XVII, *Inégalités de la Lune et de la Terre*).

Maintenant que nous avons déterminé la ligne décrite par la lune dans sa révolution, voyons de combien elle se déplace.

Si avec le micromètre on mesure le diamètre apparent de l'astre, on trouvera qu'il change d'une manière considérable, c'est-à-dire que la distance de la lune à la terre est très-variable ; ainsi dans cet espace de 29 jours 1/2 nous le trouverons en premier lieu de 27 minutes, puis de 33, c'est-à-dire qu'elle décrit autour de la terre une ellipse dont celle-ci occupe l'un des foyers. Du reste la planète se meut en parcourant des espaces égaux dans des temps égaux,

En un mot, tout ce que nous avons trouvé pour le soleil nous le retrouvons pour la lune.

Distance de la Lune à la Terre.—Après nous être assurés de la nature du mouvement de la lune, il est important que nous cherchions sa distance de la terre ; c'est une opération qui ne présente pas plus de difficultés que celle par laquelle on s'est assuré de la distance de la terre au soleil. Il s'agit simplement de déterminer sa parallaxe, c'est-à-dire la différence entre sa position apparente et sa position vraie.

Si nous partons des mêmes principes qui nous ont déjà servi dans un cas semblable, nous voyons que, pour avoir la distance que nous cherchons, il suffira de placer deux observateurs sur le même méridien, à la distance de 1,600 lieues, rayon de la terre.

C'est ce que firent vers le milieu du siècle dernier (1750) deux astronomes français, Lacaille, qui se rendit au Cap de Bonne-Espérance, et Lalande, qui fut se placer à Berlin. Ils employèrent la même méthode dont nous

nous sommes servis pour avoir la distance du soleil [1].

Nous avons trouvé pour l'angle au soleil 8″ 6/10es. L'angle à la lune est plus considérable; l'opération donna 60′ [2] : mais il y a 60″ par minute; multiplions 60 par 60 et nous aurons 3,600″ pour la parallaxe de la lune ou l'angle sous lequel on voit de la lune le rayon terrestre. Cherchons la valeur de ce résultat.

Si la lune occupait la place de la terre elle aurait un diamètre de 120′; mais comme le rayon terrestre a 1,600 lieues et que nous trouvons 60′ comme valeur de l'angle à la lune, nous avons la proportion 1,600 : 60 : : 120 : 4, 5, c'est-à-dire que le diamètre de la lune est de plus d' 1/4 de celui de la terre; en termes précis, il en est les 27/100es.

Voulons-nous avoir la surface; les surfaces des sphères sont entre elles comme les carrés de leurs rayons : celle de la lune sera en conséquence 1/14e de celle de la terre; le 14e de 33 millions 1/2 de lieues donne 2,394,516 lieues [3]. Voulons-nous avoir le volume; les solidités de deux sphères sont comme les cubes de leurs rayons ou comme les cubes de leurs diamètres; le cube du diamètre de la terre est de 34,450,810,395 ; le cube du diamètre de la lune sera de 686,105,630 lieues cubes : le volume de cet astre sera donc à celui de la terre comme 686 millions sont à 34 milliards 1/2 c'est-à-dire qu'il en sera le 50e.

[1] Voyez la leçon VIII, p. 133-139.

[2] La valeur de la parallaxe varie avec la distance de la lune, depuis 53′ 48′ jusqu'à 61′ 24″ ; elle est de 57′ 36′ pour la distance moyenne (Francœur, *Astronomie pratique*, p. 117). M. Arago prend ici une valeur plus facile à retenir.

[3] Il est assez curieux de remarquer que cette surface est à peu près la même que celle de notre continent d'Asie.

Voyons enfin pour la distance qui sépare les deux astres. Nous avons trouvé l'angle de la lune à la terre égal à 3,600″ ; nous avons trouvé qu'un rayon de 1,600 lieues vu de la lune soutend un arc de 60′. La distance doit être 60 fois ce rayon. Multiplions donc 1,600 par 60 et nous aurons 96,000 lieues, à 1/36,000ᵉ, c'est-à-dire à 3 lieues près, parce que l'observation de l'angle peut être entachée d'une erreur d' 1/36,000ᵉ.

L'erreur de même nature est bien plus forte relativement au soleil. En effet, nous avons trouvé pour cet astre l'angle à la terre égal à 8″ 6/10ᵉˢ. La quantité dont on peut se tromper dans l'appréciation d'un tel angle est d' 1/10ᵉ : l'erreur sera donc la 36ᵉ partie du tout qui est de 38,000,000 de lieues, c'est-à-dire de 400,000 lieues ; on n'a la distance de la terre au soleil qu'à cette énorme approximation près. Personne ne peut donc dire qu'on soit parvenu à cet égard à une approximation tant soit peu exacte.

Phases de la Lune. — Un des phénomènes les plus curieux qu'offre l'étude de la lune est celui des *phases*[1]. Nous voyons toujours le soleil sous la forme d'un disque plein ; il n'en est pas de même de la lune. Elle nous apparaît d'abord sous la forme d'un croissant effilé qui s'agrandit peu à peu jusqu'au moment où il fait place à une figure hémisphérique[2] qui, prenant chaque jour plus de développement, devient bientôt un disque entier, que l'on voit diminuer graduellement jusqu'à redevenir un croissant ; mais tandis que la partie concave

[1] Du grec φάσις, εως, qui a pour racine φαίνω, je brille ; ce sont les diverses apparences sous lesquelles la lune se présente à nos yeux.
[2] Que l'on nomme *quadrant.*

du premier était tournée vers l'orient, celle-ci l'est vers l'occident.

Quelle peut-être la cause de ces changements? La lune ne serait-elle pas lumineuse par elle-même? Ceci est assez probable, si nous observons d'abord que les parties éclairées sont toujours tournées vers le soleil, et si de plus nous examinons avec soin les positions des croissants et des quadrants, positions par lesquelles nous ne tarderons pas à reconnaître que la ligne qui va du centre du croissant ou du quadrant au soleil est toujours perpendiculaire au diamètre de la lune, ce dont on peut s'assurer alors même que le croissant est dans son plus grand état d'émaciation, car avec la seule donnée de la ligne courbe qui le forme on peut retrouver le cercle entier et le diamètre. En effet, la géométrie nous apprend que, pour déterminer la ligne qui termine une sphère, il suffit d'avoir trois points appartenant ou supposés appartenir à sa circonférence, de les joindre par deux lignes droites, d'élever sur ces deux lignes deux perpendiculaires, et que le point où ces deux perpendiculaires se couperont sera le centre du cercle qui devra passer par les trois points primitivement donnés.

Pour produire ces effets, la lune a nécessairement besoin d'obéir à un mouvement particulier. C'est ce qui est. Elle tourne sur son axe précisément dans le même temps qu'elle exécute sa révolution autour de la terre: aussi nous présente-t-elle toujours le même côté. Démontrons ceci d'une manière plus explicite, après avoir tenu compte préalablement d'expressions propres appliquées aux différents états de la lune.

Quand elle est pleine, c'est-à-dire quand elle présente

à la terre toute sa face éclairée, on dit qu'elle est en *op-position* avec le soleil ; quand elle est nouvelle, c'est-à-dire quand elle nous présente sa face obscure, et qu'elle est invisible par conséquent, on la dit en *conjonction*. Ces deux positions s'appellent les *syzygies*. C'est alors qu'ont lieu les éclipses de lune et de soleil, ainsi que nous le verrons plus tard. Enfin, la lune est à son premier ou à son dernier quartier, quand elle nous fait voir la moitié de sa partie éclairée, et ces positions ont reçu le nom de *quadratures,* comme on appelle *octants* [1] les points intermédiaires entre les quadratures et les syzygies.

Pour en revenir à l'explication des phases, quand la lune sera en A, (pl. II, fig. 3), c'est-à-dire en conjonction, elle présentera à la terre sa moitié non éclairée, et paraîtra obscure comme on le voit en *a*. Arrivée en B, après avoir parcouru la huitième partie de son orbite depuis la conjonction, elle présentera à la terre le quart de sa partie éclairée, et se verra sous l'aspect qu'elle a en *b* (premier croissant). En C, elle aura décrit le quart de son orbite, et montrera la moitié de sa partie éclairée, comme en *c* (premier quartier). En D, elle montrera plus de moitié de sa face lumineuse, comme en *d,* et elle la montrera tout entière en E, comme on le voit en *e*. A partir de E commencera son déclin, et elle présentera les mêmes phénomènes, mais dans un sens inverse, ainsi que le montre la figure dont le cercle intérieur fait voir la lune telle qu'elle se présenterait à un spectateur placé dans le soleil, c'est-à-dire telle qu'elle est éclairée réellement,

---

[1] C'est-à-dire *huitièmes.*

et le cercle extérieur telle qu'elle est vue de la terre.

Les lunaisons sont rapportées dans le public aux divers mois de l'année : ainsi on dit la lune de mars, la lune de mai, etc. On se demande bien souvent à quel mois appartient une certaine lune. La durée de la révolution est, ainsi que nous venons de le voir, de 27 jours, et comme les mois solaires sont plus longs que les mois lunaires, il se trouve que chaque lunaison (à quelques exceptions rares) appartient à deux mois différents. Les computistes, ceux qui s'occupent le plus du calendrier, sont convenus que chaque lunaison prendrait le nom du mois où elle finit. Cette convention donne lieu à des bizarreries assez singulières. En voici un exemple : Supposons qu'une lune finisse dans la nuit qui sépare le mois de février du mois de mars ; on appellera *lune de mars* une lune qui s'écoule tout entière dans le mois de février. Du reste, en prenant le commencement de la lune, on aurait les mêmes bizarreries. Au surplus, cela n'est qu'une convention gratuite, car ceux qui se sont le plus occupés de la lune, et entre autres, Clavius, n'avaient pas autorité pour fixer une telle chose. Ainsi, devant les tribunaux, l'opinion du computiste n'aurait aucune valeur en cas de litige à ce sujet.

Aux nouvelles lunes, les anciens avaient une fête que l'on appelait *la fête des néoménies* ou des nouvelles lunes. Elle étaient annoncées par un croissant léger que l'on aperçoit en général 20 heures après la conjonction. Pour que la fête commençât, il fallait que deux témoins l'eussent aperçue. Les Turks ainsi que les Grecs modernes ont conservé cet usage[1].

[1] Voyez la note D à la fin du volume.

Nature de la Lumière de la Lune. — On a cherché quelles sont les propriétés des rayons lumineux qui nous viennent de la lune ; mais les expériences les plus délicates n'ont pu faire découvrir dans cette lumière ni propriétés caloriques, ni propriétés chimiques. En effet, concentrée au foyer des plus larges miroirs, elle ne produit aucun effet calorifique sensible. Pour faire cette expérience, on a pris un tube recourbé, dont les extrémités sont terminées par deux boules remplies d'air, l'une diaphane et l'autre noircie, le milieu étant occupé par un liquide coloré. Dans cet instrument, lorsqu'il y a absorption de chaleur, la boule noire en absorbe plus que l'autre, et l'air qu'elle renferme augmentant d'élasticité, le liquide est refoulé. L'appareil est si délicat qu'il accuse jusqu'à un millième de degré, et cependant, dans l'expérience citée, il n'a donné aucun résultat. La lumière réfléchie par la lune n'a donc pas de propriétés calorifiques sensibles. On a reconnu également qu'elle était dépourvue de propriétés chimiques ; on a exposé à son action de l'hydro-chlorate d'argent, substance qui se noircit instantanément sous l'influence de la lumière solaire, et l'on n'a rien obtenu. Néanmoins telle est l'exquise sensibilité du système nerveux que ces rayons lunaires qui, d'après ce que nous venons de dire, semblent inertes, qui sont 300,000 fois plus faibles que ceux du soleil, ont une action visible sur la pupille.

Cependant la crédulité a attaché à la lumière de la lune une grande influence sur les produits de l'agriculture, et la lune rousse jouit encore dans nos campagnes d'une triste célébrité. C'est elle, dit-on, qui gèle les

22

bourgeons encore tendres, et qui exerce sur toute la végétation qui commence une si fâcheuse influence. Il est facile de disculper la lune de ces méfaits, dont elle est bien innocente. Qu'est-ce en effet que la lune rousse ? C'est celle qui commence en avril et qui finit en mai, c'est-à-dire, à une saison de l'année où la température n'est souvent que de 4, 5 ou 6 degrés au-dessus de zéro. Or, l'on sait que les plantes perdent la nuit, par voie de rayonnement, une partie du calorique qu'elles ont reçu pendant le jour, et l'expérience prouve que cette déperdition peut aller jusqu'à 7 ou 8 degrés, lorsque le temps est serein, c'est-à-dire lorsqu'il n'y a pas de nuages pour neutraliser ce rayonnement : car les nuages rayonnent de leur côté vers la terre, et font en outre l'office d'écrans qui arrêtent le calorique et l'empêchent de s'échapper vers les hautes régions de l'atmosphère. La température des plantes, qui n'était que de 4 ou 5 degrés pendant le jour, pourra donc tomber ainsi, par l'effet du rayonnement, à plusieurs degrés au-dessous de zéro, et alors ces plantes se gèleront. Mais comme ce grand rayonnement n'aura lieu que lorsque le ciel sera découvert, et par conséquent lorsqu'on verra la lune, on attribuera à l'influence de cet astre ce qui n'est qu'un effet régulier des variations de la température. Et comme si tout devait concourir à entretenir cette erreur, on s'y confirmera par le succès des précautions qu'on aura cru prendre contre la lune, et qu'on aura prises réellement contre les effets du rayonnement. Ainsi, les jardiniers, pour garantir, dans les cas dont nous parlons, les tendres bourgeons des rayons de la lune rousse, les couvrent de paille ou d'autres matières, qui, formant écran, empêchent, comme tout à l'heure les nuages, le rayonnement de s'opérer, et préservent ainsi les plantes de la gelée.

Ce n'est pas d'aujourd'hui qu'on attribue à la lune de funestes influences. Les anciens la signalaient déjà sous de semblables rapports, et Plutarque prétend que sa lumière putréfie les substances animales. Il est très-vrai que si l'on place dans un lieu découvert deux morceaux de viande, par exemple, et que l'un d'eux soit exposé aux rayons de la lune, tandis que l'autre en sera garanti par un écran ou un couvercle, le premier sera beaucoup plus tôt atteint par la putréfaction que le second ; mais ici, comme dans le cas précédent, on attribue à la lune un effet qui ne vient pas d'elle, et ses rayons n'y sont pour rien. Si le morceau de viande découvert se putréfie plus tôt que l'autre, c'est que s'étant refroidi davantage par le rayonnement, il s'est chargé de plus d'humidité, et que l'eau est un principe de décomposition pour les substances animales, puisqu'on les sèche pour les conserver.

Une autre erreur non moins ancienne et non moins généralement répandue, est celle qui attribue aux phases de la lune, à ses passages par les divers quartiers, une influence sur les variations atmosphériques, sur les changements de temps. Cette erreur populaire, qu'on retrouve chez les plus anciens auteurs, ne repose sur aucun fondement. Car, outre qu'on ne voit pas par quelle action la lune pourrait produire de pareils résultats, les observations les plus exactes, faites sur une longue échelle, donnent un démenti formel à cette supposition. Les changements de temps ne sont pas plus fréquents aux passages de la lune d'un quartier à l'autre qu'à toute autre époque; au contraire, s'il y a quelque différence, imperceptible il est vrai, c'est en faveur des octants.

Quelle peut donc être la cause d'une erreur depuis si longtemps accréditée? Probablement le défaut d'observations impartiales, la tendance involontaire de l'esprit humain à n'enregistrer que les faits favorables à ses opinions préconçues, sans tenir aucun compte de ceux qui militent contre elles. Ainsi, qu'un changement de temps arrive au renouvellement d'un quartier, on est frappé de cette coïncidence, on la remarque, et on laisse passer inaperçus vingt autres changements de quartiers qui ne sont accompagnés d'aucune variation dans l'atmosphère.

On a cité en faveur de l'erreur que nous combattons l'autorité de Théophraste, autorité qui, pour le dire en passant, n'est pas très-grande en matière de science. Mais on aurait dû s'apercevoir que le passage qu'on rapporte implique contradiction. Que dit, en effet, Théophraste? que la nouvelle lune amène le mauvais temps, la pleine lune le beau, et que le temps change à chaque quartier. Mais si, à la nouvelle lune, le temps est mauvais, il sera beau au second quartier, et par conséquent mauvais à la pleine lune, ce qui est contradictoire avec le passage cité.

Un savant moderne, qui a fait un livre destiné à soutenir les opinions populaires, a cherché à appuyer celle-ci sur des considérations scientifiques; mais il est tombé dans des erreurs grossières. Et s'il a obtenu les résultats qu'il cherchait, c'est qu'il s'y était pris de manière

à ne pouvoir pas en obtenir d'autres, faisant concourir
à ses observations un nombre de jours plus ou moins
grand, selon qu'il avait besoin de plus ou moins de variations atmosphériques.

Lumière cendrée. — La portion de la lune qui n'est
pas éclairée par le soleil, l'est souvent par la terre. On
avait expliqué les phases de la lune au moyen du soleil
sans songer à cela : aussi était-on très-embarrassé pour
expliquer la lumière cendrée. La lumière cendrée est
donc la lumière réfléchie par la terre sur la partie obscure de la lune, et en effet, elle a cet aspect légèrement
diaphane de cendres soulevées dans l'air par une cause
quelconque. Elle rend visible, mais très-faiblement, la
portion de la lune qui pour nous est toujours plongée
dans l'obscurité.

C'est le maître de Kepler qui est l'auteur de cette
théorie. La lumière cendrée éprouve des variations d'intensité et de couleur. Une fois, l'astronome de Mulhouse,
dit de Berlin (Lambert), la vit verte. Il explique cela par
la végétation si prodigieusement riche des forêts dont
est couverte l'Amérique, ce qui fait qu'on avait alors des
nouvelles de la végétation de ce continent par la lumière cendrée. Le matin, alors que la lune se dégage
des rayons du soleil, la lumière cendrée est plus brillante, parce qu'en ce moment du jour elle reçoit les reflets de l'Asie et de l'Europe. Le soir, au contraire,
alors que la lune est tournée vers des régions de la
terre dont la surface est très-peu rayonnante, comme la
Mer du Sud et l'Océan Atlantique, elle est bien moins
intense. Ceux qui ont été sur une tour ou sur une montagne alors que la plaine était couverte de nuages, ont

pu observer combien la reflexion y est brillante : aussi l'intensité de la lumière cendrée doit être singulièrement augmentée lorsque notre ciel est très-nuageux, de sorte que des observations suivies faites selon cette donnée pourraient donner un jour l'état moyen de l'atmosphère terrestre.

Eclipses de Lune. — Il arrive souvent que le jour où l'on devait avoir pleine lune, on ne la voit pas, ou bien qu'après avoir brillé resplendissante au ciel, son disque se trouve momentanément caché, soit en totalité, soit en partie. A quoi cela est-il dû?

La lune étant un corps opaque et rond, le soleil n'en peut éclairer à la fois qu'une partie, d'où il suit qu'elle projette une ombre à l'opposite de cet astre. Quelle est la forme de cette ombre? quelles sont ses dimensions? Si le soleil et la terre étaient de même grandeur, l'ombre serait cylindrique et d'une étendue infinie; mais comme la terre est beaucoup plus petite que le soleil, la lumière projetée par celui-ci pourra embrasser les deux extrémités de son axe, et elle formera, au delà, un cône dans lequel la lune disparaîtra lorsqu'elle viendra à l'atteindre; mais ce cône est-il assez long pour cela? Oui, bien qu'il ne le soit pas assez pour arriver jusqu'à Mars; on a calculé qu'il dépasse l'orbite lunaire de 500,000 lieues, c'est-à-dire que son extrémité se trouve à quatre fois la distance de la lune au soleil; il n'est donc pas étonnant que si la lune y pénètre, elle y disparaisse. Mais il ne s'agit pas d'avancer ce fait, il faut le démontrer, il faut faire voir que le diamètre de la lune est moindre que la largeur du cône d'ombre à l'endroit où elle y pénètre, car sans cela elle ne disparaîtrait pas. Or, cela est facile. A l'endroit où la lune pénètre dans le cône d'ombre, la largeur de celui-ci est de 120'; celle de la lune, 30', 120 — 30 = 90, c'est-à-dire qu'en cet endroit, le cône d'ombre a de largeur trois fois le diamètre de la lune.

Lors donc que la terre viendra se placer entre le soleil et la lune, celle-ci devra être enveloppée dans l'obscurité et il y aura éclipse de lune. L'éclipse sera *totale* ou *partielle*, selon que l'astre se prolongera entièrement ou en partie dans le cône d'ombre. Elle sera *centrale* si le centre de la lune coïncide exactement avec celui de l'ombre terrestre, si, en un mot, les centres du soleil, de la terre et de la lune se trouvent sur la même ligne, c'est-à-dire dans le plan de l'écliptique.

Mais pourquoi la lune ne disparaît-elle pas toujours à l'époque des nouvelles lunes? C'est parce qu'elle n'est pas toujours dans le plan de l'écliptique, avec lequel son orbite peut former jusqu'à un angle de 5 degrés, et qu'elle peut ainsi prendre par rapport à ce plan différentes positions. Si lors de son opposition elle est éloignée des nœuds, c'est-à-dire des points où son orbite coupe l'écliptique, elle effleurera l'ombre terrestre sans y pénétrer, et c'est ce qui arrive le plus souvent car alors elle est ou au-dessus ou au-dessous du cône d'ombre.

Pour exprimer l'étendue de l'éclipse, on suppose la lune divisée en douze zones égales et parallèles, qu'on appelle *doigts*. Ainsi quand il y a le tiers ou la moitié du disque éclipsé, on dit que l'éclipse est de quatre ou de six doigts. Si l'éclipse est totale, que le diamètre de l'ombre soit plus grand que celui de la lune, on dit que l'éclipse est de plus de douze doigts, et le nombre des doigts se détermine proportionnellement.

Toutes les éclipses de lune, complètes ou non visibles dans toutes les parties de la terre qui ont la lune au-dessus de l'horizon, sont partout de la même grandeur, ont le même commencement et la même fin. Seulement le temps où on les voit varie suivant là longitude des lieux, ce qui peut fournir un moyen de déterminer cette donnée si importante dans les opérations de géographie positive. Les éclipses de lune n'excèdent jamais deux heures, mais elles peuvent être moins longues. C'est toujours le côté oriental du disque de la lune qui s'immerge le premier, c'est-à-dire le côté gauche, quand on regarde le nord.

Il se présente durant les éclipses de lune, et relative-ment à cet astre, une difficulté qu'il faut résoudre; la lune ne disparaît jamais alors complètement. Voyons pourquoi.

La cause principale des éclipses est l'immersion du disque dans le cône d'ombre formé au delà de la terre par le soleil; ce cône d'ombre n'a pas partout la même intensité. Sur les côtés sont des ombres moins épaisses formées par l'interception d'une partie seulement des rayons du soleil, et dont l'intensité décroît à mesure qu'elles s'éloignent de l'ombre conique. Cette teinte in-termédiaire entre la lumière et l'ombre pure a reçu le nom de *pénombre*. Pour en déterminer les limites, il faut tirer des lignes qui, partant des bords du soleil, vont, après s'être croisées, raser la surface de la terre. Ces lignes prolongées forment un cône tronqué qui est celui de la pénombre. Ainsi soit (pl. IV, fig. 2) S le soleil et E la terre.

Le cône d'ombre *a, b, f* se termine en *f*, point où les rayons partis des bords du soleil se rencontrent après avoir rasé la terre, et le cône tronqué *a, b, c, d* est celui que forme la pénombre.

Dans les éclipses, la lune, en s'approchant du cône d'ombre, perd insensiblement de son éclat, parce qu'elle entre alors dans la pénombre, dont nous avons vu que l'intensité augmente graduellement jusqu'aux côtés de l'ombre conique. Arrivée dans cette ombre, elle n'y disparaît pas ordinairement tout à fait, même quand l'éclipse est totale, parce qu'elle reçoit quelques rayons lumineux qui viennent, par voie de réfraction, l'éclairer dans le cône d'ombre. Cependant on l'a vue quelquefois disparaître complétement, lorsque l'atmosphère chargée de nuages ne lui envoyait plus de rayons réfractés.

Assez souvent lorsque la lune disparaît dans le cône d'ombre, elle se montre enveloppée d'une lumière rougeâtre qui n'est autre chose que le résultat de ces rayons réfractés.

On a voulu expliquer cette lumière rougeâtre par la phosphorescence; c'était aussi là le moyen que l'on employa pour expliquer la lumière cendrée. Mais relativement à la lumière rougeâtre, l'explication est renversée de fond en comble, si une seule fois la lune a complétement disparu et que néanmoins la lumière ait été visible; et l'astronomie a enregistré un très-grand nombre de fois ce phénomène.

Les anciens savaient quelles étaient les causes des

éclipses de lune; ils n'étaient arrêtés que par un fait, inventé, disait-on, pour embarrasser les astronomes. Pour que la lune soit éclipsée, il faut que les trois centres soient sur la même ligne. Mais il y a des cas où la lune est éclipsée quand le soleil est encore visible : cela était formidable. Pour nous cela est très-explicable en ajoutant à ce que nou savons sur la manière dont les rayons de lumière se conduisent, cette remarque que les rayons qui traversent l'atmosphère s'y meuvent suivant une ligne droite.

Ce qui semblait donc aux anciens une difficulté n'en est pas une pour nous.

Du reste, le phénomène qui, aux yeux des antagonistes des astronomes anciens, rendait leur théorie incomplète, n'est pas sans exemple. Dans les temps modernes on le vit deux fois, l'une en Toscane, en 1660, la seconde à Paris, en 1668. Les académiciens se transportèrent à Montmartre et virent la lune éclipsée, tandis que le soleil était encore visible.

Eclipses de Soleil.—Lorsque la lune vient s'interposer entre le soleil et la terre, le premier de ces astres est éclipsé. L'éclipse est *partielle* quand la lune ne cache qu'une partie du disque du soleil; elle est *totale* lorsqu'elle le couvre en entier; elle est *annulaire* lorsque le soleil, masqué par la lune, la déborde tout autour sous la forme d'un anneau lumineux; enfin elle est centrale lorsque l'observateur se trouve sur le prolongement de la ligne qui joint les centres de la lune et du soleil.

La lune ayant à peu près la même figure que la terre, son ombre et sa pénombre se forment de la même manière; seulement comme elle est beaucoup plus petite, le cône de son ombre ne peut jamais recouvrir qu'une partie de la surface de la terre. Aussi une éclipse de soleil n'a-t-elle jamais lieu en même temps pour toute la terre, et telle éclipse de soleil, qui sera totale pour un lieu, pourra être invisible dans un autre, quoique ce dernier ait le soleil au-dessus de l'horizon. Seulement comme la lune passe devant tous les points du disque solaire, elle le cache successivement pour diverses parties de la terre, dans le sens de son mouvement d'occident en orient. Dans la plupart des éclipses solaires le disque de la lune est couvert d'une lumière légère qui provient, comme la lumière cendrée[1], de la réflexion due à la partie éclairée de la terre.

Le diamètre apparent de la lune, quand il est à son maximum, n'excède le minimum du soleil que de $1'$ $38''$. Ainsi la plus longue éclipse totale de soleil qui puisse arriver ne durera jamais plus de temps qu'il n'en faut à la lune pour parcourir $1'$ $38''$ de degré, c'est-à-dire environ $3'$ $13''$ de temps.

Comme les éclipses lunaires, les éclipses de soleil s'estiment en doigts.

Voici du reste comment se passe le phénomène général des éclipses : Soit (pl. IV, fig. 4) S le soleil, YY la terre, M la lune, et AMP l'orbite de celle-ci. Si nous tirons les lignes W c e et V d e, l'espace obscur c d e, compris entre les lignes, sera le cône d'ombre de la lune : les lignes W d h et V c g déterminent les limites de la pénombre a b c d g h. Cela posé, la lune se meut dans son orbite de l'ouest à l'est, comme de M à P. Un observateur placé en b verra le limbe est de la lune d

[1] Voyez ci-dessus, pag. 257.

toucher le limbe ouest du soleil W, et l'éclipse commencera pour lui. Mais au même moment le bord ouest
de la lune en c quitte le côté ouest du soleil en Y, et
l'éclipse finit pour l'observateur placé en a : il y a donc
éclipse du soleil pour tous les points intermédiaires
entre a et b. Mais il est évident, d'après la figure, que
le soleil n'est totalement éclipsé que pour une petite
partie de la terre à la fois, puisqu'il n'y a que l'extrémité du cône d'ombre qui atteigne le globe terrestre.

Le retour des éclipses de soleil ne se fait qu'après un
intervalle de temps assez long. Elles ne peuvent arriver
qu'aux syzygies, c'est-à-dire aux nouvelles lunes : la
révolution synodique ne s'accomplissant qu'en 346 jours
14 h. 52' 16'', elle se trouve avec la révolution synodique de la lune dans un rapport d'à peu près 223 à 19.
Après une période de 223 lunaisons, le soleil et la lune
se retrouveront donc dans la même position par rapport au nœud lunaire. Cette remarque sert à prédire le
retour des éclipses de Soleil. Le calcul a démontré qu'il
avait lieu environ tous les 18 ans; ce calcul est assez
long et assez minutieux lorsqu'on veut arriver à un
résultat certain [1].

Comment faisaient donc les anciens dont on voit les
généraux prédire quelquefois des éclipses de soleil. Cela
résultait d'une remarque très-fine; on avait observé qu'il
y avait éclipse tous les 223 mois lunaires, et c'était là ce
que l'on appelait le *saros*, méthode enseignée par les
Chaldéens aux autres peuples. Il est possible d'arriver à
ce chiffre par le calcul, et on trouve un nombre semblable à celui de Méton.

[1] Voy. Francœur, Astronomie pratique. p. 289-301.

Si on fait le calcul, il en résulte que dans une durée de 223 mois il y a 70 éclipses, 41 de soleil, 29 de lune; quand il n'y en a que *deux* dans l'année, ce sont des éclipses de soleil.

Voilà ce que faisaient les anciens. Mais les astronomes modernes ne se servent pas de ce moyen qui n'est qu'approximatif et qui leur sert simplement à poser les bases du travail préliminaire de l'observation.

Pendant longtemps on n'eut une idée des phénomènes que présentent les éclipses totales de soleil que d'après les études d'observateurs d'une époque plus ou moins reculée; en outre ces phénomènes sont, ainsi que nous venons de le voir, assez rares : il y eut en effet éclipse totale en 1606, 1715 (observée à Londres), 1724 (observée à Montpellier), et en 1811 (observée aux États-Unis). Enfin il y en a eu une le 8 juillet 1842, qui a été étudiée ici avec soin; on a pu dès lors se faire une idée précise des phases les plus remarquables de ce phénomène et des exagérations des anciens à cet égard. Elle commença à 7 h. du matin, temps moyen de Paris, et eut 59″ de phase. Sept ou huit étoiles seulement se montrèrent au ciel. La lune était environnée d'une auréole qu'on devait observer attentivement pour en rechercher l'origine lorsqu'un phénomène tout particulier la fit négliger. Du reste il eut été difficile d'arriver à quelque chose de positif à son égard, parce que pour se servir de l'expression burlesque d'un observateur, elle ressemblait à *une perruque mal peignée.*

Ce phénomène singulier qui attira l'attention aux dépens de l'auréole consistait en des protubérances violacées s'élevant au-dessus du disque lunaire sous la

23

forme d'une moitié d'œuf et dont il a été impossible de déterminer la nature. On a dit que c'étaient les montagnes du soleil; dans ces cas elles auraient au moins 11,000 lieues, d'autres le double, car une seconde soutend 189 lieues, et ces protubérances avaient 1 et 2 minutes.

Quelques effets produits sur les hommes, les animaux et les végétaux, et observés lors d'éclipses totales antérieures, ont été vérifiés durant celles-ci, d'autres constatés pour la première fois.

Il est certain que le voile dont se couvre peu à peu le soleil, et qui répand sur la nature quelque chose de triste et de lugubre, frappe les animaux gouvernés par l'instinct, aussi bien que les hommes eux-mêmes, d'une frayeur plus ou moins grande. Les gallinacés, et particulièrement les poules, n'attendent pas que l'éclipse soit totale pour gagner leurs retraites. Mais, dès que les rayons du soleil brillent de nouveau, le coq fait entendre son chant matinal et semble se réjouir que le deuil de la nature ait cessé.

Presque tous les oiseaux arrêtent et suspendent leur vol au moment du phénomène. Les hirondelles ont paru extrêmement agitées à mesure que l'obscurité arrivait; elles ont même disparu pendant la durée de l'éclipse totale, et sont revenues en poussant des cris au moment de la nouvelle apparition des rayons solaires.

Les pigeons ont montré des signes non moins équivoques de terreur. Pendant que cette étrange nuit s'approchait, ils se sont réunis en cercle, volant en tous sens, et de la manière la plus confuse, sans pouvoir regagner les tourelles qu'ils habitent. On les aurait dits saisis par quelque vertige qui les empêchait de pouvoir se diriger.

Les chauves-souris, croyant sans doute à une nouvelle nuit, volaient comme si elle devait être de longue durée. Cependant, aucune observation positive ne nous a prouvé qu'en 1842, comme en 1706, les hiboux soient sortis de leurs silencieuses demeures. Quelques personnes avaient pourtant été placées auprès de leurs gîtes ordinaires pour les observer ; aucune d'elles n'en a vu pendant cette nuit anticipée, dont la durée a été si courte. Nous avons appris depuis lors qu'un hibou, sorti d'une tour de Saint-Pierre ou de la cathédrale de Montpellier, avait traversé, au moment de l'éclipse, la place du Peyrou.

Tous les renseignements que nous avons reçus de divers points des départements de l'Hérault et du Gard nous ont appris ce que nous savions déjà, c'est que tous les oiseaux avaient entièrement disparu quelques moments avant l'éclipse totale. Cette disparition a été d'autant plus marquée, que, dans certaines localités du département du Gard, leur nombre était très-considérable auparavant.

Ces effets sensibles chez les oiseaux ne l'ont pas été moins chez les animaux terrestres. Ainsi les bœufs s'arrêtaient en traçant le sillon, malgré l'aiguillon dont on les pressait. D'autres, libres, se mirent à beugler, et plusieurs de ceux qui paissaient dans les marais se sont réunis en cercle et ont placé leurs cornes les unes dans les autres, comme ils le font parfois au moment d'un ouragan ou d'un orage violent. Dans d'autres localités, les mêmes animaux se sont arrangés en cercle, adossés les uns aux autres, les cornes en avant, comme pour résister à une attaque.

Bien des bêtes de somme se sont arrêtées au moment de l'éclipse totale ; il a fallu toute la puissance du fouet pour les faire avancer. Il est vrai, toutefois, que ces circonstances ne se sont présentées que lorsque ces animaux étaient isolés ; car tous ceux qui étaient attelés et gouvernés n'ont pas paru s'apercevoir de ce qui se passait. C'est du moins ce que m'ont assuré des conducteurs, des courriers, et même un directeur des postes, qui a vu l'éclipse, de la malle-poste dans laquelle il voyageait.

Nous rappellerons encore que, pendant la plus grande partie de la première période de l'éclipse, certains chiens, qui n'avaient pas paru sensibles à la diminution de la lumière, se sont arrêtés spontanément au moment de la plus grande obscurité. D'autres individus, peut-être plus impressionnables, sont demeurés sans mouvement, tristes et silencieux aux approches de l'éclipse totale. Des troupeaux de moutons que l'on conduisait au marché se sont arrêtés tout à coup à ce même moment, tandis que d'autres se sont couchés comme saisis d'une soudaine terreur.

Ce qui est non moins singulier, certaines espèces d'insectes paraissent avoir éprouvé quelque impression de la diminution progressive de la lumière. Nous citerons à cet égard l'industrieuse et prévoyante fourmi.

Un hasard heureux porta M. Dougnac, élève de la faculté de Montpellier, à fixer son attention sur une ligne bien tracée, que présentait la surface unie et dépourvue d'herbe d'un champ en chaume. Cette ligne était le sentier qu'un grand nombre de fourmis suivaient pour gagner leur trou. Plusieurs de ces insectes sortirent de leur nid, dès que les rayons du soleil eurent acquis assez de force pour échauffer l'atmosphère. Il y en avait peu cependant dehors ; mais à mesure que le disque du soleil se cachait, ceux qui s'étaient échappés de leurs demeures souterraines y rentraient peu à peu. Aussi, au moment où l'éclipse fut totale, on ne voyait plus que quelques fourmis retardataires qui n'avaient pas su regagner leur gîte.

Parmi les cinq ou six qui étaient encore au dehors au moment du phénomène, toutes portaient un petit chargement. Les unes charriaient une petite paille, d'autres une portion de feuille morte, ou un grain de blé ou toute autre semence. Le poids de ces objets les empêcha de regagner leur trou, ainsi que l'avaient fait leurs compagnes. Mais lorsque l'obscurité fut plus grande encore, tous ces insectes abandonnèrent leurs fardeaux, comme pour fuir plus lestes et plus légers.

Ces faits sont loin d'être les seuls qui prouvent l'impression profonde que produit sur les animaux ce grand et rare phénomène. Il paraît qu'elle a été également ressentie par les abeilles ; mais, faute de renseignements et d'observations positives, elle ne peut que s'indiquer.

On a cherché à s'assurer si les fleurs qui s'ouvrent ou se ferment à l'entrée de la nuit, ou les feuilles qui se déploient lorsqu'elles ressentent l'impression des rayons solaires, éprouveraient quelque influence du changement dans le degré de lumière et de chaleur qu'amène l'éclipse ; mais l'heure à laquelle elle a eu lieu a empêché que ces effets fussent sensibles,

23.

Ainsi, des plantes dont les fleurs ne se développent qu'au déclin du jour, ou de celles dont les feuilles se replient sur elles-mêmes à l'entrée de la nuit, les unes étaient ouvertes et les autres non encore déployées. Elles ont donc dû rester dans le même état pendant la durée de l'éclipse. Aussi est-ce uniquement lorsque le soleil les a frappées de ses rayons, que ces fleurs se sont fermées, tandis que les fleuilles se sont, au contraire, épanouies par suite de leur éclat [1].

Mais ce qui nous importe surtout, ce sont les effets produits sur l'homme. Eh bien! ils ont été remarquables partout où on les a observés. Ils ont prouvé une chose trop malheureusement vraie, c'est que malgré les efforts de la science et de la presse, la facilité des communications, l'ignorance est encore la dominatrice du monde. On a vu des gens croire qu'ils étaient aveugles; d'autres pensaient que le monde allait finir et ils se mettaient à courir. Dans quelques régiments dont on passait la revue, l'agitation augmentait à mesure que l'éclipse avançait; et au moment où elle fut totale, il y eut un silence tellement profond que dans une réunion de 20 à 25,000 personnes qui assistaient à la revue, et de 4 à 5,000 soldats, il n'y eut pas une parole de prononcée. Le phénomène est tellement majestueux, tellement grand, que cela n'a rien d'extraordinaire. Le résultat de l'impression la plus ordinaire est une sorte de sentiment d'inquiétude, se traduisant par cette parole : si cela allait continuer?

---

[1] Ces remarques sont de M. Marcel de Serres, le savant professeur de la faculté de Montpellier; elles ont été insérées dans *le Moniteur* du 27 octobre 1842. M. Arago en donna la substance dans la leçon du 7 septembre 1843.

M. Arago a annoncé dans l'*Annuaire* pour 1844, que celui pour 1845 contiendrait un article fort développé sur l'éclipse totale du 8 juillet 1842. Nous y renvoyons le lecteur.

Le petit nombre d'observations faites avec soin sur les éclipses totales de soleil nous engage à donner ici la description suivante d'un de ces phénomènes faite à Halley, par un de ses amis; on ne la lira pas sans intérêt.

« Je vous envoie, suivant ma promesse, les observations que j'ai faites sur l'éclipse de soleil (du 7 août 1715), bien que je craigne qu'elles ne vous soient pas très-utiles. Dépourvu d'instruments nécessaires pour observer le temps, je ne m'étais proposé que d'examiner le tableau que la nature présente dans une circonstance aussi remarquable, tableau qui a généralement été négligé, du moins mal étudié. Je choisis pour lieu d'observation un endroit appelé Haradow-Hill, à deux milles d'Amesbury, et à l'est de l'avenue de Stonehenge, à laquelle il sert de point de vue. En face se trouve la plaine où est situé ce monument célèbre sur lequel je savais que se dirigerait l'éclipse. J'avais en outre l'avantage d'une perspective très-étendue en tous sens, attendu que j'étais sur la colline la plus élevée des environs, et la plus voisine du centre de l'ombre. A l'ouest, au delà de Stonehenge, est une autre colline assez escarpée, semblable au sommet d'un cône, qui s'élève au-dessus de l'horizon; c'est Claye-Hill, lieu voisin de Westminster, et situé près de la ligne centrale de l'obscurité qui devait partir de ce point, de manière que je pouvais être prévenu assez à

temps de son approche. J'avais avec moi Abraham
Sturgis et Étienne Ewens, tous deux habitants du pays
et gens d'esprit. Le ciel, quoique couvert de nuages,
laissait percer çà et là des rayons de soleil qui me permettaient de voir autour de nous. Mes deux compagnons regardaient par des verres noircis, tandis que je
prenais quelques relèvements du pays. Il était cinq
heures et demie à ma montre, quand on m'avertit que
l'éclipse était commencée. Nous en suivîmes en conséquence le progrès à l'œil nu, attendu que les nuages
faisaient l'office de verres colorés. Au moment où le
soleil était à moitié couvert, il présentait à sa circonférence un arc-en-ciel circulaire très-sensible, avec des
couleurs parfaites. A mesure que l'obscurité croissait,
nous voyions de toutes parts les bergers qui se hâtaient
de faire rentrer leurs troupeaux dans le parc; car ils
s'attendaient à une éclipse totale d'une heure et un quart
de durée.

« Quand le soleil prit l'aspect d'une nouvelle lune, le
ciel était assez clair; mais il se couvrit bientôt d'un
nuage plus épais. L'arc-en-ciel s'évanouit alors; la colline escarpée dont nous avons parlé devint très-obscure,
et des deux côtés, c'est-à-dire au nord et au sud, l'horizon prit une teinte bleue analogue à celle qu'il présente dans l'été, au déclin du jour. A peine eûmes-nous
le temps de compter jusqu'à dix, que le clocher de Salisbury, qui est situé à six milles au sud, fut plongé
dans les ténèbres. La colline disparut entièrement, et la
nuit la plus sombre se répandit autour de nous. Nous
perdîmes de vue le soleil dont nous avions pu jusque-là
distinguer la place parmi les nuages, mais dont nous

ne trouvions pas plus de trace que s'il n'eût pas existé.
Ma montre, que je ne pus voir que difficilement à l'aide
de quelque lumière qui nous venait du nord, marquait
6 heures 35 minutes. Peu auparavant la voûte du ciel
et la surface de la terre avaient pris une teinte livide, à
proprement parler, car c'était un mélange de noir et de
bleu, si ce n'est que le dernier dominait sur la terre et
à l'horizon. Il y avait aussi beaucoup de noir entremêlé
dans les nuages, de manière que l'ensemble présentait
un tableau effrayant, et qui semblait annoncer la déca-
dence de la nature.

« Nous étions maintenant enveloppés d'une obscurité
totale et palpable, si je puis l'appeler ainsi. Elle vint
vite, mais j'étais si attentif que je pus en apercevoir le
progrès. Elle nous fit l'effet d'une pluie, et tomba sur
l'épaule gauche (nous regardions à l'ouest), comme un
grand manteau noir ou une couverture de lit qu'on eût
jetée sur nous, ou un rideau qu'on eût tiré de ce côté.
Les chevaux que nous tenions par la bride, y furent
très-sensibles et se serraient près de nous, saisis d'une
grande surprise. Autant que je pus le voir, le visage de
mes voisins avait un aspect horrible. En ce moment je
regardai autour de moi, non sans pousser des cris d'admiration. Je distinguais des couleurs dans le soleil,
mais la terre avait perdu son bleu et était entièrement
noire. Quelques rayons sillonnèrent les nues pendant
un moment; immédiatement après, le ciel et la terre
parurent tout à fait noirs. C'était le spectacle le plus
effrayant que j'eusse vu de ma vie.

« Au nord-ouest du lieu d'où venait l'éclipse, il me
fut impossible de faire la moindre distinction entre le

ciel et la terre, dans une largeur d'environ soixante
degrés ou plus. Nous cherchions en vain la ville d'Amesbury, qui était située au-dessous de nous : à peine si
nous voyions la terre qui nous portait. Je me tournai
plusieurs fois pendant cette obscurité totale, et je re-
marquai qu'à une bonne distance à l'ouest, l'horizon
était parfait des deux côtés, c'est-à-dire, au nord et au
sud ; la terre était noire, et la partie inférieure du ciel
claire ; l'obscurité, qui s'étendait jusqu'à l'horizon dans
ces parties, faisait sur nos têtes l'effet d'un dais orné de
franges d'une couleur plus légère ; de manière que les
bords supérieurs de toutes les collines, que je recon-
naissais parfaitement à leur forme et à leur profil, formaient une ligne noire. Je vis parfaitement que l'intervalle de lumière et de ténèbres que l'horizon présentait
au nord était entre Mortinsol et Sainte-Anne ; mais au sud
il était moins défini. Je ne veux pas dire que la ligne de
l'ombre passait entre ces collines qui étaient à douze
milles de nous ; mais aussi loin que je pus distinguer
l'horizon, il n'y en avait pas du tout derrière. En voici
la raison : l'élévation du terrain sur lequel j'étais me
permit de voir la lumière du ciel au delà de l'ombre ;
néanmoins cette ligne de lumière que je voyais jaunâtre
et verdâtre, était plus large au nord qu'au sud, où elle
présentait une couleur de tan. Il faisait à cette époque
trop noir derrière nous, c'est-à-dire à l'est, en tirant
vers Londres, pour que je pusse voir les collines situées
au delà d'Andover, car l'extrémité antérieure de l'ombre
dépassait cet endroit. L'horizon se trouvait donc alors
divisé en quatres parties qui différaient entre elles d'é-
tendue, de lumière et d'obscurité. La plus large et la plus

noire était au nord-ouest, et la plus longue et la plus
claire au sud-ouest. Tout le changement que je pus
apercevoir pendant toute la durée du phénomène, fut
que l'horizon se divisa en deux parties, l'une claire,
l'autre obscure. L'hémisphère septentrional acquit encore plus de longueur, de clarté et de largeur, et les
deux parties opposées se réunirent.

« Ainsi que l'avait fait l'ombre au commencement, la
lumière partit du nord et se fit sentir sur notre épaule
droite. Je ne pus à la vérité distinguer de ce côté ni lumière ni ombre définie sur la terre, que j'observais avec
attention ; mais il était évident qu'elle ne revenait que
peu à peu en faisant des oscillations ; elle rebroussait
un peu, se portait rapidement plus loin, jusqu'à ce
qu'enfin, au premier point brillant qui parut dans le
ciel, à l'endroit où se trouvait le soleil, je distinguai assez clairement un bord de lumière, qui nous effleura le
côté pendant assez longtemps, ou nous rasa les coudes
de l'ouest à l'est. Ayant donc bonne raison de supposer
l'éclipse terminée pour nous, je regardai à ma montre,
et trouvai que l'aiguille avait parcouru trois minutes et
demie. Le sommet des collines reprit alors sa couleur
naturelle, et je vis un horizon à l'endroit où se trouvait
auparavant le centre de l'obscurité. Mes compagnons
s'écrièrent qu'ils revoyaient le coteau escarpé sur lequel ils avaient porté des yeux attentifs. Il resta, à la
vérité, encore noir au sud-est ; mais je ne veux pas dire
que l'horizon fût toujours difficile à découvrir. Nous
entendîmes immédiatement les alouettes qui célébraient,
par leur chant, le retour de la lumière, après que tout
eut été enseveli dans un silence profond et universel. Le

ciel et la terre parurent alors comme le matin, avant le
lever du soleil. Le premier prit une teinte grisâtre en-
tremêlée d'un peu plus de bleu, la seconde, aussi loin
que ma vue put s'étendre, en prit une vert foncé ou
rousse.

« Aussitôt que le soleil parut, les nuages s'épaissi-
rent, et la lumière n'en devint guère plus vive, pendant
une ou plusieurs minutes, ainsi que cela arrive dans
une matinée nuageuse qui avance lentement. A l'instant
où l'éclipse a été totale, jusqu'au moment de l'émersion
du soleil, nous vîmes distinctement Vénus, mais aucune autre étoile. Nous aperçûmes en ce moment le clocher de Salisbury. Les nuages ne se dissipant pas, nous
ne pûmes pousser plus loin nos observations ; cependant ils s'éclaircirent beaucoup sur le soir. Je me suis
hâté de venir à la maison écrire cette lettre. Ce spectacle
a fait sur mon esprit une telle impression, que je pourrais longtemps en décrire toutes les circonstances avec
la même précision qu'aujourd'hui. Après souper, j'en ai
fait le dessin d'après mon imagination, sur le même
papier où j'avais auparavant tracé une vue de pays.

« Je vous avoue que j'étais, en Angleterre, je crois, le
seul qui ne regrettât pas la présence des nuages : elle
ajoutait beaucoup à la solennité du spectacle, incomparablement supérieur, selon moi, à celui de 1715, que je
vis parfaitement du haut du clocher de Boston en Lin-
colnshire, où l'air était très-pur. Ici, à la vérité, je vis
les deux côtés de l'ombre venir de loin, et passer à une
grande distance derrière nous ; mais cette éclipse avait
beaucoup de variété, et inspirait plus de terreur ; en
sorte que je ne peux que me féliciter d'avoir eu l'occa-

sion de voir d'une manière si différente ces deux rares accidents de la nature. Cependant j'aurais volontiers renoncé à ce plaisir pour l'avantage plus précieux de concourir à la perfection de la théorie des corps célestes, dont vous venez de donner au monde un exemple de calcul si exact. Notre seul vœu eût été de pouvoir ajouter à votre gloire, qui, je n'en doute pas, ne se serait point démentie dans cette circonstance. »

———

SEIZIÈME LEÇON.

LA LUNE (SUITE), CONSTITUTION PHYSIQUE.

LES ASTÉROÏDES.

Taches que présente le disque de la Lune. — Leur nature. — Elles fournissent le moyen d'étudier la rotation de la Lune. — Phénomène que
présente ce mouvement. — Ce que l'on croyait qu'étaient les taches
sombres, et noms qu'on leur avait donnés. — La Terre vue de la Lune
comme Lune — Utopies auxquelles donne lieu l'hémisphère de la Lune
qui pour nous sera toujours dans l'obscurité. — Atmosphère. —
Montagnes de la Lune. — Procédé pour obtenir leur élévation. —
Leur hauteur. — Leurs formes. — Y a-t-il des Volcans dans la Lune?
— Astéroïdes ou aérolithes. Viennent-ils de la Lune? — Composition
chimique. — Hypothèse sur leur origine. — Examen. — Conclusions.

Constitution physique de la Lune. — L'étude de la constitution physique de la lune est-elle abordable? Oui,
avec les moyens d'observation que nous possédons, et
sachant qu'un grossissement de tant rapproche de tant.
Ainsi la lune est à 96,000 lieues de la terre; un grossissement de 1000 fois la mettra à 96 lieues, un de 2000, à
48 lieues; c'est la distance de Mâcon au Mont-Blanc,

qui de ce point est parfaitement visible, ainsi que de
Lyon, d'où il apparaît très-resplendissant. Le rayon
moyen de la terre, qui est de 6,366,669 mètres, soutend
un arc de 3600 secondes, ce qui donne environ 1800 mètres
par seconde. Pour qu'un objet soit visible, il faut qu'il
soutende un rayon de 60″. Avec un grossissement de 60
fois, on peut voir un espace de 2000 mètres de diamètre,
étendue dont il est possible de se faire une idée en se rappelant que de l'Observatoire au palais du Luxembourg il
y a un peu plus de 1000 mètres; avec un grossissement
de 600 fois, on voit un cercle dont le rayon est de 100 mètres et le diamètre de 200; enfin, avec un grossissement
de 6000 fois, on peut voir un cercle dont le diamètre sera
de 20 mètres et le rayon de 10. Telles sont les limites de
la visibilité pour les choses rondes; mais pour les objets
allongés, la limite est plus grande, c'est-à-dire qu'un
objet de 1[1000e de seconde, ou 2 mètres, la largeur
d'une chaussée de chemin de fer, par exemple, est très-
visible à cette distance; telle sera l'étendue jusqu'à laquelle on pourra pousser l'étude de la surface de la lune
dans un temps qui n'est pas éloigné.

Lorsqu'on observe à l'œil nu le disque de la lune, on
y remarque des portions moins lumineuses que d'autres,
des taches, en un mot, dans la disposition desquelles le
vulgaire a cru voir, depuis les temps les plus anciens,
les linéaments d'une figure.

En a-t-il toujours été de même? Oui, du moins cela
est ainsi depuis 2,000 ans, depuis l'époque où Plutarque
écrivit son petit ouvrage sur la figure que présente la
surface de la lune. Les peintres d'enseignes n'ont donc
pas tout à fait tort de donner une figure à la lune; à

l'œil nu, sans lunettes, on voit en effet quelque chose dans ce genre.

Les taches de la lune résultent de la composition peu homogène des parties constituantes de la planète. C'est quelque chose de semblable à l'aspect que présenterait la terre, si on pouvait l'examiner d'un point pris à une certaine hauteur au-dessus de sa surface. Élevons-nous dans les airs, regardons, par exemple, la Normandie, les régions calcaires, les pays crayeux de la Champagne pouilleuse, ils nous offriront des aspects très-dissemblables. Eh bien, il y a sur la lune, comme sur la terre, des matières d'une nature très-différente, qui sont la cause première des nuances très-différentes aussi que l'on remarque à sa surface. Ces nuances lumineuses et obscures ont permis d'étudier la nature de la rotation de la lune, en comparant l'aspect qu'elle offrait dans les diverses lunaisons. On a bientôt constaté ainsi qu'elle nous présentait toujours le même côté de sa surface, qu'il y a un hémisphère que l'on ne verrait jamais. On a également tiré de là cette conséquence que la lune tourne sur elle-même. Il nous sera aussi facile de le reconnaître au moyen de ces taches, qu'il nous a été facile d'étudier le mouvement de rotation du soleil au moyen de phénomènes semblables. Prenons, en effet, sur le disque lunaire, une tache, un point quelconque dont il soit possible de suivre le mouvement, et supposons-le placé sur le bord même de l'orbe; il marchera avec une vitesse assez grande, et, trois jours et demi après le moment choisi pour le suivre il aura déjà décrit un quart de la demi-circonférence; sept autres jours après, il correspondra au centre même

du disque, puis aux trois quarts, et enfin, au bout de
quatorze jours, il disparaîtra au bord opposé pour reparaître dans sa position primitive au bout d'un peu plus
de vingt-sept jours (27,522). C'est là la durée de la rotation de la lune sur elle-même et en même temps celle
de sa révolution, comme nous l'avons déjà vu. Il résulte
de ce double mouvement, opéré dans le même temps,
que la lune nous présente toujours les mêmes parties
de sa surface, la même moitié de son disque.

Les premières études sur la lune avaient fait admettre que les taches les plus sombres de son disque
étaient dues à de vastes cavités remplies d'eau, espèces
de méditerranées et de lacs auxquels on appliqua une
nomenclature assez insignifiante, et dans laquelle on ne
retrouve pas toujours le bon sens qui distingue celle
des montagnes les plus remarquables. Ainsi, il y eut
une Mer Caspienne, un lac Noir, etc.; mais nous verrons bientôt qu'il ne peut y avoir d'eau sur la lune. On a
cependant conservé les noms, seulement ils ne s'appli-
quent plus aujourd'hui qu'à de larges vallées ou à de
dépressions plus ou moins étendues, et qui doivent leurs
teintes diverses, ainsi que nous l'avons vu, à leur composition élémentaire différente.

On remarque, par l'observation des taches, que la lune
nous montre, d'un côté ou de l'autre, quelquefois un
peu plus, quelquefois un peu moins de son disque,
comme si elle avait un léger balancement. Ce mouvement a été appelé, de là, *libration* (voy. la leçon suivante).

Il n'y a rien qui familiarise autant avec les théories
astronomiques, comme de les examiner dans leur sens

24.

opposé. Transportons-nous donc à la surface de la lune, et voici ce que nous observerons :

La planète, par suite du double effet de ses mouvements, se divise en deux hémisphères fort inégalement partagés, quant à la nuit. Dans l'un, elle est toujours noire, et, en certains points, plus dure que dans d'autres ; les faibles rayons de ces étoiles lointaines, qui scintillent dans notre ciel, sont les seules lueurs qui l'éclairent ; dans l'autre, au contraire, la nuit est toujours illuminée par une lune superbe. Bien différente de la nôtre, que nous voyons se lever à l'orient, faire le tour du ciel, puis se coucher à l'occident, cette lune reste toujours sensiblement immobile à la même hauteur dans le ciel ; on s'attend sans cesse à la voir se lever sans qu'elle le fasse jamais. De plus, nous la trouverions gigantesque ; sa surface est environ quatorze fois plus grande que celle de notre lune et toute resplendissante. Comme notre lune, du reste, celle-ci est sujette à des phases qui se répètent périodiquement et avec les mêmes intervalles. Étant dans son plein, elle commence à se ronger du côté de l'occident ; l'entaille augmente, s'avance vers le centre ; bientôt l'astre ne paraît plus qu'un croissant, et, chaque heure, ce croissant diminue ; enfin, à l'instant où il se réduit à un simple filet, et où la nuit, par conséquent, deviendrait complète, le soleil se trouve partout sur l'horizon, et remplace la lune par les flots de lumière dont il inonde les campagnes. La durée qui s'écoule entre une pleine lune et une nouvelle lune est, comme chez nous, d'environ quatorze de nos jours. Les habitants qui vivent sur les points que nous apercevons dans le milieu du disque de la lune, voient le soleil se lever

quand leur lune est dans son dernier quartier, atteindre
l'heure de midi quand elle devient nouvelle, et se coucher enfin quand elle arrive à son premier quartier. Cela
est parfaitement disposé pour eux. Leur pleine lune
marque précisément le milieu de la nuit, et lorsque son
disque diminue, c'est que le jour approche. Les habitants des régions que nous apercevons sur les bords de
la lune ne sont point dans des conditions aussi conve-
nables; la lune est pour eux un simple filet, d'un côté,
lorsqu'ils entrent dans la nuit, de l'autre, lorsqu'ils en
sortent; et de même, elle est dans son plein, d'un côté,
lorsqu'ils sont à la fin de leur nuit, de l'autre, lorsqu'ils
en sont au commencement. De plus, elle demeure perpétuellement pour eux au contact de l'horizon : pour les
uns, comme si elle se levait; pour les autres, comme si
elle se couchait [1].

L'astronomie, ayant la lune pour point d'observation,
a dû exiger de efforts immenses pour arriver à se for-
muler comme science.

Par suite du phénomène qu'offre la lune dans sa révolution, de ne nous présenter jamais qu'un de ses
hémisphères, il doit y avoir de la part des habitants
de notre satellite des voyages très-fréquents de ceux
de l'hémisphère obscur dans l'autre, pour jouir de ce
spectacle très-remarquable d'un astre quatorze fois plus
grand que le nôtre et dont la surface, pendant qu'il
tourne sur son axe, doit présenter les aspects les plus
variés. Les mers, les continents, les forêts, les îles y
apparaissent comme autant de taches de grandeur et

[1] Voyez dans le *Magasin Pittoresque*, année 1838, p. 169, un article
fort intéressant sur la Lune et sur la Terre vue de la Lune.

d'éclat différents, et auxquelles l'atmosphère avec ses nuages apporte des modifications incessantes.

Les utopistes ont fait sur la nature de cet hémisphère des théories très-singulières; ils ont supposé entre autres qu'il était concave. Cette idée a même été sérieusement discutée par un écrivain espagnol nommé Don Llorenzo Ervas y Panduro. Les utopistes sont comme les devins qui font des prédictions a long terme et qui sachant que personne ne pourra les contredire, sont sûrs de ne pas être démentis de leur vie.

Don Llorenzo Ervas, d'ailleurs très au courant des faits, trouve le moyen de faire finir la terre par le feu; dans ce but il lui suffit de supposer que la lune décrive sur elle-même un quart de tour; elle devient alors un miroir concave assez puissant pour brûler la terre.

L'axe de la lune étant presque perpendiculaire à l'écliptique, le soleil ne sort jamais sensiblement de son équateur, d'où il suit que la lune ne jouit pas de la variété des saisons. Mais comme elle ne tourne qu'une seule fois sur son axe pendant son mouvement de révolution, chacun de ses jours et chacune de ses nuits sont de quinze fois 24 de nos heures, ou de 560 heures. Il résulte de là aussi que les habitants de ce satellite n'ont pas les mêmes moyens que nous de calculer le temps; en effet, nous mesurons l'année par le retour des équinoxes, et leurs jours sont toujours égaux. Du reste, ils pourraient le mesurer en observant nos pôles qu'ils voient parfaitement, et dont l'un commence à être éclairé, et l'autre à disparaître toutes les fois que nos équinoxes reviennent.

Atmosphère. — Jamais les taches de la lune ne disparaissent; il n'y a donc pas de nuages. Mais il peut y avoir une atmosphère diaphane et que les condensations ne viennent jamais obscurcir. Le propre d'une atmosphère de ce genre serait, il est vrai, de briser les rayons lumineux envoyés par des corps passant derrière elle. Dans les occultations d'étoiles, si la lumière était réfractée, était brisée, l'étoile serait encore visible quelque temps après avoir disparu, ce qui n'a pas lieu. Donc l'hypothèse d'une atmosphère autour de la lune n'est pas soutenable; il n'y a même pas à sa surface aussi peu d'air qu'il y en a dans le récipient de la meilleure machine pneumatique. Il ne peut y avoir d'eau, car l'eau placée dans le vide se vaporiserait et la moindre vapeur réfracte la lumière, ce qui ne se voit pas encore une fois sur la lune. Il n'y a pas de glace, car la glace se vaporise dans le vide. Voilà bien des différences entre la terre et la lune. Continuons cette étude.

Montagnes lunaires. — La lune est elle plate? non; si elle l'était, la ligne de séparation entre la partie éclairée et celle qui ne l'est point se serait toujours présentée comme une courbe continue, parfaitement régulière; au lieu de cela elle offre les sinuosités les plus fortes.

Si l'on dirige vers cet astre un fort télescope, on remarque, dans la partie qui n'est pas encore éclairée par le soleil aux premiers temps de son cours, une grande quantité de points lumineux sans connexion entre eux ni avec la portion éclairée, qui la précèdent et la suivent et qui s'agrandissent à mesure que les rayons du soleil arrivent plus directement sur la face qu'ils occupent.

Derrière ces points lumineux se projette une ombre

épaisse et qui tourne de manière à se trouver toujours en opposition avec le soleil. Ces points brillants sont les sommités de montagnes qui reçoivent les rayons du soleil avant les parties moins élevées, de même que l'on voit souvent sur la terre la cime des monts colorés par les splendeurs naissantes du jour, alors que leur base est encore dans l'ombre. L'ombre que projettent ces montagnes avait déjà permis d'en mesurer la hauteur, ainsi que la profondeur des vallées; la géométrie a aussi donné les moyens de le faire, et on se sert à cet effet d'une proposition dont le résultat est devenu proverbial chez les géomètres. Nous voulons parler de ce théorème du *carré de l'hypoténuse,* d'après lequel le carré formé sur l'hypoténuse d'un triangle rectangle est égal aux carrés formés sur les deux autres côtés. On appelle *hypoténuse,* dans un triangle rectangle, le côté opposé à l'angle droit. Avant de poursuivre il est indispensable que nous exposions quelques données qui nous conduiront plus promptement à la démonstration de ce théorème, en elle-même fondée sur celle de deux autres propositions, que le seul examen des figures rend évidentes, savoir que deux triangles sont égaux quand ils ont un angle égal compris entre deux côtés égaux, et que tout triangle est la moitié du rectangle de même base et de même hauteur. La première se prouve par la superposition de deux triangles; la seconde par la décomposition du rectangle en deux triangles égaux, et chacun moitié du rectangle. Une fois ceci admis, soit (Pl. VI, fig. 15) ABC, un triangle rectangle en A, et dont l'hypoténuse, d'après ce que nous venons d'observer il y a un instant, sera BC; formons les triangles sur les trois côtés ; et de l'angle A abaissons sur l'hypoténuse la perpendiculaire AD, qui, prolongée jusqu'en E, ira détacher du carré CF le rectangle DF ou 1 ; tirons les diagonales AF, CH.

Les deux triangles ABF, HBC, ont un angle égal B, compris entre deux côtés égaux, AB égal à BH, BC égal à BF : donc ils sont égaux. Je dis de plus que le premier de ces triangles est la moitié du rectangle BF, car il a même base BF, et même hauteur BD, l'un et l'autre se trouvant compris entre deux lignes parallèles AE, BF. Mais si le triangle ABF vaut la moitié du rectangle DF, comme il est de plus égal au triangle HBC, il s'ensuit que ce dernier est aussi la moitié du carré AH, et que le carré est égal au rectangle 1, détaché du grand carré CF.

On démontrerait de même que le rectangle n° 2 est égal au carré n° 2 ; mais les deux rectangles pris ensemble ne sont autre chose que le grand carré élevé sur l'hypoténuse du triangle : donc enfin le carré fait sur cette hypoténuse est égal à la somme des carrés faits sur les deux autres côtés, ou, en d'autres termes, $BC^2 = AB^2 + AC^2$.

C'est là tout ce qui nous est nécessaire pour obtenir la hauteur des montagnes de la lune.

En effet, soit dans la même fig. ANM une circonférence représentant le disque lunaire, CN un rayon quelconque de cette circonférence, L une montagne dont la distance du sommet au point N ait été déterminée, CL une ligne menée de la cime au centre C, et qui n'est autre que l'hypoténuse du triangle rectangle en N, NCL. Cette hypoténuse se compose de deux parties : une partie CI égale à CN, et une partie IL, qui est la verticale passant par le centre de la montagne et en mesurant la hauteur, hauteur qui est dès-lors égale à CL moins IL. En ayant CL, nous aurons donc facilement cette dernière valeur, puisque CI est égal à CN, qui est le rayon connu de la lune.

Mais d'après ce que nous avons vu plus haut, CL ou l'hypoténuse, nous est donnée par CN plus LN, lorsque ces deux dernières valeurs sont déterminées. Or, CN nous est connu, c'est le rayon de la lune; LN a été calculé par l'observation. Je forme les carrés de ces deux valeurs, j'en extrais la racine, ce qui me donne CL, d'où retranchant CI égal à AC, j'ai IL pour hauteur de la cime observée au-dessus de la surface de la lune.

En général, lorsque l'on a trouvé quelque chose, on veut toujours que cela soit très-grand; aussi quelques-uns des astronomes qui s'occupèrent des montagnes lunaires leur donnèrent-ils d'abord des hauteurs considérables. Galilée, le premier parmi les modernes (mars 1610) qui ait reconnu que la lune était un globe couvert de montagnes et de dépressions, leur donne environ 8,800 mètres (27,090 pieds). Hévélius réduisit les plus grandes à 5,200. Mais Riccioli, qui vint après, augmentant les déterminations de l'astronome de Florence, donna à la seule montagne de Sainte-Catherine une élévation de plus de 14,000 mètres (43,098 pieds), près du double de la plus haute montagne terrestre connue jusqu'à ce jour [1].

Lorsque l'on a voulu nier la réalité de ces chiffres, il est arrivé ce qui arrive souvent en pareil cas, on est tombé

[1] C'est un des pics (le 14e) de l'Himalaya (Asie); il a 7,821 mètres. *Annuaire du bureau des longitudes.*

d'un excès dans un excès contraire. Et ce qu'il y a de singulier, c'est que ce fut Herschell, dont on a prétendu bien légèrement que le trait caractéristique était une tendance à l'extraordinaire, qui se rendit coupable de cet excès. Après avoir substitué à la méthode d'Hévélius une méthode plus exacte encore, aux *simples évaluations* de Galilée et de Riccioli, des mesures plus rigoureuses, il tira de ses observations la conséquence qu'à un petit nombre d'exceptions près, la hauteur des montagnes de la lune ne dépasse pas 800 mètres, que la plus élevée, le *mont Lacer,* n'en a que 2,800. Eh bien, les études sélénographiques les plus récentes sont contraires à cette conclusion.

On vient de voir que l'étude des montagnes de la lune faite par Herschell avait laissé la question encore plus indécise peut-être qu'elle ne l'était auparavant. Il était donc à désirer que l'on reprît une à une les sommités lunaires et qu'on en déterminât avec soin l'élévation. Mais c'était un travail long, difficile, méticuleux, pour lequel il fallait et beaucoup d'habileté et une grande patience. Il s'est trouvé des hommes qui se sont voués à cette entreprise et qui ont voulu donner un relief de l'hémisphère visible de la lune, beaucoup plus exact, plus complet que ne pourrait l'être le relief d'un des deux hémisphères de la terre [1]. Deux astronomes de Berlin, MM. Beer et Mædler, ont mesuré 1093, près de 1.100 montagnes de la lune. Sur ce nombre, il y en a *six* au-dessus de 5,800 mètres et *vingt-deux* au-dessus de 4,800

---

[1] Ceci devient manifeste si l'on remarque qu'à l'exception d'une partie de l'Europe, il n'est pas une portion quelconque du globe où la géographie et l'hypsométrie n'aient à signaler quelque lacune.

mètres (4,800 mètres est la hauteur du Mont-Blanc au-dessus de la mer). Le travail important de MM. Beer et Mædler a mis de nouveau dans tout son jour le mérite du célèbre astronome de Dantzig. Il est remarquable que, grâce au zèle et à l'exactitude d'Hévélius, on ait connu la hauteur des montagnes de la lune beaucoup plus tôt que la hauteur des montagnes de la terre.

Les montagnes de la lune ont en général la forme de cratères annulaires très-grands. C'est une immense cavité, un vaste bassin dont les contours affectent une disposition plus ou moins circulaire, et du centre de laquelle surgit le cône qui enveloppe la bouche même du volcan. Nous avons sur la terre des exemples de cette disposition, dans le Vésuve, l'Etna, le Kirauea des Sandwich, etc.; mais ces cratères annulaires sont sur une échelle bien réduite, comparés à ceux de la lune. Il en existe un aux îles Philippines qui est cependant très-vaste; il a été visité par les ingénieurs attachés à l'expédition de l'*Erygone*; sa ressemblance avec les cratères de la lune est telle, que le dessin qu'ils en ont envoyé aurait pu faire croire tout d'abord qu'ils avaient donné le dessin d'un des cratères de notre satellite.

Cette constitution extérieure des montagnes lunaires porte tout naturellement à se demander s'il existe des volcans dans la lune. A la fin d'avril 1787, Herschell présenta à la Société royale de Londres un Mémoire dont le titre : *Trois volcans de la Lune,* dut vivement frapper l'imagination. L'auteur y rapportait que le 19 avril 1787, il avait aperçu dans la partie non éclairée, dans la partie obscure de la lune, *trois volcans en igni-tion.* Deux de ces volcans semblaient sur leur déclin, l'autre paraissait en pleine activité. Telle était alors la conviction d'Herschell sur la réalité du phénomène, que le lendemain de sa première observation, il écrivait : « Le volcan brûle avec une plus grande violence que la nuit dernière. » Le diamètre réel de la lumière volcanique était d'environ 5,000 mètres. Son intensité paraissait très-supérieure à celle du noyau d'une comète qui se montrait alors. L'observateur ajoutait : « Les objets situés près du cratère sont faiblement éclairés par la lumière qui en émane. » Enfin, disait Herschell, « cette éruption ressemble beaucoup à celle dont je fus témoin le 4 mai 1783. »

Herschell ne revint sur la question des prétendus volcans lunaires actuellement enflammés, qu'en 1791.

Dans le volume des *Transactions philosophiques* de 1792, il rapporte qu'en dirigeant sur la lune *entièrement éclipsée*, le 22 octobre 1790, un télescope de 20 pieds, grossissant 360 fois, on voyait, sur toute la surface de l'astre, environ *cent-cinquante points rouges* et très-lumineux.

Or, je puis affirmer que l'illustre astronome a été le jouet d'une illusion. Mais comment arrive-t-il, qu'après des observations aussi exactes que les siennes, peu d'astronomes admettent aujourd'hui l'existence de volcans actifs dans la lune? Voici en deux mots l'explication de cette singularité.

Les diverses parties de notre satellite ne sont pas également réfléchissantes. Ici, cela tient à la forme, ailleurs à la nature de la matière. Les personnes qui ont examiné la lune avec des lunettes savent combien les différences d'éclat provenant des deux causes mention-

nées peuvent être considérables ; combien un point de
la lune est quelquefois plus lumineux que les points
voisins. Or, il est de toute évidence que les rapports
d'intensité entre les parties faibles et les parties brillantes doivent se conserver, quelle que soit l'origine de
la lumière éclairante. Dans la portion du globe lunaire
illuminée par le soleil, il y a, tout le monde le sait, des
points dont l'éclat est extraordinaire comparativement
à ce qui les entoure ; ces mêmes points, quand ils se
trouveront dans la partie de la lune seulement *éclairée
par la terre*, dans la *portion cendrée*, domineront *de
même* par leur intensité l'éclat des régions voisines.
Voilà comment on peut expliquer les observations de
l'astronome de Slough, sans recourir à des volcans. Au
moment où le grand observateur étudiait dans la portion de la lune non éclairée par le soleil le prétendu
volcan du 20 avril 1787, son télescope (de 10 pieds) lui
montrait en effet, à l'aide des rayons secondaires provenant de la terre, jusqu'aux taches les plus sombres.

Quant à la couleur *rouge* des nombreux points qu'en
1790 il regardait comme autant de volcans, elle est
aussi facile à expliquer. En effet, le *rouge* n'est-il pas
toujours la couleur de la lune éclipsée quand il n'y a
point de disparition entière ? Les rayons solaires arrivant à notre satellite par l'effet d'une réfraction, et à la
suite d'une absorption éprouvée dans les couches les
plus basses de l'atmosphère terrestre, pourraient-ils
avoir une autre teinte ? Dans la lune éclairée librement
et de face par le soleil, n'y a-t-il point de cent à deux
cents petits points remarquables par la vivacité de leur
lumière ? Était-il possible que ces mêmes points ne se

fissent pas aussi distinguer dans la lune, quand elle recevait seulement la portion de lumière solaire réfractée et colorée par notre atmosphère[1]?

Les Étoiles filantes ou Astéroïdes.

L'origine que l'on a donnée pendant longtemps aux astéroïdes, en les faisant venir des volcans de la lune, nous oblige à ne pas les isoler tout à fait de l'étude de cette planète.

On donne le nom d'aérolithes (pierres de l'air), de météorolithes (pierres de météore), de bolides (du latin bolus, petite pierre ronde), et enfin d'astéroïdes (corps ayant les formes d'un astre), à des corps plus ou moins considérables qui, à des époques indéterminées, traversent rapidement l'atmosphère, l'enflamment et forment alors ce que l'on appelle les étoiles filantes.

Depuis qu'on s'est avisé d'observer quelques étoiles filantes avec exactitude, on a pu voir combien ces phénomènes, si longtemps dédaignés, méritent d'attention.

Des observations comparatives faites en 1823 à Breslau, à Dresde, à Leipe, à Brieg, à Gleiwitz, etc., par le professeur Brandes et plusieurs de ses élèves, ont donné jusqu'à 500 milles anglais (environ 200 lieues de poste) pour la hauteur de certaines étoiles filantes.

La vitesse apparente de ces météores s'est trouvée quelquefois de 36 milles (12 lieues) par seconde. C'est à peu près le double de la vitesse de translation de la terre autour du soleil. Aussi alors même qu'on vou-

[1] Voy. ci-dessus, p. 261.

25.

drait prendre la moitié de cette vitesse pour une illusion, pour un effet du mouvement de translation de la
terre dans son orbite, il resterait 6 lieues à la seconde
pour la vitesse réelle de l'étoile. six lieues à la seconde
est une vitesse plus grande que celle de toutes les planètes supérieures, la terre exceptée[1].

Apparitions. — Les apparitions d'étoiles filantes, les
chutes de pierres météoriques, sont très-fréquentes, et
on a déjà réuni à ce sujet un assez grand nombre d'observations. Quelques-uns de ces phénomènes sont très-
remarquables sous le rapport du nombre des pierres et
sous celui de leur poids. Ainsi en 1802 il en tomba à En-
sisheim (Haut-Rhin) plus de 4,000, et à l'Aigle (Orne),
le 26 avril 1803, plus de 300. Dans la nuit du 12 au
13 novembre 1833, on en observa à New-York une éton-
nante apparition. Ces météores se succédaient à de si
courts intervalles qu'on n'aurait pas pu les compter.
Ils étaient si nombreux, ils se montraient dans tant
de régions du ciel à la fois, qu'en essayant de les dé-
nombrer on ne pouvait guère espérer d'arriver qu'à de
grossières approximations. L'observateur de Boston les
assimilait, au moment du maximum, à la moitié du
nombre de flocons qu'on aperçoit dans l'air pendant
une averse ordinaire de neige. Lorsque le phénomène
se fut considérablement affaibli, il compta 650 étoiles en
15 minutes, quoiqu'il circonscrivit ses remarques à une
zone qui n'était que le dixième de l'horizon visible. Ce
nombre, suivant lui, n'était que les deux tiers du total;
ainsi il aurait dû trouver 866, et pour tout l'hémisphère

[1] Voyez l'Annuaire pour 1836, p. 291, note.

8,660. Ce dernier chiffre donnerait 34,640 par heure. Or le phénomène dura plus de 7 heures; donc le nombre de celles qui se montrèrent à Boston dépasse 240,000, car, on ne doit pas l'oublier, les bases de ce calcul furent recueillies à une époque où le phénomène était déjà notablement dans son déclin[1].

Volumes. — Les bolides présentent, quant à la masse, les volumes les plus divers, depuis la grosseur d'un œuf jusqu'à celle d'un corps du poids de plusieurs quintaux. Une des pierres de l'Aigle pesait 17 livres (8 kilog. 32), et une masse qui existe dans la province de Bahia, au Brésil, en pèse 14,000 (6,300 kilog.). MM. Rivera et Boussingault ont analysé un échantillon extrait d'une autre masse trouvée sur la cordillière orientale des Andes (Colombie), qui pesait 750 kilog.

Époques des apparitions. — La pluie d'étoiles filantes de 1833 eut lieu, nous l'avons déjà dit, dans la nuit du 12 au 13 novembre. A la même date, l'Europe, l'Arabie, etc., furent, en 1832, témoins du même phénomène. En 1799 une pluie semblable, qui se vit à Boston, fut observée en Amérique par M. de Humboldt; au Groenland, par les frères Moraves; en Allemagne, par diverses personnes. La date est la nuit du 11 au 12 novembre. Le 13 novembre 1831, à 4 h. du matin, l'équipage du brick le *Loiret*, commandé par M. Bérard, vit tomber pendant plus de 3 heures un nombre considérable d'étoiles filantes et de météores lumineux d'une grande dimension. Le 13 novembre 1835, un éclatant et large météore tomba près de Belley et dans cette même nuit du 13 no-

[1] Annuaire pour 1836, p. 293-294.

vembre une étoile filante plus grande et plus brillante que Jupiter, fut observée à Lille [1]. Les dix derniers jours d'avril paraissent être aussi une autre époque périodique d'étoiles filantes. La grande pluie de 1803, aux États-Unis, eut lieu le 21 avril, et les pierres de l'Aigle sont tombées le 26.

Origine et composition chimique. — L'origine des astéroïdes a été l'objet de nombreuses hypothèses. On s'est demandé d'abord si les aérolithes ne pouvaient pas venir de la lune, et, entre autres considérations, l'on s'est appuyé, pour faire cette question, sur des observations qui tendraient à prouver que cet astre possède beaucoup de volcans. Nous rappellerons d'abord ce que nous avons dit plus haut (p. 291-292), que ces observations ne suffisent pas pour faire admettre l'existence de volcans dans la lune. Il est très-vrai, du reste, que, l'existence de ces volcans admise, des pierres pourraient être lancées par eux avec une force suffisante pour sortir de la sphère d'activité de la lune. On a calculé qu'il ne leur faudrait, pour cela, qu'une vitesse égale à cinq fois et demi celle d'un boulet de canon, et nos volcans ont quelquefois lancé des rochers qui ont dû sortir de la bouche du cratère avec une vitesse plus grande, pour parcourir la distance à laquelle ils sont allés tomber. Nous allons au surplus passer en revue les différentes hypothèses par lesquelles on a cherché à expliquer cet étonnant phénomène.

Nous venons d'énumérer les circonstances générales que l'observation a fait connaître relativement aux pierres météoriques; voyons quelle est leur nature.

---

[1] Annuaire pour 1836, *ubi suprà.*

Les aérolithes sont tous composés des mêmes principes chimiques, à peu près, dans les mêmes proportions. On y trouve beaucoup de silice, de fer, de la magnésie, du soufre, du nickel, de l'alumine et du chrôme. Il en est tombé à Alais, en Languedoc, qui renfermaient de plus une petite quantité de charbon ; mais peut-être ceux qui sont tombés ailleurs en contenaient-ils aussi, qu'ils auront perdu en traversant l'atmosphère ; car ces pierres éprouvent dans ce trajet un degré de chaleur tel, qu'une partie des principes volatils qui peuvent entrer dans leur composition primitive doit s'évaporer. Une remarque importante à faire, c'est que le fer et le nickel y sont à l'état métallique, ce qui n'a lieu dans aucune des agrégations minérales que l'on trouve à la surface de la terre. Il est certain, d'ailleurs, que ces pierres elles-mêmes ne se rencontrent naturellement nulle part à la surface du globe. Toutes celles qu'on connaît sont tombées des airs.

Voilà les faits : pour les expliquer on a proposé plusieurs systèmes qui peuvent se réduire aux trois hypothèses suivantes :

1° On a d'abord supposé que les aérolithes étaient, comme la pluie et la grêle, de véritables météores qui se formaient par voie d'agrégation dans l'atmosphère.

2° Chladni a pensé que c'étaient des fragments de planètes, ou même de petites planètes qui, en circulant dans l'espace, entraient dans l'atmosphère terrestre, et, perdant graduellement leur vitesse par la résistance de l'air, venaient enfin tomber à la surface de la terre.

3° Enfin, l'auteur de la Mécanique céleste a fait re-

marquer que les aérolithes pourraient encore tirer leur
origine des éruptions de quelque volcan lunaire qui les
lancerait à une assez grande distance de la lune pour
qu'elles devinssent comme un nouveau satellite de la
terre, mais un satellite qui, ayant beaucoup moins de
masse, serait sujet à de plus grandes perturbations. Si,
après avoir circulé plus ou moins longtemps dans l'espace, ce petit corps vient à être amené dans le rayon de
l'atmosphère de la terre, sa vitesse doit s'anéantir,
comme dans l'hypothèse précédente, et il doit finir par
tomber.

De ces trois hypothèses, la première, qui paraît au
premier coup d'œil la plus simple et la plus naturelle,
est cependant la plus invraisemblable : elle ne soutient
même pas l'examen.

En effet, pour que les aérolithes pussent se former
par agrégation dans l'atmosphère, il faudrait que leurs
éléments constitutifs s'y rencontrassent. Si l'eau et la
grêle se forment dans l'air, c'est qu'il y a toujours dans
l'air des vapeurs aqueuses, et que le froid suffit pour
les condenser. Mais l'analyse la plus exacte ne découvre dans l'atmosphère aucun des principes constituants des pierres météoriques. On n'y trouve ni soufre,
ni manganèse, ni silice, ni nickel, ni fer. Il n'y a même
aucune preuve que l'oxygène et l'azote, principes constituants de l'air atmosphérique, puissent dissoudre
de pareilles substances. Ici vient une objection. Toutes
ces analyses, dit-on, sont faites sur de l'air pris à la
surface de la terre. Mais qui sait si, dans les hautes régions, il n'y a pas des gaz capables de tenir en dissolution les métaux et les terres dont les aérolithes sont

formés? A cela on répond, qu'on a soumis à l'analyse de l'air pris aux plus grandes hauteurs auxquelles l'homme se soit élevé, et que la composition s'en est trouvée absolument la même que celle de l'air pris à la surface de la terre : résultat qu'il était du reste facile de prévoir, puisque c'est une loi générale de la statique des gaz qu'ils s'étendent avec le temps dans tout l'espace qui leur est ouvert, et que lorsqu'on en superpose plusieurs de nature ou de pesanteur diverses, ils finissent par se mêler de manière à former un composé partout homogène. Si donc il existait, dans les hautes régions de l'atmosphère, des gaz capables de tenir en dissolution des matières terrestres ou métalliques, nous en verrions nécessairement quelque chose à la surface de la terre, et puisqu'il n'en est rien, c'est que l'objection que nous combattons manque de fondement.

A cette première impossibilité s'en joignent plusieurs autres. Quand il serait admis que les principes constituants des aérolithes existent réellement dans l'atmosphère à toutes hauteurs, et que s'ils échappent à l'analyse c'est qu'ils y sont en trop petite quantité, encore faudrait-il expliquer, avec des éléments si faibles et si disséminés, une précipitation subite et donnant des pierres de plusieurs quintaux, telles que celle que l'on conserve en plusieurs endroits ou 3 à 400 pierres de grosseurs diverses, comme celles qui ont été détachées et lancées par le météore de l'Aigle. Il faudrait assigner la cause qui réunit les globules épars, pour en forme une masse unique. Ce n'est pas l'affinité, car les éléments qui composent les aérolithes ne s'y trouvent pas combinés, mais simplement agglomérés et retenus

ensemble par juxtaposition. Et cependant s'ils ne sont
soumis à l'action d'aucune force, ces petits globules
doivent tomber isolément à mesure qu'ils se forment.
En vain objecterait-on qu'ils peuvent être soutenus
plus ou moins longtemps par quelque cause analogue à
celle qui, selon l'ingénieuse opinion de Volta, balance
les grêlons entre deux nuages, de manière à leur donner le temps de grossir par l'addition successive de
nouvelles couches de glace. Toujours est-il qu'on n'a
jamais vu ce volume s'élever à plusieurs quintaux,
quoique l'eau qui forme les éléments de la grêle soit
bien plus abondante dans l'air que ne sont supposés
l'être les éléments qui forment les aérolithes. D'ailleurs,
dans l'opinion de Volta, la suspension des grêlons dans
l'atmosphère est attribuée aux actions réciproques de
nuages électriques, cause qui ne peut s'adapter également à la formation des aérolithes, puisque les météores
qui les amènent éclatent quelquefois par le temps le
plus serein. Enfin, si les aérolithes se formaient dans
l'atmosphère comme la pluie et la grêle, ils obéiraient
comme elle à l'action de la pesanteur, et tomberaient
sur la terre en ligne droite, ou du moins sans autre déviation que celle que leur imprimeraient les vents. Mais
il n'en est point ainsi. Les aérolithes ont, dans leur
chute, une vitesse de translation horizontale très-grande
et presque toujours diamétralement opposée au mouvement de translation de la terre dans son orbite. Ce
caractère suffirait seul pour exclure complétement la
possibilité de la formation des pierres météoriques dans
l'atmosphère, quand les considérations chimiques que
nous avons développées ne nous auraient pas déjà conduits à l'écarter.

La seconde hypothèse que l'on a formée sur l'origine de ces masses est beaucoup plus vraisemblable. On a découvert récemment de si petites planètes que l'on ne doit pas répugner à admettre comme possible qu'il en existe de plus petites encore, et telles que nos météores pierreux puissent en résulter. Ces petites planètes entrant dans l'atmosphère de la terre, et y perdant peu à peu leur mouvement propre, finiraient par tomber à sa surface; mais cela ne pourrait arriver sans une compression considérable de l'air au-devant du mobile, pression qui est, sans aucun doute, assez forte pour dégager une quantité de chaleur telle que le solide s'en chauffe beaucoup, ce qui a en effet toujours lieu. Cette hypothèse représente donc parfaitement toutes les circonstances de la chute des pierres météoriques; mais elle n'explique pas leur identité de composition, ou du moins elle ne pourrait l'expliquer qu'en supposant que toutes les planètes, assez petites pour former des aérolithes, sont absolument de même nature et composées des mêmes éléments, dans les mêmes proportions.

Cette identité de composition chimique trouve au contraire son explication dans la dernière hypothèse, qui fait venir ces pierres d'un volcan de la lune; car alors il suffit de supposer, ou que les volcans lunaires ne lancent que de telles matières, ou qu'elles sont particulières à un d'entre eux qui peut seul les lancer assez fort pour en faire des satellites de la terre; et ce degré de force que le calcul a évalué, est, comme nous l'avons vu, très-peu considérable, parce que la lune n'est pas entourée d'une atmosphère résistante. Mais, nous l'avons dit il y a un instant, l'existence des volcans lunaires

n'est pas constatée. Du reste, ces volcans admis, l'explication du phénomène n'est plus qu'une affaire de mécanique rigoureuse. On peut concevoir entre la terre et la
lune une certaine surface qui limite les parties de l'espace où chacun de ces corps attire davantage. Cette
limite sera plus rapprochée de la lune que de la terre,
parce que la masse de la lune est beaucoup moindre.
Une fois que la pierre lancée par le volcan lunaire est
arrivée au delà de cette limite, ce qui peut avoir lieu
dans une infinité de directions, elle devient un satellite
de la terre, mais un satellite qui éprouve des perturbations énormes à cause de la petitesse de sa masse, comparativement à celle de la terre, de la lune et du soleil
par lesquels il est attiré. Que la suite de ces perturbations vienne une fois à l'engager dans l'atmosphère terrestre, la résistance de cette atmosphère usera bientôt
sa vitesse propre, et il finira par tomber à la surface de
la terre, comme dans le cas précédent.

L'examen des trois hypothèses nous amène à voir
que celle qui considère les aérolithes comme des
millions d'astéroïdes se mouvant dans l'espace est la
plus vraisemblable de toutes et jusqu'à présent la seule
qui satisfasse le plus complétement aux phénomènes
observés.

La permanence de leur apparition, en différens mois
de l'année, semble indiquer qu'ils forment deux zones
dont les orbites rencontrent le plan de l'écliptique, vers
les points que la terre va occuper tous les ans, à cés diverses époques, dans l'espace.

DIX-SEPTIÈME LEÇON.

DE LA LUNE HORIZONTALE, DE LA LUNE D'AUTOMNE ET DE LA LUNE DU CHASSEUR.

De la Lune horizontale.

La lune présente souvent, à l'horizon, un phénomène qui est connu sous le nom de *lune horizontale*. Cet astre affecte alors une forme elliptique, et paraît beaucoup plus grand et moins brillant que lorsqu'il est au méridien.

Et d'abord, pour commencer par la circonstance la plus facile à expliquer, il est sensible que si l'éclat de la lune est moins vif à l'horizon qu'au méridien, c'est que les rayons lumineux qu'elle nous envoie ont à traverser une couche atmosphérique bien plus épaisse et bien plus dense dans la première de ces positions que dans la seconde, ainsi que le montre, pl. V, la fig. 6. Il n'est donc pas étonnant que ces rayons soient plus faibles et plus

décolorés, surtout si l'on songe qu'en rasant la surface
de la terre, ils ont à traverser beaucoup de vapeurs.

Quant aux dimensions apparentes du disque de la
lune, c'est un phénomène dont l'explication a beaucoup
exercé les physiciens. Quelle peut être la cause de cette
apparence, puisque la lune est plus éloignée de nous à
l'horizon qu'au zénith de tout le demi-diamètre de la
terre, différence qui, à vrai dire est si faible, qu'elle ne
peut produire, sur les dimensions apparentes de cet astre, aucun effet sensible? Gassendi pensait que, comme
la lune est moins brillante à l'horizon qu'au méridien,
nous ouvrons davantage la pupille en la regardant dans
la première situation, et que c'est par cette raison que
nous la voyons plus grande. Mais il faudrait, pour que
cette conclusion pût s'admettre, que les variations dans
l'ouverture de la pupille en amenassent dans les dimensions de l'image dessinée sur la rétine. Or, cette supposition, de tous points contraire aux principes de l'optique, est démentie par les expériences les plus précises.
D'autres physiciens ont pensé, avec plus de raison peut-
être, que si la lune nous paraît plus grande à l'horizon
qu'au méridien, c'est parce que nous la supposons plus
éloignée. En effet, disent-ils, il entre deux choses dans
l'acte de la vision, l'angle sous lequel nous voyons les
objets, et la distance à laquelle nous les supposons. Ce
jugement que nous portons, à notre insu, sur la distance, vient corriger l'impression produite par l'image,
et cela est si vrai, que nous savons fort bien apprécier
la taille de deux hommes, par exemple, bien qu'ils soient
à des distances fort inégales de nous, et soient conséquemment vus sous des angles très-différents. Une autre

expérience est frappante. Si l'on place un objet sur un plan horizontal, et qu'on mette son œil dans le prolongement de ce plan, puis, qu'on regarde l'objet de manière à y voir deux images (ce qui sera, si l'on pousse un peu avec le doigt la paupière inférieure), les deux images seront de grandeurs différentes ; la plus rapprochée sera plu petite que l'autre, et d'autant plus petite qu'elle se rapprochera davantage de l'œil. Ce qui prouve que la différence dans la distance des images en met une seule dans leurs dimensions apparentes, c'est que, si l'on fait l'expérience de manière à avoir les images sur un plan vertical, on aura beau les séparer, elles paraîtront toujours aussi grandes l'une que l'autre. Or, continuent les partisans de cette explication, la lune, à l'horizon nous paraît occuper la partie inférieure d'une calotte sphérique; elle nous semble donc plus éloignée que lorsqu'elle est au sommet de la calotte, c'est-à-dire au zénith. D'ailleurs, dans la première situation, sa distance apparente est encore accrue par la comparaison que fournissent les objets intermédiaires. Ainsi le jugement erroné porté sur la distance modifie l'impression produite par l'image, et fait voir l'astre plus grand qu'il ne devrait être vu.

Telle est l'explication qu'on donne aujourd'hui. Mais, sans contester les principes sur lesquels elle repose, nous pensons que si la cause assignée concourt à produire le phénomène de la lune horizontale, elle n'est pas la seule, et qu'il en est une autre dont l'action et les effets sont bien plus évidents; c'est la réfraction. En effet, les rayons lumineux, partis des extrémités du disque de la lune, arrivent à l'œil sous un angle agrandi par l'infléchissement que l'atmosphère leur a fait subir les uns

26.

vers les autres; l'astre vu ainsi, par l'effet de la réfraction, sous un angle plus ouvert, doit donc paraître plus
grand.

A l'égard de la figure qu'il affecte, c'est encore un
effet de la réfraction. La lune, avons-nous dit, prend une
forme elliptique, c'est-à-dire que son diamètre vertical
est plus petit que son diamètre horizontal. Cela doit
être; car les rayons partis des extrémités du diamètre
horizontal, pénétrant dans l'atmosphère sous le même
angle, sont également infléchis; mais il n'en est pas de
même des rayons qui viennent des extrémités du diamètre vertical : ceux de l'extrémité supérieure, entrant
dans l'atmosphère sous une direction plus oblique que
ceux de l'extrémité inférieure, sont plus réfractés, et
par conséquent font voir trop haut proportionnellement
les parties du disque dont ils émanent. Cette inégalité de
réfraction doit donc altérer la figure de la lune.

De la Lune d'automne et du chasseur.

Puisque nous parlons de la lune, nous dirons un mot
de deux autres phénomènes qu'elle présente. Deux fois
l'année elle se lève, presque à la même heure, pendant
une semaine. Elle prend alors le nom de lune d'automne
et de lune du chasseur.

La lune, comme nous l'avons vu, se meut dans son
orbite de l'ouest à l'est. Quand donc la terre, par l'effet de
son mouvement diurne, revient d'un méridien quelconque au même méridien, la lune, qui a parcouru, dans le
même sens, un peu plus de la trentième partie de son
orbite, se trouve plus avancée de douze degrés et quel-

ques minutes. Du moins, c'est ce qui a lieu quand elle
se trouve à l'équateur et dans le voisinage. Mais, dans
les hautes latitudes, on trouve de notables différences.

Puisque le plan de la ligne équinoxiale est perpendiculaire à l'axe de rotation de la terre, il est évident que
toutes les parties du cercle équinoxial font des angles
égaux avec l'horizon, tant à l'est qu'à l'ouest, et qu'il y
a toujours, dans des temps égaux, autant de ces parties
levées ou couchées. Si donc la lune se mouvait dans le
plan équinoxial, et qu'elle devançât chaque jour le soleil
de 12° 11′, comme elle fait dans son orbite, elle se lèverait et se coucherait chaque jour cinquante minutes plus
tard.

Mais son orbite s'écarte beaucoup du plan équinoxial ;
elle se rapproche infiniment plus de celui de l'écliptique,
nous pouvons momentanément les considérer comme
confondus. Or, les différentes parties de ce plan, qui est
oblique à l'axe de la terre, font avec l'horizon des angles
différents, soit à l'est, soit à l'ouest. Les parties qui se
lèvent avec les plus petits angles sont celles qui se couchent avec les plus grands, et réciproquement. Dans des
temps égaux, quand cet angle est le plus petit, il se lève
une plus grande portion de l'écliptique que quand il est
plus grand. Ainsi, soit (fig. 4 et 5, pl. V), L la latitude
de Londres, A, B l'horizon de ce lieu, F, P l'axe du
monde, Ee l'équateur, Kk l'écliptique. L'écliptique,
par suite de la position oblique de la sphère dans la
latitude de Londres, a une haute élévation au-dessus
de l'horizon, et fait, dans la figure 4, l'angle AVK d'environ 62° 1/2, quand le signe du Cancer est sur le méridien, pendant que la Balance se lève dans l'est. Mais

quand l'autre partie de l'écliptique est au-dessus de l'horizon, c'est-à-dire quand le signe du Capricorne est au méridien et le Bélier se lève à l'est, l'écliptique ne fait avec l'horizon qu'un angle très-petit, k V A (fig. 5), d'environ 15°, c'est-à-dire de 47° 1/2 plus petit que le premier.

Ainsi, la sphère céleste paraissant tourner autour de l'axe F P, une plus grande partie de l'écliptique se lèvera dans un temps donné, quand elle aura la position de la fig. 5, que quand elle aura celle de la fig. 4.

Dans les latitudes nord, c'est quand le Bélier se lève et que la Balance se couche que l'écliptique fait le plus petit angle avec l'horizon; il fait le plus grand angle, au contraire, quand la Balance se lève et que le Bélier se couche. Du lever du Bélier à celui de la Balance, espace qui comprend douze heures sidérales, l'angle augmente; il diminue du coucher de l'un à celui de l'autre, Ainsi, l'écliptique se lève plus vite vers le Bélier et plus lentement vers la Balance.

Mais sur le parallèle de Londres, l'écliptique se lève autant vers les Poissons et le Bélier en deux heures, que l'orbite de la lune en 6 jours; pendant qu'elle est dans ces signes, ses levers ne sont retardés que de 2 h. en 6 j., c'est-à-dire, terme moyen, de 20′ par jour; mais la lune entre, 14 j après, dans les signes de la Vierge et de la Balance, qui sont opposés aux Poissons et au Bélier; et tant qu'elle est dans ces signes, ses levers sont de jour en jour plus tardifs d'environ 1 h. 15′. Comme le Taureau, les Gémeaux, le Cancer, le Lion, la Vierge et la Balance se suivent, l'angle formé par l'écliptique avec l'horizon augmente quand ils se lèvent, et diminue quand

ils se couchent. Ainsi, les levers de la lune sont de plus
en plus tardifs tant qu'elle est dans ces lignes, et ses couchers suivent une marche contraire ; puis la différence
des levers s'affaiblit de jour en jour dans les six autres
signes, le Scorpion, le Sagittaire, le Capricorne, le Verseau, les Poissons, le Bélier.

Mais la lune fait le tour de l'écliptique en 27 j. 8 h.,
et met 29 j. 1/2 à revenir au même point, de façon
qu'elle est, chaque lunaison, dans les Poissons et le Bélier, au moins une fois, et, dans quelques cas, deux
fois.

Que si le soleil ne paraissait pas se mouvoir dans l'é-
cliptique en vertu de la translation de la terre, chaque
nouvelle lune tomberait dans le même signe, et chaque
pleine lune dans le signe opposé, puisque, dans l'intervalle, la lune ferait précisément le tour de l'écliptique.
Or, comme la pleine lune se lève en même temps que le
soleil se couche, par la raison que quand un point de
l'écliptique se couche le point opposé se lève, elle se
lèverait toujours dans les deux heures du coucher du
soleil, sous le parallèle de Londres, pendant la semaine
où elle est pleine. Mais pendant qu'elle s'éloigne, par
rapport à l'écliptique, d'une conjonction ou d'une opposition, le soleil passe au signe suivant en 27 j. 1/2. La
lune, pendant le même temps, dépasse donc sa révolution, et elle avance beaucoup plus que ne le fait le
soleil dans cet intervalle de 2 j. 1/16, avant qu'elle
puisse rentrer en opposition ou en conjonction avec lui.
On voit donc qu'il ne peut y avoir, dans un point quelconque de l'écliptique, qu'une seule fois conjonction ou
opposition. C'est ainsi que les deux aiguilles d'une hor-

loge ne sont jamais qu'une seule fois, en 12 h. en opposition ou en conjonction dans la partie du cadran qu'elles ont parcourue.

Maintenant, comme la lune n'est pleine que quand elle est en opposition avec le soleil, et comme celui-ci n'est dans les signes de la Vierge et de la Balance qu'en automne, la lune ne peut être pleine, dans les signes opposés qui sont les Poissons et le Bélier, que dans ces deux mois. Il ne peut donc y avoir dans l'année que deux pleines lunes qui se lèvent, pendant une semaine, presque en même temps que le soleil se couche.

Lorsque la lune est dans les Poissons et le Bélier, elle se peut lever presque à la même heure, dans chaque révolution de son orbite ; mais ce phénomène passe sans qu'on y fasse toujours attention. Ainsi, en hiver, ces signes se lèvent à midi, et la lune, qui est en quadrature, ne se remarque pas. Au printemps, le soleil et la lune sont dans ces signes, il y a conjonction, et celle-ci ne se voit pas. En été, le lever de la lune en quadrature se fait à minuit ; il est donc peu remarqué. Ce n'est qu'en automne, que la lune, qui est pleine, se lève quand le soleil se couche, ce qui rend le phénomène très-remarquable.

Ce phénomène est aussi régulier d'un côté de l'équateur que de l'autre. En effet, dans les latitudes sud, les saisons sont opposées à celles des latitudes nord. Ainsi, les pleines lunes du printemps, d'un côté de l'équateur, sont précisément dans les signes des pleines lunes d'automne de l'autre côté.

Réciproquement, au printemps, les pleines lunes présentent à leur coucher le même phénomène que les pleines lunes d'automne présentent à leur lever.

Nous avons supposé jusqu'ici, pour plus de simplicité, que le plan de l'orbe lunaire coïncide avec celui de l'écliptique; mais nous savons que ces plans font entre eux un angle de 5° à 5° 8', en se coupant suivant la ligne des nœuds. Or, la lune passe au moins deux fois, et souvent trois fois, dans l'intervalle de deux changements. En effet, comme elle gagne presque un signe d'un changement à l'autre, si elle passe par un nœud à l'époque du changement, ou à peu près, elle peut y revenir, après avoir passé par l'autre, avant le prochain changement. D'ailleurs, au nord de l'écliptique, elle se lève plus tôt et se couche plus tard que si elle se mouvait dans ce plan; c'est le contraire au sud. Mais le mouvement rétrograde des nœuds fait varier cette différence. Lors, en effet, que le nœud ascendant est dans le Bélier, la moitié de l'orbe lunaire au sud fait avec l'horizon un angle de 5° 1/2 de moins que celui que l'écliptique fait avec ce plan, lorsque le Bélier se lève dans les latitudes nord : c'est pourquoi dans les Poissons et le Bélier, la lune se lève avec une différence de temps moindre que si elle parcourait le plan de l'écliptique. Mais le nœud descendant atteint à son tour le Bélier, après 9 ans et 114 jours; l'angle que fait l'orbe de la lune avec l'horizon est plus grand de 151° 1/2, d'où il suit que la lune met plus de temps entre ses levers dans les Poissons et le Bélier que si elle marchait dans l'écliptique. Ainsi le phénomène de la lune d'automne n'est pas toujours également remarquable; son intensité varie du maximum au minimum dans une période de neuf ans et demi.

La pleine lune d'hiver est aussi élevée sur l'écliptique que le soleil l'est en été ; elle doit donc rester aussi longtemps sur l'horizon ; et, réciproquement, elle n'y reste pas plus en été que cet astre n'y reste en hiver. Il suit de là que les cercles polaires, qui ont le soleil 24 h. sur l'horizon et 24 h. sous ce plan, doivent aussi avoir une pleine lune qui reste 24 h. levée, et une autre qui reste le même temps sous l'horizon. Mais ces deux pleines lunes sont les seules qui arrivent vers les tropiques ; toutes les autres ont un lever et un coucher.

Les pôles ont, comme nous l'avons vu, p. 167-168, un jour de six mois et une nuit de même durée, si l'on fait toutefois abstraction des modifications que la réfraction apporte à cette distribution de la lumière et des ténèbres. Or, comme la pleine lune est toujours en opposition avec le soleil, on ne peut la voir tant qu'il est au-dessus de l'horizon, excepté quand elle est dans la moitié nord de son orbite, car, quand un point de l'écliptique se lève, le point opposé se couche. Ainsi, quand le soleil est au-dessus de l'horizon, la lune, au temps de son opposition, est au-dessous de ce plan ; elle est donc invisible la moitié de l'année. Mais lorsque le soleil est descendu sous l'horizon, les pleines lunes sont visibles dans les lieux qu'il n'éclaire plus. Ainsi les pôles, qui sont privés de la lune en été, c'est-à-dire quand ils ont le soleil, la revoient en hiver, quand le soleil les a quittés. Ils ne sont donc presque jamais dans une grande obscurité, puisqu'ils jouissent le plus souvent de la lumière de la lune qui les dédommage de la longue absence du soleil.

DIX-HUITIÈME LEÇON.

DES INÉGALITÉS SÉCULAIRES ET PÉRIODIQUES.

———

Des inégalités séculaires et périodiques. — Inégalités de la Lune et de la Terre. — Inégalités de la Lune. — Variations. — Équation annuelle. — Mouvement rétrograde des nœuds. — Évections. — Inégalités de la Terre. — Précession des équinoxes. — Nutation. — Diminution de l'obliquité de l'écliptique.

Puisque les corps s'attirent tous mutuellement, selon les lois que nous avons reconnues, les globes de notre système doivent se contrarier réciproquement dans leur marche et éprouver une infinité de perturbations. C'est ce qui arrive en effet, et c'est ici surtout que triomphe le système de l'attraction. Il n'est aucun de ces dérangements, aucune de ces perturbations, quelque minime qu'elle soit, dont il ne donne la plus rigoureuse appréciation.

Les irrégularités qu'éprouvent les mouvements des planètes et de leurs satellites ont reçu le nom d'iné-

27

galités. Il y a les inégalités *séculaires* et les inégalités *périodiques*. Ce n'est pas que les premières ne soient également périodiques, mais on a voulu dire qu'elles ne se produisent qu'avec une extrême lenteur, tandis que les autres s'accomplissent dans un temps très-court.

Toutefois, ces dérangements sont limités, il est des bornes qu'ils ne peuvent franchir. Ainsi les courbes décrites peuvent être plus ou moins irrégulières, s'éloigner ou se rapprocher plus ou moins de la forme circulaire ; mais la distance du soleil ne variera jamais : l'angle d'inclinaison de l'axe sur l'orbite peut bien éprouver quelque variation, mais elles ne dépasseront jamais certaines limites.

Nous ne nous proposons de parler ici que des inégalités les plus remarquables de la lune et de la terre.

INÉGALITÉS DE LA LUNE ET DE LA TERRE.

INÉGALITÉS DE LA LUNE. — *Variations*. — Lorsque la lune est en conjonction, c'est-à-dire lorsqu'en vertu de son mouvement de révolution elle est venue se placer entre le soleil et la terre, elle se trouve plus rapprochée du premier de ces astres que dans la situation opposée, et l'attraction solaire s'exerçant avec plus d'intensité, la distance de la lune à la terre en est augmentée. Lorsque au contraire, la lune est en opposition, c'est-à-dire lorsque la terre se trouve entre elle et le soleil, celui-ci, attirant plus fortement la terre, l'éloigne à son tour de son satellite. Dans les quadratures, l'action du soleil laisse prédominer celle de la terre : mais on conçoit que l'effet immédiat de ses dérangements est d'influer sur la vitesse du mouvement de la lune. On remarque, en effet, que le mouvement se ralentit de la conjonction à la première quadrature, et qu'il s'accélère de la quadrature à l'opposition. La vitesse diminue ensuite jusqu'à la deuxième quadrature, puis augmente de nouveau jusqu'à la conjonction. Ces inégalités se nomment *variations*.

Équation annuelle. — Toutefois, comme la lune accompagne la terre dans son mouvement autour du soleil, et que la terre, dans ce mouvement, s'approche ou s'éloigne plus ou moins de cet astre, on sent que cette variation dans les distances apportera des modifications aux phénomènes que nous venons de décrire. Cette nouvelle espèce d'irrégularités a reçu le nom d'*équation annuelle*.

Mouvement rétrograde des nœuds. — Nous avons déjà vu, en traitant de la lune, que ses nœuds se meuvent sur l'écliptique d'orient en occident, et parcourent 19°, 3286 par an, ce qui fait une révolution entière en dix-huit ans sept mois et demi environ, ou plus exactement en 6788 jours 54,019. Ce mouvement des nœuds de l'orbe lunaire et les variations de son inclinaison sur l'écliptique sont dus à l'action du soleil. En effet, lorsque la lune, dans son mouvement de révolution autour de la terre, se rapproche du plan de l'écliptique, la force d'attraction du soleil la fait descendre, et avance ainsi le moment où elle doit couper le plan de l'écliptique. De là naît le *mouvement rétrograde des nœuds* et le changement d'inclinaison de l'orbite sur l'écliptique.

Évections. — La force attractive de la terre sur la lune varie d'intensité, selon que cette dernière est apogée ou périgée, et laisse en conséquence plus ou moins d'influence à l'attraction solaire. De là des allongements ou des contractions dans l'orbe lunaire, inégalités qu'on appelle *évections*.

Libration. — Nous avons dit, page 246, ce qu'était la libration, expression qui peint bien les apparences qu'on observe, mais qu'on ne doit point prendre au positif, car cette oscillation apparente n'est que le résultat d'une illusion d'optique.

En effet, le mouvement de la lune dans son orbite varie selon qu'elle s'approche ou s'éloigne de la terre, tandis que son mouvement de rotation est toujours uniforme. Il en résulte que durant les moments d'accélération, elle montre à l'orient quelques parties de sa surface qu'on ne voyait point d'abord, tandis que les points correspondants de l'occident disparaissent : le phénomène inverse se produit pendant le retard. C'est ce qu'on nomme la *libration en longitude*.

La *libration en latitude* provient de ce que l'axe de rotation de la lune est incliné sur son orbite, et de ce que cet axe conserve son parallélisme : d'où il suit que la lune tourne alternativement vers nous chacun de ses pôles, et laisse voir ainsi les taches qui s'y trouvent.

Enfin la *libration diurne* vient de ce que la lune tournant constamment son même hémisphère vers le centre de la terre, l'observateur qui n'y est pas placé, aperçoit, quand l'astre est à l'horizon, quelques parties de plus d'un côté et les parties correspondantes de moins du côté opposé.

INÉGALITÉS TERRESTRES. — *Précession des équinoxes*. — La plus remarquable de ces inégalités est la *précession des équinoxes.* Le soleil ne coupe pas tous les ans l'équateur au même point; si un jour il le coupe en un point, le même jour de l'année suivante il le coupe en un autre point, éloigné du premier de 50″ 103 à l'ouest, et il arrive ainsi à l'équinoxe 20′ 22″ avant d'avoir complété sa révolution dans le ciel, ou passé d'une étoile fixe à une autre. Ainsi, l'année tropique ou l'année vraie des saisons est plus courte que l'année sidérale. La précession des équinoxes est un effet de l'attraction solaire qui s'exerce avec plus d'intensité sur le ménisque de l'équateur, qu'il tend à faire tomber dans le plan de l'écliptique, mais qui se maintient à son inclinaison par l'effet du mouvement de rotation. Rétrogradant chaque année à l'ouest de 50″ 183, les équinoxes font une révolution entière en 25,868 ans. Ainsi le Bélier ♈, qui correspondait autrefois à l'équinoxe du printemps, se trouve maintenant 30° plus à l'occident, quoique, d'après une convention adoptée par les astronomes [1], il réponde toujours à l'équinoxe.

Le mouvement rétrograde des points équinoxiaux fait décrire à l'axe de la terre, en vertu d'un mouvement unique, un petit cercle dont le diamètre est égal à deux fois son inclinaison sur l'écliptique, c'est-à-dire 46° 56′. Soit NZSVL (pl. IV, fig. 1) la Terre; son axe se prolonge jusqu'aux étoiles et aboutit en A, pôle nord actuel du ciel, qui est vertical à N, pôle nord de la terre; soit

[1] On est convenu de laisser aux signes du zodiaque la place qui leur avait été donnée dans l'origine; mais on établit une différence bien précise entre les *signes* et les *constellations*, puisque aujourd'hui celles-ci ne répondent plus aux premiers; qu'en avançant, par exemple, que tel phénomène céleste se passe dans le *signe* du Bélier, il est de fait dans la *constellation* des Poissons.

27.

EOQ l'Équateur, T♋Z le tropique du Cancer, et VT♑ celui du Capricorne; VOZ l'Écliptique, et BO son axe qui doit être considéré comme immobile, parce que l'écliptique passe toujours sur les mêmes étoiles. Mais comme les points équinoxiaux rétrogradent dans ce plan, l'axe de la terre SON est en mouvement sur le centre de la terre O, de manière à décrire le double cône NOn, et SOs, autour de celui de l'écliptique Bo, dans le temps que les points équinoxiaux marchent autour de ce plan, c'est-à-dire en 25,868 ans, et dans ce long intervalle le pôle nord de l'axe de la terre décrit le cercle ABCDA, dans le ciel étoilé dans le pôle de l'écliptique, qui reste immobile au centre du cercle. L'axe de la terre étant incliné de 23° 28' par rapport à celui de l'écliptique, le cercle ABCDA, décrit par le pôle nord de l'axe de la terre prolongé en A, a presque 46° 56', ou le double de l'inclinaison de l'axe de la terre. En conséquence, le point A, qui est à présent le pôle nord du ciel, et près d'une étoile de la seconde grandeur dans le bout de la queue de la Petite Ourse, doit être abandonné par l'axe de cette planète, qui, rétrogradant d'un degré en 71 années 2/3, sera directement vers l'étoile au point B dans 6447 ans 3/4, et, dans le double double de ce temps ou 12895 ans 1/2, directement vers l'étoile au point C, qui sera alors le pôle nord du ciel. La position actuelle de l'Équateur EOQ sera alors changée en eOq; le tropique du Cancer T♋ en Vt♋, et celui du Capricorne NT♑ en t♑R; et le Soleil, dans la partie du ciel où il est maintenant sur le tropique terrestre du Capricorne et produit les jours les plus courts et les nuits les plus longues dans l'hémisphère du nord, sera alors sur le

.tropique terrestre du Cancer, où il détermine les jours les plus longs et les nuits les plus courtes. Cet effet n'aura lieu que dans 12,895 années, à partir du point C, ou bien, si l'on compte du point du départ A, après 25,868 ans, qui sont nécessaires pour que le pôle nord fasse une révolution complète et se trouve dans un point du ciel qui soit vertical à celui qu'il occupe maintenant.

Nutation. — Bradley avait déjà découvert l'aberration de la lumière et faisait de nouvelles observations pour la vérifier, lorsqu'il s'aperçut que l'axe terrestre s'incline tantôt plus, tantôt moins vers l'écliptique, causant les mêmes variations dans l'inclinaison des plans de l'écliptique et de l'équateur, et décrit, autour du pôle moyen, pris pour centre, une petite ellipse dont le grand axe soutend un arc de la sphère céleste de 20″ 155, et le petit axe 15″ 001. Cette ellipse se décrit dans le même temps que le cycle de la lune, c'est-à-dire à peu près 18 ans 7 mois. La période de la nutation étant précisément celle des mouvements des nœuds de la lune, ces deux phénomènes sont nécessairement liés. C'est, en effet, l'attraction de la lune agissant avec plus d'intensité sur les régions équatoriales que sur les pôles qui détermine le phénomène de la *nutation*[1].

Diminution de l'obliquité de l'écliptique. — Enfin, outre les deux inégalités que nous venons de signaler dans les mouvements de la terre, et qui sont les deux principales auxquelles cette planète est soumise, il en existe encore une autre assez importante, et qui est le résultat de l'ensemble des attractions que les planètes

[1] Du verbe latin *nutare*, chanceler, pencher, vaciller ; la nutation n'est autre chose qu'une vacillation réglée.

réunies exercent sur notre globe : c'est le déplacement graduel du plan de l'écliptique dans le ciel, et la diminution, par siècle, de son inclinaison sur l'équateur, d'une quantité égale, ou à peu près, à 52″, 1154, environ le centième de la précession, 1/2″ par an, 1′ après 116 a s, 1° en 6,900 ans.

Ce changement d'obliquité dans l'inclinaison de l'équateur sur l'écliptique est confirmé par les observations des anciens astronomes et par le calcul. On s'en assure en comparant la situation actuelle des étoiles, relativement à l'écliptique, à celle qu'elles avaient jadis. On reconnaît ainsi que celles qui, d'après le témoignage des anciens, étaient situées au nord de l'écliptique, près du solstice d'été, sont maintenant plus avancées vers le nord et plus éloignées de ce plan ; que quelques-unes s'y trouvent comprises, et *l'ont même dépassé* en se portant vers le nord, qui étaient autrefois au midi. Des changements inverses se sont manifestés vers le solstice d'hiver.

Toutefois, Laplace a démontré [1] que cette diminution de l'obliquité de l'écliptique n'irait pas toujours en augmentant, mais qu'une époque viendrait, durant laquelle ce mouvement finirait par se ralentir, puis, qu'il s'arrêterait entièrement. Ainsi s'établirait un balancement qui ne serait guère que de 1 degré à 3 degrés.

[1] Voyez *Mécanique céleste*, t. I et III.

DIX-NEUVIÈME LEÇON.

LES COMÈTES.

Définitions. — Étymologie, — Ce que l'on entend par *noyau, chevelure*, *barbe* ou *queue, tête*. — Nature des comètes. — Marche. — Caractères auxquels on les reconnaît. — Catalogue des comètes. — Comète de Halley ou de 1759. — Comète de 1770. — Comète d'Encke ou à courte période. — Comète de six ans 3/4. — Comète de Faye. — Comète de 1843. — Constitution physique des comètes. — Anneaux. — Nature des noyaux et des queues. — Leurs caractères. — Leurs dimensions. — Les comètes sont-elles lumineuses par elles-mêmes? — Les comètes ont-elles une influence sensible sur le cours des saisons? — Est-il possible qu'une comète vienne choquer la terre ou toute autre planète? — Notre globe a-t-il jamais été heurté par une comète, comme le pensait Laplace? — La terre peut-elle passer dans la queue d'une comète, et quelles seraient pour nous les conséquences de cet événement? — Les brouillards secs de 1783 et 1831 sont-ils des matières détachées des queues de quelques comètes? — La Lune a-t-elle jamais été choquée par une comète? — La Lune a-t-elle été autrefois une comète? — Serait-il possible que la Terre devînt le satellite d'une comète, et, dans le cas de l'affirmative, quel sort nous serait réservé? — Le Déluge a-t-il été occasionné par une comète? — Les divers points de notre globe ont-ils changé subitement de latitude par le choc d'une comète?

Il nous reste à nous occuper d'une classe nombreuse de corps, au sujet desquels sont nées les opinions les plus diverses. Ce sont les comètes, ces astres dont l'apparition a toujours frappé les hommes d'étonnement ou de frayeur.

Prémettons quelques définitions.

Le mot *comète*, (de κόμη, *chevelure*) l'étymologie l'indique, signifie *étoile chevelue*.

On appelle *noyau* le point central qui est plus ou moins lumineux.

La nébulosité qui entoure le noyau s'appelle *chevelure*.

Les traînées lumineuses dont la plupart des comètes sont accompagnées prenaient autrefois le nom de *barbe* ou *queue*, selon qu'elles précédaient ou suivaient l'astre dans son mouvement. Maintenant on les appelle *queues*, quelle que soit leur situation.

Enfin, on nomme *tête de la comète* la chevelure et le noyau réunis.

Aujourd'hui les astronomes ne mettent plus au nombre des caractères essentiels distinctifs des comètes la nébulosité qui les accompagne. Il suffit à un astre, pour qu'il soit une comète à leurs yeux, *d'être animé d'un mouvement propre et de parcourir une ellipse d'une excentricité telle, qu'il cesse d'être visible pendant une partie de sa révolution.*

Les observations simultanées faites journellement sur des points du globe très-éloignés les uns des autres, et la participation des comètes à la révolution générale de la sphère, ne permettent plus de douter que les comètes ne soient, non, comme on l'a cru anciennement, des météores engendrés dans l'atmosphère, mais des corps permanents, des astres véritables.

On a pensé longtemps que les comètes ne suivaient

point une marche régulière ; qu'elles n'étaient point assujetties aux lois qui régissent les autres astres, et qu'elles erraient de système en système, à travers l'immensité de l'espace. Mais depuis les découvertes de Kepler, on a cherché si ces astres se soustraient à ses lois, et on a essayé de déterminer leurs orbites. Il suffisait pour cela, d'après les théories admises, de connaître trois positions de ces astres, 1° *la longitude du nœud et l'inclinaison* ; 2° *la longitude du périhélie* ; 3° *la distance périhélie*. Il fallait ajouter à ces données le *sens du mouvement*, car les comètes sont tantôt *directes*, tantôt *rétrogrades*, et font seules exception à ce fait si remarquable que tous les globes se meuvent d'occident en orient. On a donc déterminé par ce moyen les courbes que décrivent plusieurs de ces corps, et l'on a reconnu qu'ils se meuvent dans des ellipses d'une très-grande excentricité, dont le soleil occupe un des foyers. Toutefois, les comètes ayant été anciennement peu et mal observées, la plupart des éléments nécessaires à la détermination de leur identité manquent, ce qui rend fort difficile d'assigner, pour beaucoup d'entre elles, l'époque de leur retour. Il ne serait même pas impossible que quelques-unes décrivissent des paraboles, c'est-à-dire des courbes ouvertes dont le soleil occupe le foyer, et conséquemment qu'elles ne revinssent jamais.

Comme les circonstances physiques de forme, de grandeur, d'éclat des comètes varient souvent en quelques jours, ce n'est point à de tels caractères qu'on peut les reconnaître. Aussi les néglige-t-on complétement pour ne s'attacher qu'aux *éléments paraboliques*. Mais l'identité de deux comètes apparues à des époques différentes

·sera-t-elle toujours infailliblement démontrée par ce moyen?

Si les éléments paraboliques de deux comètes sont différents, il ne faudra pas s'empresser de conclure que ce sont deux astres distincts, car, en passant près d'une planète, une comète peut éprouver une perturbation telle, que sa courbe, après ce dérangement, soit entièrement changée. Que si, au contraire, les deux astres que l'on compare ont à peu près les mêmes éléments paraboliques, leur identité sera très-probable. Cependant il ne serait pas impossible que deux comètes différentes décrivissent deux courbes semblables de forme et de position; mais quand on examine sur combien d'éléments divers devrait porter cette similitude, il n'est guère possible de se refuser à croire que deux comètes qui se montrent avec les mêmes éléments ne soient qu'un seul et même astre.

Pour fournir aux astronomes les moyens de reconnaître, quand une comète paraît, si elle est une de celles déjà observées, il existe un *catalogue des comètes,* où sont régulièrement inscrits les éléments paraboliques de toutes celles qu'on observe. Ces éléments sont encore peu nombreux, les bonnes observations des comètes étant trop modernes. Il n'y a que quatre de ces astres dont la marche soit aujourd'hui connue.

Comète de Halley ou de 1759.

Halley ayant calculé, en 1682, les éléments paraboliques d'une comète qui parut à cette époque, fut frappé

de l'analogie qui existait entre ses résultats et ceux obtenus par Kepler pour une comète qui s'était montrée
en 1607. Il recourut aux observations plus anciennes et
vit que les éléments d'une comète aperçue par Apian,
en 1531, étaient fort ressemblants aux siens. Il en inféra
que c'était la même comète qui reparaissait à des intervalles de temps à peu près égaux, c'est-à-dire environ
tous les 76 ans, et il se hasarda à prédire, d'après ces
données, qu'elle reviendrait vers la fin de 1758 ou au
commencement de 1759. Mais Clairaut calcula qu'elle
serait retardée de 618 jours par l'action de Jupiter et de
Saturne, et elle n'arriva, en effet, au périhélie que le
12 mars 1759. Cette comète est la première dont on ait
prédit et vu se vérifier la périodicité.

M. Damoiseau, du Bureau des Longitudes, calcula
l'époque de son prochain retour et fixa son passage au
périhélie au 4 novembre 1835. M. de Pontécoulant, qui
fit le même calcul, indiqua le 7 novembre.

Ensuite, un calcul plus complet de l'action de la terre,
et surtout la substitution, pour la masse de Jupiter, de
la fraction 1/1054 à 1/1070, l'amenèrent à ajouter 6
jours entiers à son ancienne détermination : le passage
ne devait plus arriver que le 13. Postérieurement l'observation directe a donné le 16, c'est-à-dire 3 jours seu
lement de différence.

Le plus fort dérangement de la comète provenant de
Jupiter, et le rapport de la masse de cette planète à la
masse du soleil étant le principal élément du calcul, on
concevra sans peine que le moindre changement dans
la valeur du rapport dont il s'agit ne peut manquer de
modifier notablement le résultat final. Lorsque M. de

28

Pontécoulant trouvait le 13 novembre pour le moment
du passage de la comète au périhélie, il supposait, avec
la plupart des astronomes, que 1,054 globes semblables à Jupiter seraient nécessaires pour former un poids
égal à celui du soleil. Des observations récentes ont
montré qu'il n'en faudrait que 1,049. Eh bien! cette légère augmentation de la masse de Jupiter porte le passage au périhélie de la comète de Halley du 13 au 16. La
différence entre le calcul et l'observation ne serait plus
guère que d'*un demi jour* sur 76 ans. Admirable con-
cordance!

Personne n'avait eu la hardiesse d'annoncer *quel jour*
la comète redeviendrait visible en 1835. L'état du ciel,
l'intensité de la lumière crépusculaire, la force des instruments, la bonté de la vue des observateurs, la possibilité que l'astre eût disséminé une portion sensible de
sa substance le long de l'orbe immense qu'il avait dû
parcourir depuis 1759, étaient autant d'éléments inappréciables qui commandaient la plus grande réserve.
On s'était borné à dire qu'il faudrait commencer les recherches vers les premiers jours d'août. Eh bien! c'est
le 5 de ce mois que, sous le beau ciel de Rome, MM. Du-
mouchel et Vico aperçurent, les premiers, la comète de
Halley. Elle était alors d'une faiblesse extrême. Si l'on
n'avait pas cru devoir dire *quand* la comète deviendrait
visible, sa position par rapport aux étoiles était au contraire marquée jour par jour, dans les éphémérides et
dans diverses cartes. Or, c'est en dirigeant leur lunette
vers le point du ciel où les calculs plaçaient la comète
du 5 août, que les astronomes de Rome la découvrirent.
Cet accord eût été jadis considéré comme une merveille.

Aujourd'hui on a le droit de se montrer plus exigeant. On veut que les éléments paraboliques de l'orbite d'une comète, donnés d'avance par le calcul, correspondent avec ceux qu'indiquent les observations. Eh bien! voici les éléments paraboliques de la comète de 1835 calculés d'avance:

Inclinaison. . . . . 17° 44'.
Longitude du nœud. . . . 55° 30'.
Longitude du périhélie. . . 304° 32'.
Distance — périhélie. . . 0° 58'.
Sens du mouvement. . . . Rétrograde.

Les voici tels qu'on les a déduits des premières observations d'août et de septembre.

Inclinaison. . . . . 17° 47'.
Longitude du nœud. . . . . 55° 6'.
Longitude du périhélie. . . 304° 30'.
Distance-périhélie . . . . . 0° 58.
Sens du mouvement. . . . . Rétrograde.

Ces valeurs étaient une vérification semblable à celle que Halley employa pour la comète de 1759. Le lecteur en sentira toute la portée s'il prend la peine de les comparer.

Comète de 1770.

Cette comète fut découverte par Messier au mois de juin 1770. Les astronomes s'empressèrent, comme d'habitude, de calculer ses éléments paraboliques. Ces éléments ne ressemblaient pas à ceux des comètes déjà observées. La comète resta fort longtemps visible, et l'on ne tarda pas à reconnaître que ses positions différentes ne pouvaient rentrer dans une parabole. Lexell trouva qu'elle avait parcouru en cinq ans et demi une ellipse dont le grand diamètre n'était que trois fois celui de l'orbite terrestre.

On fut étonné, d'après ce résultat, qu'une comète qui, avec une révolution aussi courte, aurait dû se montrer fréquemment, n'eût point encore été aperçue avant Messier, et l'étonnement redoubla lorsqu'on ne la vit pas revenir, après des intervalles de cinq ans et demi, aux différents points de l'orbite elliptique de Lexell. Les causes de cette disparition mystérieuse, qui donna lieu à tant de plaisanteries bonnes ou mauvaises sur la *comète perdue*, sont aujourd'hui parfaitement connues. C'est une conséquence à la fois et une confirmation nouvelle du système de l'attraction. Si la comète n'a pas été vue tous les cinq ans et demi avant son apparition en 1770, c'est qu'elle décrivait alors une orbite tout à fait différente de celle qu'elle a décrite depuis ; et si elle n'a pas été aperçue une seconde fois, c'est qu'en 1776 son passage au périhélie eut lieu de jour, et qu'aux retours suivants son orbite avait éprouvé des altérations telles que la comète n'eût pu être reconnue, si elle eût été visible de la terre. C'est l'action de Jupiter sur cette comète qui l'approcha et l'éloigna de nous tour à tour, en s'exerçant en sens inverse.

Comète d'Encke ou à courte période.

Cette comète fut découverte à Marseille le 26 novembre 1818, par M. Pons. Ses éléments paraboliques, déterminés par M. Bouvard, la firent reconnaître pour celle observée en 1805, et M. Encke démontra qu'elle ne met que douze cents jours, ou trois ans trois dixièmes environ à parcourir son orbite. Les apparitions postérieures sont venues confirmer ces calculs.

Comète de six ans trois quarts.

Elle fut découverte à Johannisberg le 27 février 1826, par M. Biela; M. Gambart, qui l'aperçut quelques jours après à Marseille, en détermina les éléments paraboliques, et reconnut qu'elle avait déjà été observée en 1805 et en 1772.

Cette comète est celle qui effraya si fort quelques personnes, parce qu'on avait annoncé qu'elle viendrait choquer la terre à son retour en 1832. Il est vrai que le 29 octobre elle perça l'orbite terrestre en un point où la terre se trouva un mois après, mais dont elle était alors éloignée de plus de vingt millions de lieues, puisqu'elle parcourt, vitesse moyenne, six cent soixante-quatorze mille lieues par jour. En 1805, cette comète passa dix fois plus près de nous, c'est-à-dire à la distance d'environ deux millions de lieues. Nous parlerons plus loin de la possibilité du choc de la terre par une comète.

Comète de 1843.

La comète qui devint subitement visible dans le mois de mars 1843, excita au plus haut degré la curiosité du public. À certains égards, cette curiosité était légitime : le nouvel astre se distinguait *de la plupart* des comètes dont les annales astronomiques ont conservé le souvenir par l'éclat de la tête et surtout par la longueur de la queue.

28.

La nouvelle comète se montra à Parme, à Bologne, au Mexique, à Portland (États-Unis-Massachusetts), le 28 février; à Copiapo (Chili), à Cuba, à Akaroa (Nouvelle-Zélande), à la Tête-de-Buch, à Montpellier (France), à Nice, du 1er au 12 mars; à Paris, Marseille, Tours, Reims, Brest, à Genève et Neufchâtel (Suisse), le 17 et le 18 mars; à Berlin, le 20 mars, etc.

Les observations faites en ces différents endroits soulèvent diverses questions à examiner.

Ainsi il est certain que la grande comète de 1843 a été aperçue en plein jour et très-près du soleil, le 28 février. Les apparitions de comètes en plein jour sont assez rares; cependant il ne faudrait pas croire qu'il nous ait été donné d'être témoins en 1843 d'un phénomène sans analogie dans l'histoire de la science.

La comète de l'an 43 avant notre ère, la comète que les Romains considérèrent comme une transformation de l'âme de César, immolé peu de temps auparavant, *se voyait de jour*.

L'an 1402 après Jésus-Christ fut remarquable par l'apparition de deux comètes très-brillantes.

En 1552, la curiosité du peuple de Milan fut vivement excitée par un astre que tout le monde pouvait observer en plein jour et qui ne pouvait être qu'une comète.

Tycho découvrit la belle comète de 1577 *avant le coucher du soleil*.

En se plaçant de manière à ne pas être éblouies par la lumière solaire, plusieurs personnes aperçurent à une heure après midi, et sans le secours de lunettes, la comète, célèbre pas ses queues multiples, de 1744.

Les comètes changent quelquefois notablement d'aspéct et d'éclat dans le court intervalle de trois à quatre jours. Leur chevelure et leur queue varient surtout considérablement avec la distance de l'astre au soleil.

Les circonstances physiques de grandeur et d'intensité ne semblent donc pas pouvoir conduire catégoriquement à reconnaître les comètes dans leurs retours successifs. Néanmoins, si tel de ces astres a été une fois remarquable par la vivacité du noyau, l'étendue de la nébulosité, la longueur ou la forme de la queue, on peut présumer, sans prétendre à une ressemblance parfaite, que pendant un certain nombre de ses apparitions le noyau a dû rester brillant, la nébulosité épanouie, la queue développée.

Envisagée ainsi, l'histoire des comètes peut fournir, non des conséquences absolument certaines, mais du moins des indications utiles, quelques faibles probabilités, surtout si l'on fait entrer en ligne de compte la comparaison des temps des révolutions. Tel est le point de vue où il faut se placer pour bien apprécier une communication faite par un astronome anglais, M. Cooper, et datée de Nice le 20 mars.

M. Cooper croyait que la comète du mois de mars 1843 était une réapparition de celle que J.-D. Cassini avait vue à Bologne en 1668. Cassini assimilait déjà à la comète de 1668 une traînée lumineuse que Maraldi observait à Rome le 2 mars 1702, et même le phénomène qui, suivant Aristote, fit son apparition à l'époque où Aristide était Archonte, à Athènes, c'est-à-dire vers l'an 370 avant notre ère. Ces identifications conduisaient, pour le temps de la révolution de l'astre, à des périodes de trente-quatre à trente-cinq ans et trois mois,

Des conjectures passons aux calculs :

Les comètes décrivent, nous l'avons vu, ces ellipses à grand axe infini que l'on appelle *paraboles*. On ne les voit guère de la terre qu'aux époques où elles occupent des positions peu éloignées des sommets de ces courbes les plus voisines du soleil, qu'on nomme les *périhélies*.

M. Plantamour, directeur de l'Observatoire de Genève, qui le premier put calculer l'orbite de la nouvelle comète, trouva que son *périhélie* ou sa moindre distance du soleil était 0,0045, le rayon moyen de l'orbite de la terre étant supposé l'unité; mais le rayon du soleil étant 0,0046, la comète semblait avoir dû pénétrer dans la matière lumineuse qui détermine le contour visible du grand astre, dans ce qu'on est convenu d'appeler la *photosphère solaire* (Voy. Leçon IX, pag. 150). Ce résultat singulier ne s'est pas confirmé. Dès leurs premiers calculs, deux astronomes de notre Observatoire, MM. Laugier et Victor Mauvais, trouvèrent pour la distance périhélie de la nouvelle comète, la fraction 0,0055 supérieure à 0,0046, ce qui écartait toute possibilité de la prétendue pénétration. La comète de mars 1843 n'en restait pas moins, après la détermination des deux astronomes parisiens, celui de tous les astres connus qui a le plus approché du soleil. Le tableau suivant, dans lequel les comètes sont portées dans l'ordre de leurs distances périhélies, le montrera d'une manière évidente:

		Mille lieues.
1843.	. . . .	190
1680.	. . . .	228
1689.	. . . .	760

	Mille lieues.
1593.	3420
1821.	3420
1780.	3800
1565.	4180
1769.	4560
1577.	6840
1533.	7600
1758.	7980

Il résulte de cette table que, le 27 février, au moment de son passage au périhélie, le *centre* de la comète de 1843 était à trente-deux mille lieues seulement de la *surface du soleil*. De surface à surface il y avait au plus treize mille lieues entre les deux astres.

En un seul jour la distance du centre de la comète au centre du soleil varia dans le rapport de 1 à 10.

Les éléments paraboliques du nouvel astre, une fois connus, il devint possible et facile d'exprimer en lieues plusieurs données de l'observation que jusque-là il avait fallu présenter seulement en mesures angulaires.

Le 28 mars, le *rayon de la tête* de la comète (de ce qu'on appelle la nébulosité) était de 19,000 lieues.

Le même jour, la queue avait 60,000,000 de lieues de long. La longueur de la queue de la comète de 1680, ne dépassa jamais 41,000,000 de lieues; celle de la comète de 1769, 16,000,000; les queues multiples de la comète de 1744 allèrent à un peu plus de 13,000,000.

La *largeur* de cette même queue extraordinaire de la comète de 1843, était de 1,320 mille lieues.

Ces dimensions énormes en tous sens avaient fait re-

chercher si la terre était passée dans la queue de la comète de 1843. Les calculs de MM. Laugier et Mauvais
montrèrent que cette rencontre n'avait pu avoir lieu.

Le calcul de l'orbite permit à ces deux observateurs
de rechercher s'il y avait quelque vérité dans les conjectures qu'on avait formées touchant l'identité des comètes de 1668, de 1702 et de 1843, en se fondant sur des
ressemblances d'aspect et d'éclat. Malheureusement les
observations de 1668 et de 1702 sont trop inexactes pour
pouvoir servir à la détermination des orbites paraboliques que parcouraient les comètes de ces deux années.
Il leur a cependant paru probable que les comètes de
1668 et de 1843 constituent un seul et même astre. Depuis, M. Clausen s'est cru autorisé à considérer la comète de 1689 comme une apparition de celle de 1843.
Le temps de la révolution serait alors de 21 ans 10 mois.

A l'occasion de la comète de 1843, on a fait planer sur
les astronomes actuels des reproches au moins singuliers. Ceux qui les ont inventés ou propagés, étaient certainement étrangers aux notions les plus élémentaires
de la science. J'ajouterai que la futilité de ces reproches
pouvait être constatée à l'aide des simples lumières de
bon sens.

La comète s'est montrée inopinément; personne n'a-
vait prévu son apparition. De deux choses l'une : ou la
science n'est pas aussi avancée qu'on le prétend, ou les
astronomes ont été coupables de négligence et d'incu-
rie. Examinons ces reproches l'un après l'autre. Personne n'avait prévu l'apparition de la comète de 1843 !

Le fait est vrai ; je m'étonne même qu'on le cite comme une singularité. Les catalogues astronomiques font aujourd'hui mention de 172 comètes régulièrement observées. Dans ce nombre 162 se montrèrent inopinément ; aucun calcul n'avait indiqué leur apparition, ni quant aux dates, ni relativement aux positions qu'elles devaient occuper dans le ciel. La comète de l'année 1843 rentrait donc dans la règle commune. En tout cas les astronomes de 1843 n'ont pas été plus inhabiles *en se laissant surprendre* par l'astre à longue queue du mois de mars, que ne l'avaient été : Lacaille en 1744, Bradley en 1757, Maskelyne en 1769, Wargentin en 1771, Herschell en 1795, Piazzi en 1807, Olbers, Delambre, Gauss, Oriani, etc. en 1811, etc., etc.

En s'évertuant à déconsidérer tel ou tel astronome français contemporain, certains journalistes ne comprenaient peut-être pas qu'en cas de réussite, ils frappaient d'une égale défaveur les savants les plus illustres du dix-huitième siècle ; mais ne fallait-il pas remarquer au moins que les célèbres directeurs des Observatoires de Berlin, de Greenwich, de Poulkova, de Kœnigsberg, etc., MM. Encke, Airy, Struve, Bessel, etc., n'avaient pas non plus prédit la comète de 1843 et qu'il n'y a personne au monde qui ne dût se croire très-honoré de figurer en pareille compagnie?

Les astronomes, dit-on, prédisent avec une exactitude merveilleuse les éclipses de soleil, les occultations des étoiles et des planètes par la lune ; est-ce montrer trop d'exigence que de les prier d'annoncer au moins l'*apparition* des comètes? Oui, et on tomberait dans une erreur étrange en croyant, ainsi que le font beaucoup de personnes, que cela est possible. Vouloir que l'astronomie cométaire marche de pair avec l'astronomie planétaire, c'est demander que l'œuvre d'une ou deux semaines soit comparable à celle de vingt siècles accumulés : c'est tout simplement demander une chose impossible [1].

Comète de Faye.

Cet astre a été découvert, à l'Observatoire de Paris, par M. Faye, le 22 novembre 1843. Ce jeune astronome s'empressa d'en calculer les éléments paraboliques. A mesure que les observations se multiplièrent, M. Faye reconnut que la parabole était complétement insuffisante pour représenter la suite des positions que la comète avait occupées, et il annonça qu'il déterminerait l'orbite elliptique, aussitôt que l'état du ciel ayant permis de suivre le nouvel astre dans des régions suffisamment éloignées de celles où on l'avait d'abord aperçu, personne ne pourrait élever de doutes sur la certitude des calculs. Le résultat de ses recherches fut présenté à l'Académie des Sciences, dans la séance du 24 Janvier 1844. Le voici :

Époque de la longitude moyenne,
1ᵉʳ janvier 1844 (midi moyen de Paris). . 60° 27' 46"
    Équin. moyen).
Moyen mouvement diurne. . . . . 490" 7991
Longitude du périhélie. . . . . 50° 19' 4"
Demi-grand axe. 3,738826
Arc dont le sinus = e. . . . . 33° 12' 42"
Longitude du nœud ascendant. . . . . . 209° 13' 31"

[1] Annuaire pour 1844, pag. 394, 419.

Inclinaison.. . . . . 11° 16′ 50″
Sens du mouvement. . . . .   Direct.
La durée d'une révolution est de 7 ans 2/10ᵉˢ.
La distance du centre de l'ellipse au soleil
est environ 2. 0479
La plus courte distance de la comète au
soleil est 1. 6909

L'unité étant la distance de la terre au soleil (38 millions de lieues)[1].

Cette comète est, après la comète de 6 ans 3/4, celle dont le temps de révolution est le plus court; il équivaut au quart environ de celui de Jupiter, qui est de 10,759 jours: le sien est de 2,630.

On ne trouve dans les catalogues aucune orbite qui représente complétement la sienne. M. Faye a remarqué à ce sujet que le nouvel astre a dû passer, vers son aphélie, assez près de Jupiter pour en éprouver des perturbations sensibles. On pourrait donc supposer que cette orbite présente un cas analogue à celui de la comète de Lexell (1767), qui, de parabolique, fut transformée par l'attraction de Jupiter en une orbite elliptique, et redevint plus tard parabolique, par l'action perturbatrice de la même planète[2].

M. Valz, directeur de l'observatoire de Marseille, a de fortes raisons pour croire que la comète de Faye n'est autre que celle de 1770, que Jupiter nous avait enlevée en 1779, et qu'il nous rendrait de nouveau, ainsi qu'il était déjà arrivé en 1767[3].

[1] Comptes rendus de l'Académie des Sciences, 1844, vol. I, p. 186.
[2]   Idem,   p. 97, note.
[3]   Idem,   p. 764.

CONSTITUTION PHYSIQUE DES COMÈTES.

Cette branche de l'astronomie cométaire n'est pas fort avancée; cependant nous allons faire connaître l'état de la science sur la *chevelure,* le *noyau* et la *queue* des comètes.

Parmi ceux de ces astres qui ont été observés jusqu'ici, un grand nombre n'ont pas de queue, plusieurs ne présentent point de noyau apparent; mais tous se montrent enveloppés de cette nébulosité à laquelle on a donné le nom de *chevelure.*

La matière qui compose cette nébulosité est si rare, si diaphane, qu'elle laisse passer les lumières les plus faibles, et qu'on aperçoit au travers les étoiles les plus petites.

Dans les comètes qui ont un noyau, les parties de la chevelure qui avoisinent ce noyau sont ordinairement rares, diaphanes et peu lumineuses. Mais, à une certaine distance du noyau, la nébulosité s'éclaire subitement, de manière à former comme un anneau lumineux autour de la comète. On a vu quelquefois deux et jusqu'à trois de ces anneaux concentriques, séparés par des intervalles obscurs. On comprend, du reste, que ce qui paraît être un anneau circulaire en projection, doit être, en réalité, une enveloppe sphérique.

Lorsque la comète a une queue, l'anneau a la forme d'un demi-cercle dont la convexité est tournée du côté du soleil, et des extrémités duquel partent les rayons les plus écartés de la queue.

L'anneau de la comète de 1811 avait 10,000 lieues d'épaisseur : il était éloigné du noyau de 12,000 lieues.

Les comètes de 1807 et de 1799 avaient aussi des anneaux de 12,000 et de 8,000 lieues d'épaisseur.

Nous avons dit qu'il existe des comètes sans noyau
apparent; ce ne sont sans aucun doute que des globes
de matières gazeuses; mais il en est beaucoup qui présentent des noyaux assez semblables aux planètes, par
la forme et l'éclat. Ces noyaux sont ordinairement très-
petits; quelquefois cependant ils ont de grandes dimensions, et on en a mesuré qui avaient depuis 11 jusqu'à
1089 lieues de diamètre.

Quelques astronomes ont cherché à prouver, en s'ap-
puyant sur différentes observations, que le noyau des
comètes est toujours diaphane, ou, en d'autres termes,
que les comètes ne sont que de simples amas de matières gazeuses. Mais, outre que les observations citées
à l'appui de cette opinion ne prouvent rien en faveur
des termes absolus dans lesquels elle est exprimée, elles
sont en opposition formelle avec d'autres observations
non moins dignes de confiance; et de la discussion de
ces observations diverses, il paraît résulter qu'il existe
des comètes qui n'ont point de noyau, des comètes dont
le noyau est peut-être diaphane, et, enfin, des comètes
très-brillantes dont le noyau est probablement solide et
opaque.

Quant aux queues des comètes, la science possède
bien peu de données certaines à leur égard.

Ces traînées lumineuses sont ordinairement placées
derrière la comète, à l'opposite du soleil; mais quelquefois elles s'écartent plus ou moins de cette position.
On a trouvé qu'en général la queue incline vers la région que la comète vient de quitter. C'est peut-être là

un effet de la résistance de l'Éther, résistance qui agit
plus fortement sur la matière gazeuse de la queue que
sur le noyau. Cette hypothèse acquerra un nouveau degré de probabilité, si l'on remarque que la déviation est
d'autant plus grande qu'on s'éloigne davantage de la
tête. Dans ce système, la courbure qu'affecte quelquefois la queue serait le résultat de ces différences de déviation, et cette explication s'adapterait assez bien à
cette circonstance, que la convexité de la courbure est
toujours tournée du côté de la région vers laquelle la
comète s'avance. La différence de densité et d'éclat de
la matière nébuleuse et de la queue, la forme de celle-
ci, mieux terminée du côté vers lequel le mouvement
s'opère, toutes ces circonstances et quelques autres que
les observations ont fait connaître, trouveraient également dans cette hypothèse une explication naturelle.

La queue de la comète s'élargit à mesure qu'elle s'é-
loigne de la tête, et la région mitoyenne en est ordinairement occupée par une bande obscure que l'on a pris
pour l'ombre du corps de la comète. Mais cette explication ne s'adapte pas à tous les cas, quelle que soit la situation de la queue relativement au soleil. Le phénomène s'explique mieux en supposant que la queue est
un cône creux, dont l'enveloppe a une certaine épaisseur. On conçoit, en effet, que si les choses sont ainsi,
l'œil doit rencontrer, en regardant les bords du cône,
une plus grande quantité de particules nébuleuses
qu'en regardant la région centrale; or, comme l'intensité de la lumière est en raison du nombre de ces particules, l'existence des bandes lumineuses et de l'intervalle comparativement obscur s'explique avec facilité.

On voit quelquefois des comètes à plusieurs queues. Celle de 1744, par exemple, le 7 et le 8 mars, en avait jusqu'à six, parfaitement distinctes et séparées entre elles par des espaces obscurs.

La queue des comètes a quelquefois des dimensions énormes. On en a vu, telles que celles de 1680, de 1769 et de 1618, qui atteignaient le zénith, alors que leurs queues touchaient encore à l'horizon. On a évalué celle de la comète de 1680 à plus de quarante et un millions de lieues.

En prenant d'abord les observations sans les discuter, en se bornant aux seules apparences, en ne tenant compte que des dimensions angulaires, la queue de la comète de 1843 n'est du reste pas, à beaucoup près, la plus étendue dont les fastes astronomiques aient eu à faire mention. Cette queue, à Paris, n'a jamais paru avoir au-delà de 43 degrés de longueur.

A l'équateur, le capitaine Wilkens a trouvé. . 69°
Eh bien! la queue de la comète de 1680 embrassait 90°
La queue de la comète de 1769. . . . . . . 97°
La queue de la comète de 1618. . . . . . . 104°

Ce qui rendait la queue de la comète de 1843 si remarquable, c'était la petitesse et l'uniformité de sa largeur. Depuis les environs de la tête jusqu'à l'extrémité opposée, cette largeur, à peu près constante, était d'environ 1° 15', les 18 et 19 mars.

Dans les queues des comètes, les *bords* brillent *ordinairement* plus que le centre, et la différence est très-sensible. La queue de la comète de mars 1843 paraissait, elle, d'un blanc uniforme sur toute sa longueur.

29,

Pendant les premiers jours de l'apparition de la comète, le noyau semblait entièrement séparé de la queue.
Le 29 mars les deux parties s'étaient rattachées l'une
à l'autre.

Le 1ᵉʳ mars, lorsque M. Darlu vit la comète pour la
première fois à Copiapo (Chili), elle avait deux queues
distinctes. D'après le dessin que M. Darlu aîné en a fait,
la queue principale s'épanouissait notablement en s'é-
loignant de la tête; la seconde queue, située au nord de
la première et formant avec elle un angle considérable, n'était, au contraire, qu'un filet brillant, d'une
largeur uniforme sensiblement courbe, présentant sa
concavité au nord: sa longueur était double de celle de
la queue principale. A partir du noyau, les deux queues
marchaient confondues dans un certain intervalle.

Le long filet, en forme d'arc, avait entièrement disparu le 4 mars; le 3, il était encore par sa forme, par
son étendue et par son éclat, comme trois jours auparavant.

Cette diparition presque subite ajoute une difficulté
nouvelle à toutes celles qui jusqu'ici ont empêché les
astronomes de donner une explication satisfaisante des
queues des comètes.

Mais qu'est-ce que la queue des comètes? Comment se
forme-t-elle? Quelles sont les causes qui en modifient
les formes de tant de manières? Quelles sont celles qui
donnent naissance à la chevelure et aux enveloppes concentriques dont elle est quelquefois formée? Ces questions n'ont point encore été résolues d'une manière satisfaisante.

La nébulosité des comètes semble au premier coup

d'œil ne pouvoir être qu'un amas de vapeurs dégagées
du noyau par l'action du soleil; mais cette explication
si simple ne rend point compte de la formation des enveloppes concentriques, de la position variable de la
chevelure, relativement au soleil, de l'augmentation et
de la diminution de son volume, etc.

Il y a cependant sur ce dernier point des notions acquises. Hévélius avait avancé que la nébulosité augmente de diamètre à mesure qu'elle s'éloigne du soleil,
et Newton avait expliqué ce résultat en disant que la
queue des comètes, se formant aux dépens de la chevelure, celle-ci doit diminuer de volume à mesure qu'elle
s'approche du soleil, et réciproquement augmenter en
dimension après le passage au périhélie, lorsque la
queue lui rend la matière qu'elle en avait reçue. Cependant il paraissait difficile d'admettre qu'une masse
gazeuse se dilatât à mesure qu'elle s'éloignait du soleil, pour passer dans des régions plus froides; et l'importante remarque d'Hévélius obtint peu de faveur jusqu'au moment où la comète à courte période vint lui
donner une éclatante confirmation.

Kepler pensait que la formation de la queue des comètes était le résultat de l'impulsion des rayons solaires
qui détachaient et dispersaient au loin les parties les
plus légères de la nébulosité. Pour que cette explication
fût admissible, il faudrait prouver que les rayons solaires sont doués d'une force d'impulsion; or, les expériences les plus délicates n'en ont pas accusé de sensible; et, cette force d'impulsion admise, il resterait
encore à dire pourquoi la queue n'est pas toujours située à l'opposite du soleil; pourquoi il y en a quelque-

fois plusieurs faisant entre elles de si grands angles ;
pourquoi elles se forment et s'évanouissent en si peu de
temps ; pourquoi quelques-unes sont animées d'un mouvement de rotation très-rapide ; pourquoi, enfin, il y a
des comètes dont la chevelure semble très-déliée, très-
légère, et qui cependant ne présentent point de queue.

On a proposé sur cette matière une foule d'autres
systèmes plus ou moins ingénieux, mais qui tous viennent échouer contre l'explication des phénomènes.

Les comètes sont-elles lumineuses par elles-mêmes,
ou ne réfléchissent-elles, comme les planètes, qu'une
lumière d'emprunt ? Cette importante question n'a point
encore reçu une solution complète; mais il existe plusieurs moyens de la résoudre. Si l'observation venait à
découvrir dans les comètes le phénomène des phases,
toute incertitude disparaîtrait. A défaut de phases, les
phénomènes de la polarisation pourront conduire au
même résultat. Enfin, voici une troisième méthode dont
l'application, dès qu'elle pourra en être faite, lèvera
probablement tous les doutes.

Soit un point lumineux par lui-même et sans dimensions sensibles, qui lance tout autour de lui dans l'espace des particules lumineuses. Si l'on reçoit, à la
distance de 1 mètre, par exemple, ces particules lumineuses sur la surface d'une sphère de 1 mètre de rayon,
elles y seront uniformément réparties. Si on les reçoit
à la distance de 2,3...100 mètres, les sphères auront
2,3...100 mètres de rayon, et les molécules lumineuses
s'y répartiront uniformément, mais s'écarteront les unes
des autres dans la proportion de l'agrandissement des
surfaces des sphères. Or, la géométrie démontre que les

surfaces des sphères croissent proportionnellement aux
carrés des rayons ; l'écartement des particules lumineuses sera donc également proportionnel aux carrés
des rayons, ou, en d'autres termes, aux carrés des distances auxquelles les molécules lumineuses sont reçues.
Et comme l'intensité de la lumière qui éclaire un objet
est en raison du nombre des rayons lumineux qui viennent le frapper, on arrive à cette loi que *l'intensité
éclairante d'un point diminue proportionnellement au
carré des distances.*

Nous avons supposé, dans ce que nous venons de
dire, un point lumineux sans dimension sensible ; don-
nons-lui maintenant quelque étendue.

Il est évident que chaque point de cette surface éclairante projettera, comme le point isolé dont nous parlions tout à l'heure, une lumière qui s'affaiblira en raison inverse du carré des distances. Seulement, le nombre
des points lumineux étant augmenté, la quantité totale
de lumière émise sera plus grande : d'où cette conséquence qu'à distances égales l'intensité de la lumière
est proportionnelle au nombre des points éclairants.

Nous sommes donc arrivés à ce double résultat que
la *propriété éclairante* d'une surface lumineuse est,
d'une part, proportionnelle à son étendue, et, de l'autre,
en raison inverse du carré des distances.

La conséquence de cette loi, c'est que l'*intensité* d'une
surface lumineuse doit paraître la même, à quelque
distance que la surface se transporte, pourvu qu'elle
soustende toujours un angle sensible.

Pour que cette conséquence ne paraisse pas, au premier coup d'œil, contradictoire avec la loi d'où nous

l'avons déduite, remarquons qu'il s'agit, dans le second cas, de l'*intensité* d'une surface lumineuse, et, dans le premier, de sa *propriété éclairante*.

Quand on veut comparer, non la propriété éclairante, mais l'intensité lumineuse de deux surfaces, il faut prendre dans chacune d'elles deux portions égales, et voir quelle est la plus brillante. Cela posé, je dis que si, deux surfaces lumineuses étant données, on en laisse voir à l'œil, par des ouvertures égales, des portions de mêmes dimensions, et que ces deux portions paraissent avoir la même intensité, il en sera encore ainsi lorsqu'on transportera l'une des surfaces à une plus grande distance, pourvu toutefois que l'ouverture par laquelle on en voit une partie paraisse toujours remplie.

En effet, si, d'une part, chaque point lumineux envoie à l'œil un nombre de rayons qui est en raison inverse du carré des distances, de l'autre, le nombre de points lumineux que l'œil découvre à travers la même ouverture s'accroît dans la même proportion. L'intensité de la portion visible de la surface lumineuse n'aura donc pas changé. Le soleil, par exemple, vu d'Uranus, paraît un cercle de 100 secondes. Eh bien! découpons sur le soleil, au moyen d'un écran percé d'un trou, une surface circulaire de 100 secondes, et nous aurons en grandeur et en éclat le soleil d'Uranus.

Voyons maintenant quel usage on peut faire de ces principes pour la solution de la question que nous avons en vue, savoir si les comètes sont ou ne sont point lumineuses par elles-mêmes.

Cette question revient pour nous à celle-ci : de quelle

manière une comète cesse-t-elle d'être visible? Si sa
disparition est un effet de la diminution excessive de
ses dimensions et non de l'affaiblissement de sa lumière,
l'astre est lumineux par lui-même; mais si la comète
ayant encore de grandes dimensions, sa lumière s'affaiblit graduellement et finit par s'éteindre, cette lumière, sans aucun doute, était empruntée.

Les observations faites jusqu'à présent semblent prouver que cette dernière cause de disparition est la véritable, et conséquemment que les comètes ne réfléchissent qu'une lumière d'emprunt.

Cette conséquence pourrait toutefois n'être pas rigoureuse. Il est aujourd'hui prouvé, nous l'avons vu
plus haut, que la nébulosité des comètes va se dilatant
à mesure que l'astre s'éloigne du soleil. Ne pourrait-il
pas se faire que cette dilatation progressive produisît un
affaiblissement graduel de la lumière? Il faudra donc
désormais tenir compte de cette cause d'affaiblissement,
et démontrer qu'elle est insuffisante pour expliquer la
disparition des comètes. Cette complication du problème ne saurait offrir de grandes difficultés.

Pendant sa dernière apparition, la comète de Halley
a éprouvé des changements physiques aussi remarquables par leur étendue que par leur promptitude, et
qui ont apporté quelques faits nouveaux à l'étude de la
constitution physique des comètes.

Le 15 octobre 1835, sur les sept heures du soir, la
grande lunette de l'Observatoire de Paris, armée d'un
fort grossissement, fit apercevoir dans la nébulosité
de forme circulaire qui porte le nom de *chevelure*, quelque peu au sud du point diamétralement opposé à la

queue, *un secteur* compris entre deux lignes sensiblement droites dirigées vers le centre du noyau. La lumière de ce secteur surpassait notablement celle de
tout le reste de la nébulosité. Les deux rayons limites
étaient nettement définis.

Le lendemain 16, après le coucher du soleil, on reconnut que le secteur du 15 avait disparu; mais sur
une autre partie de la chevelure, au nord, cette fois,
du point diamétralement opposé à l'axe de la queue,
il s'était formé un secteur nouveau. On n'hésita pas à
lui donner ce nom à cause de la place qu'il occupait,
de son éclat vraiment extraordinaire, de la parfaite
netteté des rayons qui le terminaient et de sa grande
ouverture angulaire, laquelle dépassait 90. Le 17, le
secteur de la veille existait encore; sa forme et sa
direction ne paraissaient pas notablement changées,
mais sa lumière était beaucoup moins vive. Le 18, l'affaiblissement avait fait de nouveaux progrès; le 21, on
apercevait dans la nébulosité *trois* secteurs lumineux
distincts. Le plus faible et le moins ouvert était situé
sur le prolongement de la queue. Le 25, il n'existait
plus que des traces à peine sensibles de secteurs. La
comète avait tellement changé d'aspect; le noyau, jusqu'à cette époque si brillant, si net, si bien défini,
était devenu tellement large, tellement diffus, qu'on
ne croyait à la réalité d'une variation aussi grande,
aussi subite, qu'après s'être assuré qu'aucune humidité ne couvrait ni l'oculaire, ni l'objectif des lunettes
employées dans les observations.

Parmi les observations faites par M. Schwabe, de
Dessau, sur la comète de 1835, il en est une qui mérite

une attention spéciale : suivant cet astronome, la nébulosité, généralement circulaire, aurait toujours offert
une dépression, un enfoncement local très-sensible
dans sa partie tournée du côté du soleil.

Les singuliers changements de forme dont nous venons de rendre compte ajoutent de nouvelles complica-
tions à un problème, qui, par lui-même, était déjà
bien assez difficile. Quand on voudra les expliquer, il
faudra ne pas oublier que ces secteurs, si subitement
détruits et si subitement renouvelés, n'avaient pas
moins de deux cent mille lieues d'étendue.

Ces changements de forme semblent être un des caractères distinctifs de la comète de Halley. Le 26
août 1682, le noyau ressemblait à une étoile de seconde
grandeur; le 11 septembre, à peine pouvait-on le distinguer, tant la comète était diffuse, dit La Hire[1].

D'après un premier aperçu, presque tous les astrono-
nomes s'étaient habitués à dire que la comète de Halley
allait sans cesse en s'affaiblissant.

La comète de Halley est, dit-on, la même que celles
de l'an 134 et de l'an 52 avant notre ère; et celles de
400 après J.-C., de 855, de 930, de 1006, de 1230, de 1305,
de 1380, seraient des apparitions de la comète de Halley.
Cette identité n'est rien moins que prouvée; mais le
fût-elle, qu'en recourant à ce qu'ont dit les chroniqueurs et les historiens de ces différentes comètes[2],
on n'arriverait pas, aussi nettement qu'on le suppose,
à l'idée d'une diminution graduelle d'intensité.

La comète de Halley ne présente d'identité complète

[1] Annuaire pour 1836, p. 218-221.
[2] Idem, p. 222-224.

qu'avec celles des années 1456, 1531, 1607, 1682, 1759,
1835. L'étude de cette dernière, comparée à celles faites
lors des apparitions antérieures, avait un grand intérêt. Elle pouvait confirmer la déduction que l'on avait
tirée d'observations vagues; elle pouvait nous ap-
prendre que les comètes ne sont pas des corps éternels;
qu'après quelques révolutions successives autour du
soleil, toutes les molécules dont se composent leurs
queues, leur nébulosités et même leurs noyaux, se dis-
persent dans l'espace pour y devenir un obstacle au mouvement des planètes, ou bien des éléments de quelques
nouvelles formations. Ces conjectures ne se sont pas
réalisées. En effet, si l'on compare les observations faites
sur l'éclat du noyau et le développement de la queue
de la comète de 1835[1], avec les circonstances de ses
anciennes apparitions, on ne trouvera certainement
pas , dans l'*ensemble* des phénomènes, la *preuve* que
la comète de Halley ait diminué. Je dirai même que
si, dans une matière aussi délicate , des observations
faites à des époques de l'année très-différentes pouvaient autoriser quelques déductions positives, ce qui
résulterait de plus net des deux passages de 1759 et de
1835, ce serait que la comète a grandi dans l'intervalle.

Aucune comète, nous l'avons dit plus haut, ne s'est
présentée jusqu'ici avec une *phase* évidente; de là le
doute dans lequel les astronomes ont dû rester sur la
lumière de ces astres. Nous avions espéré pouvoir résoudre la question par de simples mesures d'intensité. Les moyens d'observation étaient tout prêts; ils
n'exigeaient même pas que la constitution physique

___
[1] Annuaire pour 1836, p. 224-229.

de la comète restât constante, que la nébulosité n'é-
prouvât ni dilatations ni condensations ; il fallait seulement que les changements, ainsi que cela arrive à
l'ordinaire, s'opérassent par gradation, avec une certaine régularité ; or, il est malheureusement arrivé
qu'en 1835 la comète de Halley se trouvait dans un
cas tout exceptionnel. Sa nébulosité subissait brusquement des transformations si inattendues, si bizarres
(*voy.* page 547), qu'il y aurait eu une grande témérité à
s'appuyer en pareille circonstance sur des observations
photométriques. Il était donc nécessaire d'avoir recours
à un autre moyen d'investigation que nous avons signalé, aux phénomènes de polarisation. Les expériences
eurent lieu le 23 octobre, et il en résulta que la lumière
de l'astre n'était pas, en totalité du moins, composée
de rayons doués des propriétés de la lumière directe,
propre ou assimilée ; il s'y trouvait de la lumière réfléchie spéculairement ou polarisée, c'est-à-dire, définitive-
ment, *de la lumière venant du soleil*[1].

A l'astronomie cométaire se rattachent quelques questions que nous allons successivement examiner.

*Les comètes ont-elles une influence sensible sur le cours
des saisons?*

A cette question, les préventions populaires ont déjà
répondu d'une manière affirmative, armées d'exemples
où la belle comète de 1811 et l'abondante récolte qui la
suivit ne sont point oubliées. Peu de mots nous suffiront
pour dissiper cette erreur. Parlons d'abord des faits ; les
considérations théoriques viendront après.

On a recherché, en consultant les observations ther-

[1] Annuaire pour 1836, p. 230-233.

mométriques qui se font plusieurs fois par jour dans les observatoires, si les températures moyennes des années fécondes en comètes sont plus élevées que celles des autres années : on n'a point trouvé de différences sensibles.

Le résultat de ces observations est d'accord avec les données de la théorie. Par quel genre d'action, en effet, les comètes pourraient-elles modifier notre température? Ces astres ne peuvent agir à distance sur la terre que par voie d'attraction, par les rayons lumineux et calorifiques qu'ils lancent, et par la matière gazeuse de leur queue qui pourrait se répandre dans notre atmosphère.

La force attractive des comètes pourrait bien, si elle avait assez d'intensité, déterminer des marées analogues à celles que la lune produit; mais on ne voit pas comment il pourrait en résulter une élévation de température.

Les rayons lumineux et calorifiques que les comètes lancent ou réfléchissent ne seraient pas non plus capables d'amener ce résultat, car ils ont beaucoup moins d'intensité que ceux que la lune nous envoie et qui, concentrés au foyer des plus grandes lentilles, ne produisent point d'effet sensible (Voyez page 255).

Enfin, l'introduction dans l'atmosphère terrestre d'une partie de la queue des comètes ne peut pas non plus être assignée comme la cause de l'élévation de température qu'on attribue à ces astres, puisque la queue de la comète de 1811, par exemple, qui avait 41 millions de lieues, n'atteignit jamais la terre, qui s'en trouva toujours à plusieurs millions de lieues.

La comète de 1853 et celle de 1843 nous fournissent des arguments remarquables contre le préjugé que nous cherchons à combattre ici.

En 1853, le nord de la France jouit, durant les mois d'octobre et de novembre, d'une température très-douce. On l'attribua tout de suite à l'influence de la comète. Ceux qui émirent si légèrement cette opinion ne savaient probablement pas qu'en même temps il faisait excessivement froid dans le Midi, ce qui conduirait inévitablement à cette conséquence que la comète agissait en plus ou en moins suivant la position des lieux. Ajoutons qu'au moment où le froid si vif du mois de décembre se manifestait, la comète était encore visible, quoique le public n'y songeât plus guère; que même elle venait de s'échauffer fortement en passant par son périhélie. Il faudrait donc supposer qu'elle échauffait l'horizon de Paris quand elle était froide, et qu'au contraire elle le refroidissait après s'être elle-même échauffée[1]!

Quant à la comète de 1843, les observations météorologiques n'ont accusé rien de sensible relativement à son influence sur l'atmosphère. On a dirigé les instruments thermométriques les plus délicats sur le noyau et sur les diverses régions de la queue sans obtenir d'effet appréciable.

Les déplorables inondations que le Midi a éprouvées en 1843, et le tremblement de terre de la Guadeloupe, ont été attribués par le vulgaire à la comète; mais personne n'a pu produire un argument bon ou mauvais pour justifier l'hypothèse. Aussi nous contenterons-nous de remarquer que l'apparition de cet astre en 1668, dans la

[1] Annuaire pour 1836, p. 236, 237.

même saison, dans des circonstances toutes pareilles,
ne fut marquée ni par des tremblements de terre ni par
des débordements.

La longue queue de la comète attira l'attention du
monde entier. Les Abyssins, suivant ce que me man-
daient nos voyageurs, en avaient grand'peur. S'il le fallait, je pourrais aisément prouver qu'au printemps de
1843, tous ceux dont la comète troublait la tranquillité
n'étaient pas en Abyssinie. Erreur pour erreur, j'aime
mieux celle des Mexicains : loin d'attribuer à l'astre une
influence funeste, ils regardaient son apparition comme
le présage de la découverte d'une *bonanza,* c'est-à-dire
d'une mine d'or et d'argent appelée à donner de grands
bénéfices[1].

Il y a du reste déjà assez longtemps que l'on a dit :
pas de désastres sans comètes, pas de comètes sans désastres. Cette idée a été partagée, défendue par des hommes d'un grand savoir. Un médecin anglais, dont le nom
n'est pas inconnu des physiciens, M. T. Forster, a même
traité cette question avec détails en 1829. Suivant lui
« il est certain que (depuis l'ère chrétienne) les périodes
les plus insalubres sont précisément celles durant lesquelles il s'est montré quelque grande comète; que les
apparitions de ces astres ont été accompagnées de tremblements de terre, d'éruptions de volcans et de commotions atmosphériques, tandis qu'on n'a pas observé
de comètes durant les périodes salubres ». Et à l'appui
de cette opinion, M. Forster publie un long catalogue
fort complet, fort exact de toutes les comètes signalées
depuis l'ère chrétienne. Il y en a 500, dont 150 calcu-

---

[1] Annuaire pour 1844, p. 419-420.

lées ; 500 en 1800 ans, cela ne fait pas *une* par an. Mais
avant l'invention des lunettes on ne mentionnait que les
comètes visibles à l'œil nu ; depuis, les comètes télescopiques ne se dérobent pas aux regards des astronomes,
et le nombre moyen de ces astres par année est de plus
de deux. Accordez avec M. Forster qu'une comète agissait avant son apparition, que son influence se continue
un peu après, et jamais évidemment un de ces astres ne
vous manquera, quel que soit le phénomène, le malheur
ou l'épidémie que vous vouliez leur imputer. M. Forster
a d'ailleurs, je dois le dire, tellement étendu, dans son
savant catalogue, le cercle des prétendues actions co-
métaires, qu'il n'y aurait presque plus de phénomène
qui ne fût de leur ressort. Les saisons froides ou chaudes, les tempêtes, les ouragans, les tremblements de
terre, les éruptions volcaniques, les grosses grêles, les
abondantes neiges, les fortes pluies, les débordements
de rivières, les sécheresses, les famines, les épais nuages de mouches ou de sauterelles, la peste, la dyssente-
rie, etc., tout est enregistré par M. Forster, quel que
soit le continent, le royaume, la ville ou le village que
la famine, la peste, le météore aient ravagé. En faisant
ainsi pour chaque année un inventaire complet des mi-
sères de ce bas monde, qui n'aurait deviné d'avance que
jamais aucune comète n'avait dû s'approcher de notre
terre sans y trouver les hommes aux prises avec quelque fléau ?

Par une circonstance bizarre et bien digne de remarque, l'année 1680, l'année de l'apparition d'une des plus
brillantes comètes des temps modernes, l'année de son
passage très-près de la terre, est celle peut-être qui a

fourni à notre auteur le moins de phénomènes à signaler. Que trouvons-nous en effet à cette date? *Hiver froid, suivi d'un été sec et chaud; météores en Germanie.* Pour des maladies il n'en est pas question. Comment, en présence d'un tel fait, pourrait-on attacher quelque importance au synchronisme accidentel que les autres parties de la table signalent? Que dire, au surplus, de cette si célèbre comète de 1680, qui, soufflant successivement le froid et le chaud, aurait tantôt ajouté aux glaces de l'hiver, et tantôt aux feux de l'été!

En 1665 la ville de Londres fut ravagée par une effroyable peste. Si l'on veut voir là, avec M. Forster, l'effet de la comète assez remarquable qui se montra dans le mois d'avril, qu'on nous explique donc comment ce même astre n'engendra de maladies ni à Paris, ni en Hollande, ni même dans un grand nombre de villes de l'Angleterre très-voisines de la capitale. L'objection est directe, et on s'exposerait, en ne la détruisant pas, à la risée de tous les gens raisonnables si l'on persistait à voir dans les comètes des messagers d'épidémies. Examinons quels sont parmi les astres ceux dont les queues ont pu envahir l'atmosphère terrestre; fouillons dans les historiens, dans les chroniqueurs, pour découvrir ensuite si, aux mêmes époques, il ne s'est pas manifesté *sur tous les points de la terre à la fois* des phénomènes insolites: la science pourra avouer ces recherches quoique à vrai dire l'extrême rareté de la matière dont les queues sont formées ne doive guère faire espérer que des résultats négatifs; mais qu'un auteur accole à la date de l'observation d'une comète (celle de 1668, par exemple) la remarque qu'*en Westphalie tous les chats* furent malades;

à la date d'une seconde (celle de 1746) la circonstance, il faut en convenir, bien peu analogue à la précédente, qu'un tremblement de terre détruisit, au Pérou, les villes de Lima et de Callao ; quand il ajoute que pendant l'observation d'une troisième comète, un *aérolithe* pénétra *en Écosse* dans une tour élevée, et y brisa le mécanisme d'une horloge en bois ; qu'en hiver les *pigeons* sauvages se montrèrent en *Amérique* par nombreuses volées ; ou bien encore que l'*Etna* et le *Vésuve* vomirent des torrents de laves, cet auteur fait en pure perte un grand étalage d'érudition.

Il eût été vivement à désirer, pour l'honneur des sciences et de la philosophie modernes, que l'on pût se dispenser de prendre au sérieux les idées bizarres dont il vient d'être fait justice ; mais cette réfutation n'est pas inutile, car Forster, et avec lui l'astronome Gregory, l'illustre médecin Sydenham, Lubinietski, etc., ont parmi nous bon nombre d'adeptes. Sous le vernis brillant et superficiel dont les études purement littéraires de nos collèges revêtent à peu près uniformément toutes les classes de la société, on trouve presque toujours, tranchons le mot, une ignorance complète de ces beaux phénomènes, de ces grandes lois de la nature, qui sont notre meilleure sauvegarde contre les préjugés.

Est-il possible qu'une comète vienne choquer la terre ou toute autre planète?

Les comètes se meuvent dans toutes les directions, et parcourent des ellipses extrêmement allongées qui traversent notre système solaire et coupent les orbites des planètes. Il n'y aurait donc pas impossibilité qu'elles rencontrassent quelques-uns de ces astres, et le choc de la terre par une comète est rigoureusement possible, mais il est en même temps excessivement improbable.

L'évidence de cette proposition sera complète si l'on compare au petit volume de la terre et des comètes l'immensité de l'espace dans lequel ces globes se meuvent. Le calcul des probabilités fournit le moyen d'évaluer numériquement les chances d'une pareille rencontre, et il montre qu'à l'apparition d'une comète inconnue, il y a 281 millions à parier contre un qu'elle ne viendra pas choquer notre globe. On voit qu'il serait ridicule à l'homme, pendant les quelques années qu'il a à passer sur la terre, de se préoccuper d'un pareil danger.

Du reste, les effets de ce choc seraient effroyables. Supposons le mouvement de translation anéanti, et tout ce qui n'est pas adhérent à sa surface, comme les animaux, les eaux, etc., partira avec une vitesse de sept lieues par seconde. Si le choc ne faisait que ralentir le mouvement de rotation, les mers s'élanceraient de leurs bassins, l'équateur et les pôles seraient changés... Mais laissons l'auteur de la *Mécanique céleste* peindre lui-même ces terribles effets, qu'il suppose, d'après les théories peu concluantes de la géologie de son temps, avoir été produits jadis. « L'axe et le mouvement de rotation changés, les mers abandonnant leurs anciennes positions pour se précipiter vers le nouvel équateur, une grande partie des hommes et des animaux noyés dans ce déluge universel, ou détruits par la violente secousse imprimée au globe terrestre; des espèces entières anéanties ; tous les monuments de l'industrie humaine renversés : tels sont les désastres que le choc d'une comète a dû produire. On voit alors pourquoi l'Océan a recouvert de hautes montagnes, sur lesquelles il a laissé les marques incontestables de son séjour; on voit comment les animaux et les plantes du midi ont pu exister dans les climats du nord, où l'on retrouve leurs dépouilles et leurs empreintes; enfin, on explique la nouveauté du monde moral, dont les monuments ne remontent guère au delà de 5,000 ans. L'espèce humaine, réduite à un petit nombre d'individus et à l'état le plus déplorable, uniquement occupée, pendant très-longtemps, du soin de se conserver, a dû perdre entièrement le souvenir des sciences et des arts; et quand les progrès de la civilisation eurent fait sentir de nouveau ses besoins, il a fallu tout recommencer, comme si les hommes eussent été placés nouvellement sur la terre. »

Notre globe a-t-il jamais été heurté par une comète, comme le pense l'auteur que nous venons de citer?

Des hommes d'un grand savoir ont prétendu que l'axe de rotation de la terre n'a pas toujours été le même. Ils ont appuyé cette opinion sur des considérations tirées de ce que les divers degrés mesurés sur chaque méridien, entre le pôle et l'équateur, combinés deux à deux, ne donnent pas tous la même valeur pour l'aplatissement des pôles. Ils ont vu, dans la différence de ces résultats, la preuve que la terre, au temps où elle prit, liquide encore, sa sphéricité, ne tournait pas sur le même axe de rotation qu'aujourd'hui.

Mais il est aisé de reconnaître qu'un changement d'axe ne peut être la cause des discordances que présentent les valeurs des degrés fournies par l'observation, avec celles qui résultent d'une certaine hypothèse d'aplatissement; car ce désaccord ne suit point une

marche régulière et graduelle, mais capricieuse et sans
lois. C'est le résultat d'attractions locales, d'accidents
géologiques, qu'on sait aujourd'hui pouvoir exister
aussi bien dans les plaines que dans le voisinage des
montagnes.

Mais passons à d'autres considérations.

Si l'on imprime un mouvement de rotation à un
corps sphérique et homogène, librement suspendu dans
l'espace, son axe de rotation reste perpétuellement
invariable. Si ce corps a une tout autre forme, son axe
de rotation peut changer à chaque instant, et cette multitude d'axes, autour desquels il n'exécute qu'une partie
de sa révolution, sont appelés les *axes instantanés de
rotation*. Enfin, la géométrie démontre que tout corps,
quelles que soient sa figure et ses variations de densité
d'une région à l'autre, peut tourner d'une manière
constante et invariable autour de trois axes perpendiculaires entre eux et passant par son centre de gravité.
On les appelle les *axes principaux de rotation*.

Cela posé, demandons-nous si l'axe autour duquel la
terre exécute sa révolution est un *axe instantané* ou un
axe principal. Au premier cas, l'axe changera à chaque
instant et l'équateur éprouvera des déplacements correspondants. Les latitudes terrestres, qui ne sont autre
chose que les distances angulaires des divers lieux à
l'équateur, varieront également. Or, les observations
de latitude, qui se font avec une exactitude extrême,
n'accusent aucun changement de ce genre, les latitudes
terrestres sont constantes : la terre tourne donc autour
d'un *axe principal*.

Il est aisé de tirer de là la preuve qu'une comète n'est

jamais venue heurter la terre, car l'effet de ce choc eût été de remplacer l'axe principal par un axe instantané, et les latitudes terrestres seraient aujourd'hui soumises à des variations continuelles, que les observations ne signalent pas : à la vérité, il ne serait pas mathématiquement impossible que l'effet d'un choc eût été de substituer à un axe instantané un axe principal, mais ce cas est si improbable qu'il n'atténue guère la force de la démonstration.

Nous avons supposé, dans ce que nous venons de dire, que la terre est un corps entièrement solide. Mais son centre pourrait être encore liquide, comme on le croit assez généralement aujourd'hui. Pourrait-on, dans ce dernier cas, déduire, avec la même certitude, de la constance des latitudes terrestres, la conséquence que la terre n'a jamais été heurtée par une comète ?

Nous ne le pensons pas; car après le choc dont l'effet immédiat aurait été de précipiter violemment vers le nouvel équateur une partie de la masse liquide interne, qui n'aurait pu s'y loger qu'en brisant la croûte solide de la terre, le déplacement continuel de l'axe instantané entraînant une déformation incessante de la masse fluide, il ne serait pas impossible que le résultat des frottements continuels du liquide contre la coque solide, eût été d'amener une diminution graduelle dans la longueur de la courbe décrite par les extrémités des axes instantanés, et, par conséquent, à la longue, un mouvement de rotation autour d'un axe principal.

La terre peut-elle passer dans la queue d'une comète, et quelles seraient pour nous les conséquences de cet événement ?

Les comètes ont, en général, très-peu de densité : elle doivent donc attirer très-faiblement la matière qui forme leurs queues, puisque l'attraction s'exerce proportionnellement aux masses.

Or, on conçoit sans peine que la terre, dont la masse est ordinairement beaucoup plus considérable que celle des comètes, puisse attirer à elle et amener dans son atmosphère une portion de la queue de ces astres, surtout si l'on songe que les parties extrêmes de la queue sont quelquefois à des distances énormes de la tête.

Quant aux conséquences de l'introduction dans notre atmosphère d'un nouvel élément gazeux, elles dépendraient de la nature et de l'abondance de la matière, et pourraient être la destruction partielle ou totale des animaux. Mais la science n'a encore eu à enregistrer aucun événement de ce genre, et la liaison que beaucoup d'esprits ont cherché à établir entre l'apparition des comètes et les révolutions du monde physique et moral ne repose, nous l'avons vu plus haut, sur aucun fondement.

Les brouillards secs de 1783 et de 1831 sont-ils des matières détachées des queues de quelques comètes ?

Le brouillard de 1783 dura un mois. Il commença à peu près le même jour dans des lieux fort éloignés les uns des autres. Il s'étendait depuis le nord de l'Afrique jusqu'en Suède. Il occupait aussi une grande partie de l'Amérique septentrionale, mais il ne s'étendait pas en mer. Il s'élevait au-dessus des plus hautes montagnes. Le vent ne paraissait pas être son véhicule, et les pluies les plus abondantes, les vents les plus forts ne purent le dissiper. Il répandait une odeur désagréable, était très-sec, n'affectait nullement l'hygromètre, et possédait une propriété phosphorescente.

Voilà les faits : on a voulu les expliquer en supposant que ce brouillard était la queue d'une comète. Mais, s'il en est ainsi, pourquoi n'a-t-on jamais aperçu la tête de l'astre, car le brouillard n'était pas tellement épais qu'on ne pût voir chaque nuit les étoiles? L'objection est fondamentale et ruine par sa base l'hypothèse proposée.

Cette explication est encore moins applicable au brouillard de 1831, qui offrit tant de ressemblance avec celui de 1783; car ce brouillard n'ayant pas occupé toute la surface de l'Europe, l'invisibilité de la comète serait encore plus surprenante. D'ailleurs tous les points du globe compris entre les parallèles auraient dû être successivement recouverts par l'effet du mouvement de rotation, et cependant le brouillard finissait à cinquante lieues des côtes.

L'origine de ces brouillards extraordinaires peut trouver une explication plus satisfaisante dans les révolutions intérieures dont notre globe est souvent agité. En 1783, l'année même du brouillard, la Calabre fut bouleversée par d'effroyables tremblements de terre, qui ensevelirent plus de 40,000 habitants; le mont Hécla, en Islande, fit une des plus grandes éruptions dont on ait conservé la mémoire; de nouveaux volcans sortirent du sein de la mer, etc.

Serait-il donc bien difficile d'admettre que des matières gazeuses, d'une nature inconnue, fussent sorties des entrailles de la terre, déchirée par ces violentes commotions, et cette explication ne s'adapterait-elle pas à cette circonstance remarquable, qu'en pleine mer le brouillard n'existait pas? Mais nous ne voulions qu'indiquer ici une des hypothèses à l'aide desquelles il serait possible d'expliquer l'origine des brouillards secs, sans recourir à l'immersion de la terre dans la queue d'une comète.

Il existe sur la côte occidentale de l'Afrique quelque chose de semblable au phénomène qui nous occupe. C'est un brouillard sec et périodique, amené par un vent appelé *harmatan*, qui fait craquer les meubles et courber les reliures des livres, qui dessèche les plantes et exerce sur le corps humain une influence non moins fâcheuse. Ce brouillard ne s'étend pas non plus en mer. On ignore la cause qui le produit.

La lune a-t-elle jamais été choquée par une comète?

Nous avons vu que ce satellite tourne sur lui-même dans un terme précisément égal à celui qu'il emploie à faire sa révolution autour de la terre. On explique l'isochronisme de ces mouvements en disant qu'au temps où la lune, encore fluide, tendait à prendre la forme qui correspondait à son mouvement de rotation, l'attraction de notre globe l'allongea, et que son grand axe se dirigea vers le centre de la terre [1].

Or, si une comète avait jamais heurté la lune, ce choc aurait rompu l'harmonie qui existe entre les mouvements de rotation et de révolution, et par conséquent écarté le grand axe lunaire de la ligne dirigée vers le centre de la terre. Ce grand axe exécuterait donc,

[1] Cette explication est de Lagrange. Voyez à ce sujet, dans l'Annuaire pour 1844, un passage de la Notice sur les principales découvertes astronomiques de Laplace. p. 294-297.

comme une pendule, des mouvements oscillatoires autour de notre globe; mais rien de cela n'existant, on en doit conclure que le choc de la lune par une comète n'a jamais eu lieu.

La lune a-t-elle été autrefois une comète?

Les Arcadiens, au rapport de Lucien et d'Ovide, se croyaient plus anciens que la lune. Leurs ancêtres, disaient-ils, avaient habité la terre avant que la lune existât. Cette singulière tradition a fait demander si la lune ne serait pas une ancienne comète, qui, passant dans le voisinage de la terre, serait devenue son satellite.

Il n'y a rien là d'impossible; mais les considérations dont on a voulu corroborer cette opinion n'ont pas la moindre valeur. Comme la comète lune, pour devenir satellite de la terre, aurait dû avoir une courte distance périhélie, on a voulu voir, dans l'aspect brûlé de ses hautes montagnes, les traces de la chaleur énorme qu'elle a dû éprouver en passant aussi près du soleil. C'est là une confusion de mots. Il est bien vrai que des apparences d'anciens bouleversements volcaniques donnent à quelques points de la surface de la lune un aspect brûlé; mais rien ne peut indiquer aujourd'hui quelle température elle a éprouvée autrefois.

Au reste, les partisans de l'opinion que nous exposons ici auront de la peine à expliquer pourquoi la lune n'a pas d'atmosphère sensible, tandis que toutes les comètes qu'on a vues jusqu'à ce jour se présentent avec une enveloppe gazeuse. Si la lune est une ancienne comète, qu'a-t-elle fait de sa chevelure[1]?

[1] Voy. la Note E à la fin du volume.

34.

Serait-il possible que la terre devînt le satellite d'une comète, et, dans le cas de l'affirmative, quel sort nous serait réservé?

Pour qu'une comète puisse s'emparer de la terre et en faire son satellite, il suffit de lui donner une masse assez considérable et de la faire passer assez près de nous. Elle enlèvera, sans aucun doute, notre globe à l'attraction du soleil, et l'emportera avec elle dans sa révolution autour de cet astre. Mais la grande masse qu'il faut supposer à la comète, et la faible distance où elle devrait passer de la terre, rendent cet événement fort peu probable.

Cependant, puisque la chose peut rigoureusement arriver, examinons quel serait, dans cette hypothèse, le sort des habitants de la terre. Notre globe éprouverait-il, comme on l'a souvent répété, les températures extrêmes? Serait-il tour à tour vitrifié, vaporisé, congelé? Deviendrait-il inhabitable, et toutes les espèces animales et végétales qu'il porte seraient-elles anéanties?

Supposons, pour répondre à ces questions, que la terre devienne le satellite d'une comète qui s'approche et s'éloigne beaucoup du soleil, de la comète de 1680, si l'on veut.

Cette comète, faisant sa révolution en 575 ans, parcourt une ellipse dont le grand axe est 138 fois plus grand que la distance moyenne de la terre au soleil. Sa distance périhélie est extrêmement courte. Newton a calculé qu'à son passage au périhélie, le 8 décembre 1680, elle dut éprouver une chaleur 28,000 fois plus grande que celle que la terre reçoit en été : il l'a évaluée à 2,000 fois celle du fer rouge.

Mais ce résultat ne saurait être admis. Pour résoudre le problème que s'était proposé Newton, il faudrait connaître l'état de la superficie et de l'atmosphère de la comète de 1680. Il y a plus : à la place de la comète, mettons notre globe lui-même, et le problème ne sera pas encore résolu. Sans doute la terre éprouvera d'abord une température 28,000 fois plus forte que celle de l'été ; mais bientôt toutes les masses liquides qui la recouvrent se transformant en vapeurs, produiront d'épaisses couches de nuages qui atténueront l'action du soleil dans une proportion impossible à fixer numériquement.

Sera-t-il plus facile de déterminer la température de notre globe, lorsqu'il aura accompagné la comète à son aphélie ? En ne considérant que les rapports de distance, la terre devrait être alors 19,000 fois moins échauffée qu'elle ne l'est en été, c'est-à-dire que, ne recevant du soleil aucune chaleur appréciable, elle ne devrait plus posséder que celle, non encore dissipée, dont elle se serait imprégnée au périhélie, et si elle avait perdu toute cette chaleur, elle devrait être à la température de l'espace environnant, laquelle ne peut descendre au-dessous de 50°, d'après les ingénieuses considérations de Fourier.

Or, l'expérience prouve que l'homme peut supporter des froids de 49° à 50° centigrades au-dessous de zéro, et une chaleur de 130°, lorsqu'il est placé dans certaines circonstances hygrométriques. Rien ne prouve donc que, dans l'hypothèse où la terre deviendrait le satellite d'une comète, l'espèce humaine serait anéantie par des influences thermométriques.

Ces considérations sur les limites entre lesquelles peuvent osciller les températures des globes célestes sont de nature à rendre leur *habitabilité* moins problématique aux yeux des personnes qui conçoivent difficilement l'existence d'êtres formés dans un système d'organisation totalement différent du nôtre.

Le Déluge a-t-il été occasionné par une comète?

Il n'est plus permis de douter aujourd'hui que notre globe n'ait été plusieurs fois bouleversé par d'effroyables révolutions, ni que les eaux de la mer aient envahi et abandonné les continents à plusieurs reprises. Pour expliquer ces effrayants cataclysmes, on a fait intervenir les comètes. Examinons ces explications.

Whiston en proposa une qu'il avait adaptée à toutes les circonstances du déluge de Noé décrites par la *Genèse*. Il suppose, et cette supposition n'a rien d'inadmissible, que la comète de 1680 était dans le voisinage de la terre quand le Déluge arriva. Il fait de la terre une ancienne comète, à laquelle il donne un noyau solide • et deux orbes concentriques, le plus voisin du centre formé d'un fluide pesant, et le second composé d'eau; sur ce dernier repose la croûte solide sur laquelle nous marchons.

Cela posé, il place, à l'époque du Déluge, la comète de 1680 à 3,000 ou 4,000 lieues seulement de la terre. Cet astre, exerçant, à raison de sa grande proximité, une puissante attraction sur les liquides intérieurs, produisit une immense marée qui rompit la croûte solide et précipita la masse liquide sur les continents. Voilà *la rupture des fontaines du grand abîme.*

Quant à l'*ouverture des cataractes du ciel,* comme

Whiston ne pouvait pas la voir dans les pluies ordinaires qui pendant quarante jours lui auraient donné
de trop faibles résultats, il la trouva dans l'atmosphère
et dans la queue de sa comète, lesquelles répandirent
sur notre globe assez de vapeurs aqueuses pour alimenter les pluies les plus violentes.

Cette théorie, qui a joui longtemps d'une grande célébrité, ne soutient pas un examen approfondi.

Nous ne parlerons pas de la constitution que Whiston
donne à la terre et que la géologie n'adopte pas aujourd'hui. Nous nous bornerons à remarquer que ses
suppositions gratuites sur la proximité et la masse de
la comète de 1680 ne suffisent pas à l'explication des
phénomènes.

En effet, le mouvement de cet astre devant être extrêmement rapide, son attraction ne s'exerçait pas assez
longtemps sur les divers points auxquels il correspondait, pour déterminer l'immense marée dont nous avons
parlé.

D'ailleurs cette fameuse comète passa près de la terre
le 21 novembre 1680, et il est démontré qu'à l'époque
du Déluge sa distance n'était pas moindre. Cependant
elle ne *rompit pas les fontaines du grand abîme,* elle
n'ouvrit pas les cataractes du ciel. Les explications de
Whiston sont donc inadmissibles.

Halley, qui a embrassé la question d'une manière
plus générale, a cherché à expliquer la présence des
productions marines loin des mers et sur les plus
hautes montagnes, à l'aide du choc de la terre par une
comète.

Nous avons déjà examiné la question de savoir si un

pareil choc a jamais eu lieu. Nous ajouterons ici qu'en
supposant pour un moment l'affirmative, on chercherait vainement dans les effets d'une semblable rencontre
une explication satisfaisante des phénomènes observés.
La stratification des dépôts marins, l'étendue et la régularité des bancs, leurs positions, l'état de conservation parfaite des coquilles les plus délicates, les plus
fragiles ; tout exclut l'idée d'un transport violent; tout
démontre que le dépôt s'est fait sur place.

L'explication de ces phénomènes n'offre plus de difficulté depuis que la science s'est enrichie des grandes
vues de M. Élie de Beaumont sur la formation des montagnes par voie de soulèvement.

*Les divers points de notre globe ont-ils changé subite-
ment de latitude par le choc d'une comète?*

On trouve dans toutes les régions de l'Europe des
ossements de rhinocéros, d'éléphants et d'autres animaux qui ne pourraient pas vivre aujourd'hui sous ces
latitudes. Il faut donc supposer, ou que l'Europe a
éprouvé un refroidissement considérable, ou que, dans
l'une des violentes commotions dont notre globe offre
les traces, ces ossements ont été entraînés par des courants dirigés du midi au nord.

Mais ces hypothèses ne sauraient s'adapter à l'explication de deux découvertes modernes qui ont beaucoup
occupé les savants. On trouva, en 1771, sur les bords
du Vilhoui, en Sibérie, à quelques pieds de profondeur,
un rhinocéros dans un état de conservation parfaite;
ses chairs, sa peau n'étaient nullement endommagées.
Quelques années plus tard, en 1799, on découvrit près
de l'embouchure du Léna, sur les bords de la Mer Gla-

ciale, un grand éléphant, renfermé dans un massif de boue congelée, et si bien conservé que les chiens en mangeaient la chair.

Comment expliquer la présence de ces deux grands animaux dans des régions si éloignées de celles où ils vivent? Ici l'intervention des courants n'est plus admissible, car si ces animaux n'avaient pas été saisis par la gelée immédiatement après leur mort, la putréfaction les aurait décomposés. Ils ont donc dû vivre dans les lieux où on les a trouvés. Ainsi, d'une part, la Sibérie a dû avoir autrefois une température élevée, puisque les éléphants et les rhinocéros y vivaient; de l'autre, la catastrophe dans laquelle ces animaux périrent a dû rendre subitement cette région glacée.

De ces déductions au choc de la terre par une comète, il n'y a plus qu'un pas, car nous ne connaissons que cette cause qui soit capable de produire un changement subit et tranché dans les latitudes de notre globe.

Cette explication est-elle admissible? Nous ne le pensons pas.

Et d'abord est-il établi que l'éléphant du Léna, le rhinocéros du Vilhoui n'aient pas pu vivre sous le climat actuel de la Sibérie? Il est permis d'en douter; car ces animaux, d'ailleurs semblables de forme et de grandeur à ceux qui habitent aujourd'hui l'Afrique et l'Asie, s'en distinguaient par une circonstance très-digne de remarque; ils portaient une espèce de fourrure. La peau du rhinocéros était hérissée de poils roides de 7 à 8 centimètres de long, et celle de l'éléphant était couverte de crins noirs et d'une laine rougeâtre; son cou était garni d'une longue crinière : particularités remarquables et qui portent à croire que ces animaux étaient nés pour vivre dans les régions septentrionales.

Du reste, un voyageur célèbre[1] a constaté récemment que le tigre royal, qui appartient aux pays les plus chauds, vit encore aujourd'hui en Asie à de très-hautes latitudes; qu'il s'avance en été jusqu'à la pente occidentale de l'Altaïn-Oola (les montagnes d'Or). Pourquoi notre éléphant à fourrure n'aurait-il pas pu se transporter, durant l'été, jusqu'en Sibérie? Or, là un accident fort ordinaire, un éboulement, par exemple, a suffi pour l'ensevelir sous des couches congelées, capables de le préserver de toute putréfaction. Car, sous ces latitudes, la terre, à une profondeur de douze à quinze pieds, reste éternellement gelée.

Il n'est donc nullement nécessaire, pour se rendre compte des découvertes du Léna et du Vilhoui, de recourir au choc de la terre par une comète. D'un autre côté, cette supposition que nous avons reconnue ailleurs être inadmissible, n'expliquerait rien ici. Car si l'on veut à toute force que la Sibérie ait été autrefois dans le voisinage de l'Équateur, il faut nécessairement admettre qu'elle était alors recouverte d'un renflement liquide de plus de 5 lieues d'épaisseur, produit par le mouvement

[1] M. de Humboldt, dans les *Fragments d'Orographie et de Climatologie asiatiques*. Nous profitons de l'occasion qui nous est offerte par cette citation, pour engager fortement le lecteur à lire le dernier ouvrage de M. de Humboldt, l'*Asie Centrale* (3 vol. in-8°, 1843), cette belle monographie où l'illustre écrivain a réuni tant de données pleines d'intérêt sur les systèmes montagneux, les mers intérieures, le climat et la géographie de l'Asie Centrale.

rotatoire de la terre; et où placer alors notre rhinocéros et notre éléphant?

M. Élie de Beaumont a rattaché ingénieusement la solution du problème soulevé par la découverte des éléphants de Sibérie à son système sur la formation des montagnes. Il suppose que les Thian-Chan s'étant soulevés en hiver, dans un pays dont les vallées nourrissaient des éléphants et dont les montagnes étaient couvertes de neige, les vapeurs chaudes, sorties du sein de la terre au moment de la convulsion, ont fondu en partie cette neige et produit un grand courant d'air à la température de zéro degré. Ce courant, entraînant avec lui les cadavres des animaux qui se trouvaient sur son passage, les a portés en huit jours, sans que la putréfaction pût s'en emparer, dans ces parages éloignés de la Sibérie, où la gelée les a saisis aussitôt.

Pour de plus longs détails, voyez la grande Notice de M. Arago sur les comètes, Annuaire de 1832, 1re et 2e édition.

VINGTIÈME LEÇON.

LES MARÉES.

On a émis une foule d'hypothèses sur la cause des fluctuations régulières et périodiques de l'Océan, et quoique leur relation avec les mouvements de la lune ait été remarquable dès la plus haute antiquité, c'est Kepler qui reconnut le premier que l'attraction exercée par cet astre est la cause qui les produit. Newton fit voir ensuite que cette opinion est en harmonie avec les lois de la gravitation, et déduisant les conséquences du principe posé par Kepler, il expliqua comment les marées se forment sur les deux côtés de la terre opposés à la lune. Cette théorie est au-dessus de toute contestation.

Les eaux de la mer jouissent d'une mobilité qui les fait céder aux plus légères impressions; l'Océan est ouvert de toutes parts, et les grandes mers communiquent entre elles : ces circonstances contribuent à la production des marées, qui ont principalement pour cause l'action combinée du soleil et de la lune.

Considérons d'abord l'action de la lune. Il est évident que c'est l'inégalité de cette action qui produit les marées, et qu'il n'y en aurait pas si la lune agissait d'une manière uniforme, sur toute l'étendue de l'Océan, c'est-à-dire, si elle imprimait des forces égales et parallèles au centre de gravité de la terre et à toutes les molécules de la mer; car alors le système entier du globe étant animé d'un mouvement commun, l'équilibre de toutes les parties serait maintenu. Cet équilibre n'est donc troublé que par l'inégalité et le non-parallélisme des attractions exercées par la lune. On conçoit, en effet, que son action, oblique sur les molécules de la mer qui sont en quadrature avec elle, et directe sur celles qui lui répondent en ligne droite, rend les premières plus pesantes et les dernières plus légères. Il faut donc, pour que l'équilibre se rétablisse, que les eaux s'élèvent sous la lune, afin que la différence de poids soit compensée par une plus grande hauteur. Les molécules de la mer situées dans le point correspondant de l'hémisphère opposé, moins attirées par la lune que par le centre de la terre, à cause de leur plus grande distance, se porteront moins vers cet astre que le centre de la terre : celui-ci tendra donc à s'écarter des molécules, qui seront dès lors à une plus grande distance de ce centre, et qui seront encore soutenues à cette hauteur par l'augmentation de pesanteur des colonnes placées en quadrature et qui communiquent avec elles.

Rendons ceci sensible par une figure. Soit, planche V, fig. 1re, ABCDEFGH', la terre, et M la lune. L'attraction s'exerçant en raison inverse du carré des distances, les eaux situées en Z seront plus fortement attirées que celles placées en B et en F, dont la direction oblique se décompose. Les eaux en Z devront donc s'élever. D'un autre côté, le centre de la terre O, plus voisin de la lune que les eaux qui sont en N, sera plus puissamment attiré qu'elles; il s'approchera donc davantage de la lune, ou, en d'autres termes, s'éloignera des eaux jetées en N, lesquelles seront encore soutenues par les molécules plus pesantes des quadratures; nous disons plus pesantes, car l'attraction oblique de la lune se décompose et augmente leur pesanteur. En effet, les eaux situées en B et en F, sollicitées par cette force oblique, tendent à se rapprocher de O. Il suit de là qu'il se formera sur la terre deux ménisques d'eaux, l'un du côté de la lune en Z, l'autre du côté opposé en N, ce qui donnera à la terre la forme d'un sphéroïde allongé, dont le grand axe passera par le centre de la terre et par celui de la lune. On voit par là qu'il n'y aurait, dans chaque lieu, que deux élévations des eaux par mois, si la terre n'avait pas un mouvement de rotation. Voyons quelle complication ce mouvement apporte au phénomène.

Par le mouvement de la terre sur son axe, la partie la plus élevée de l'eau est portée au delà de la lune dans la direction de la rotation; mais l'eau obéit encore à l'attraction qu'elle a reçue, et continue à s'élever après qu'elle a quitté sa position directe sous la lune, quoique l'action immédiate de cet astre ne soit plus aussi forte. L'eau n'atteint ainsi sa plus grande élévation qu'après que la lune a cessé d'être au méridien du lieu où elle se trouve. Dans les mers ouvertes, où les eaux coulent librement, la lune est en p, quand les plus hautes eaux sont en Z et en N. On conçoit, en effet que, quand même l'attraction de l'astre aurait entièrement cessé après sa sortie du méridien, le mouvement d'ascension communiqué aux eaux continuerait encore quelque temps à les élever; à plus forte raison cet effet doit-il avoir lieu quand l'attraction ne fait que diminuer.

D'un autre côté, quand la lune élève les eaux en Z et en N, elle les abaisse en B et en F, car elles ne peuvent monter dans un lieu sans descendre dans un autre; et réciproquement elle les abaisse en N et en Z, quand elle les élève en F et en B. Mais en vertu du mouvement de rotation de la terre, la lune passe tous les jours au méridien supérieur et au méridien inférieur de chaque lieu : elle y produira donc deux élévations et deux dépressions des eaux, ce qui a lieu effectivement.

Nous n'avons jusqu'ici considéré que l'action isolée de la lune. Voyons comment celle du soleil se combine avec elle.

La force attractive exercée par le soleil sur la terre, est de beaucoup supérieure à celle que déploie la lune; mais comme la distance à laquelle se trouve le premier de ces astres est à peu près 400 fois plus grande que celle où est le second, les forces déployées par l'un sur les différentes parties de notre planète se rapprochent beaucoup plus du parallélisme, et par conséquent de l'égalité, que celles de l'autre. Et comme nous avons vu que ce n'est que l'inégalité d'action de la lune qui fait les marées, l'action du soleil, beaucoup plus égale, doit être moins propre à produire le même effet. On a calculé que son influence est d'environ 2 fois 1/2 plus faible que celle de la lune, mais elle est pourtant assez intense pour produire un flux et un reflux; de sorte qu'il y a en

32.

réalité deux marées, une lunaire et l'autre solaire, dont les effets s'ajoutent ou se retranchent l'un de l'autre, suivant la direction des forces qui les produisent. Ainsi quand la lune est pleine ou nouvelle, c'est-à-dire dans les sizygies (pl. V, fig. 2), les deux astres se trouvent dans le même méridien, leurs efforts concourent, et l'effet doit être le plus grand possible. Quand, au contraire, la lune est en quadrature (pl. V, fig. 3), elle tend à élever les eaux que le soleil tend à abaisser, et réciproquement, de façon que les efforts des deux astres se combattant, l'effet doit être le plus faible possible.

Il suit de là que la mer devrait être pleine à l'instant où la force résultante des attractions du soleil et de la lune y est parvenue à sa plus grande intensité; mais nous avons déjà vu qu'il n'en est pas ainsi. En effet, les jours de la nouvelle lune, où les deux astres exercent leur action suivant une même direction, l'instant de la plus grande intensité de cette action est celui de leur passage simultané au méridien, ou celui de midi. Cependant la mer n'est ordinairement pleine que quelque temps après midi. L'expérience a fait connaître que la marée qui a lieu les jours de nouvelle lune est celle qui a été produite 36 heures auparavant par l'action du soleil et de la lune; on a remarqué de plus qu'à cette époque la mer arrive toujours à la même heure. On en a conclu que l'intervalle de temps qui s'écoule entre le moment de la pleine lune et celui où les deux astres exercent leur plus grande action, est constamment le même. La seconde conséquence que l'on a tirée de ces deux faits, c'est que l'action de la force du soleil et de la lune se fait sentir dans les ports et sur les côtes par la communication suc-

cessive des ondes et des courants. Nous-avons dit que
les jours de la nouvelle ou de la pleine lune, l'instant
où les deux astres exercent la plus grande action est
celui du passage de la lune au méridien ; il en est de
même lors du premier et du dernier quartier. Les autres
jours, cet instant précède quelquefois le passage, et
d'autres fois il le suit ; mais il ne s'en écarte jamais
beaucoup, parce que la force attractive de la lune est,
comme nous avons dit, beaucoup plus grande que celle
du soleil. Ces forces et le retard ou l'avance de la marée sur l'heure du passage de la lune au méridien varient suivant que les deux astres s'écartent ou se rapprochent de la terre, suivant que leurs déclinaisons
augmentent ou diminuent. Les flux sont les plus hauts
et les reflux sont les plus bas au temps des équinoxes,
en mars et septembre, parce que, à cette époque, toutes
les circonstances qui influent sur l'élévation des eaux
concourent pour produire le plus grand effet.

Voici maintenant les principales circonstances du phénomène des marées. La mer coule pendant environ six
heures du sud au nord, en s'enflant par degrés ; elle
reste à peu près un quart d'heure stationnaire, et se re-
tire du nord au sud pendant six autres heures. Après un
second repos d'un quart d'heure elle recommence à couler et ainsi de suite.

Le temps du flux et du reflux est terme moyen d'environ 12 h. 25' ; c'est la moitié du jour lunaire qui est
de 24 h. 50', temps qui s'écoule entre deux retours successifs de la lune au même point du méridien. Ainsi la
mer éprouve le flux et le reflux en un lieu, aussi souvent que la lune passe au méridien, soit supérieur, soit

inférieur de ce lieu, c'est-à-dire deux fois en 24 h. 50′.

Ces lois du flux et du reflux seraient parfaitement d'accord avec les phénomènes, si les eaux de la mer recouvraient toute la surface du globe; il n'en est pas ainsi, et il n'y a guère que la pleine mer qui les présente, tels que nous les avons décrits, parce que l'Océan a assez d'étendue pour que l'action du soleil et de la lune puisse s'y exercer en liberté. Mais ces phénomènes sont nécessairement modifiés dans le voisinage des côtes par la direction des vents, la situation des rivages et une foule d'accidents de terrain.

Les marées se font sentir dans les grandes rivières dont elles refoulent les eaux; elles sont quelquefois sensibles jusqu'à deux cents lieues de l'embouchure.

Les lacs n'éprouvent pas de marées, parce qu'ils sont trop petits pour que la lune y fasse sentir son action d'une manière inégale. Elle passe, d'ailleurs, si rapidement sur leur surface, que l'équilibre n'aurait pas le temps de se troubler.

Si l'on ne remarque pas non plus de marées dans la Méditerranée et dans la mer Baltique, c'est que les ouvertures par lesquelles ces deux grands lacs communiquent avec l'Océan sont si étroites qu'ils ne peuvent, dans un temps si court, recevoir assez d'eau pour que leur niveau en soit sensiblement élevé.

Dans les îles des Antilles les marées sont fort basses : elles s'élèvent rarement au-dessus de 12 à 15 pouces. Cette anomalie peut paraître d'autant plus remarquable que ces parages, voisins de l'Équateur, doivent être soumis à une force attractive très-énergique. Mais on concevra facilement que les eaux ne doivent pas s'élever

beaucoup dans le voisinage de ces îles, si l'on songe
que, la terre tournant de l'ouest à l'est, le flux se fait
en sens contraire, et vient, comme une vague immense,
se briser contre la côte de l'Amérique qui l'arrête là,
et l'empêche de passer, avec la lune, dans le grand
Océan. Les vents alizés, d'ailleurs, qui soufflent continuellement de l'est à l'ouest, s'opposent au reflux qui
vient du couchant.

Ces deux mêmes causes produisent un effet très-remarquable dans le golfe du Mexique. Les vents et les
marées poussent continuellement les eaux dans cette
vaste cavité, les y accumulent au-dessus du niveau général, et, par leur action incessante, les empêchent de
redescendre. Ainsi suspendues et ne pouvant vaincre les
forces qui s'opposent à leur retour, ces eaux s'écoulent
autour de la côte ouest de Cuba, se dirigent au nord vers
la côte de l'Amérique septentrionale, et forment ce courant si remarquable du golfe des Florides, connu sous
le nom anglais de *Gulf-stream*, courant du golfe.

Puisque l'air est doué, plus encore que l'eau, de légè-
reté et de mobilité, il doit aussi obéir à l'action combinée du soleil et de la lune et il doit y avoir des marées
atmosphériques. Cependant un fait semble, au premier
coup d'œil infirmer cette conclusion, c'est que le baromètre n'accuse ni les élévations ni les dépressions de
l'atmosphère résultant du mouvement de l'air. Mais il
est facile de comprendre que le baromètre doit, en effet,
rester insensible à ces variations, car les colonnes d'air,
bien que de hauteurs différentes, doivent avoir partout
le même poids, puisque l'effet direct des marées est,
comme nous l'avons fait voir, de maintenir l'équilibre

en compensant par la hauteur la diminution de la pesanteur.

On trouvera dans l'Annuaire de 1844, pages 32-44,
un tableau des plus grandes marées pour l'année 1844,
par M. Largeteau ; un tableau de apogées et périgées
de la Lune pour 1844, un type du calcul de l'heure de
la pleine mer, et les heures de la pleine mer dans les
principaux ports des côtes de l'Europe, les jours de la
nouvelle et de la pleine lune, et les longitudes de ces
ports exprimées en degrés et minutes.

VINGT–ET–UNIÈME LEÇON.

DÉTERMINATION DE LA LATITUDE ET DE LA LONGITUDE.

Pour déterminer la position d'un point sur une surface quelconque, il faut nécessairement connaître la distance de ce point à deux lignes fixes; ces deux lignes peuvent être différemment disposées, mais leur situation sur cette surface doit être invariablement fixée. Toutefois, pour la facilité des constructions et du calcul, au lieu de donner à ces lignes une inclinaison quelconque, on les dispose de manière à ce qu'elles forment ensemble un angle droit. Ainsi le procédé qui nous servira à fixer la position des différents points de la surface de la terre est absolument le même que celui que nous avons employé pour déterminer la position des astres. Il suffit, en effet, de connaître le parallèle sur lequel se trouve le point qu'il s'agit de déterminer et sa position sur ce parallèle, c'est-à-dire la latitude et la longitude de ce point.

Or la latitude s'obtient en prenant la hauteur du pôle sur l'horizon, car elle est toujours égale à cette hauteur. En effet, si le point C (pl. I, fig. 15) est écarté de 30°, de l'équateur vers le pôle arctique, son zénith sera CF; le grand cercle HOR sera son horizon; le plan de l'équateur EOZ sera éloigné du zénith de 30°, et par conséquent éloigné de l'horizon de 30°. Le pôle P sera élevé de 30°, mesuré par l'angle HCP.

Mais comme il a dans l'autre hémisphère un cercle qui offre les mêmes circonstances, il faudra indiquer si la latitude est boréale ou australe.

La détermination de la longitude offre plus de difficultés. Pour l'obtenir, on mesure en degrés de l'équateur la distance qui sépare le méridien du lieu qu'on veut déterminer d'un autre méridien connu. Or, cette distance peut toujours s'obtenir avec certitude, pourvu qu'on connaisse l'heure du point où l'on fait l'observation et celle du lieu dont on prend le méridien pour terme de comparaison. En effet, puisque chaque point de la surface de la terre décrit, en vertu du mouvement de rotation dont elle est animée, la circonférence d'un cercle, ou 360° en 24 h., il décrit 15° en 1 h., puisque 15 est la vingt-quatrième partie de 360. Lors donc que deux points sont séparés l'un de l'autre par 15° de longitude, le plus occidental n'a le soleil au méridien qu'une heure après l'autre, et celui-ci compte 12 heures, tandis que l'autre n'a que 11 heures du matin. Si la distance qui sépare les deux points est de 30°, la différence est de deux heures et ainsi de suite. Ainsi la différence des heures étant donnée, rien n'est plus facile que de connaître la différence des longitudes.

Toute la difficulté revient donc à connaître cette différence des heures. Pour y parvenir on a recours à une foule de moyens. Dans l'impossibilité de les exposer tous, nous nous bornerons à parler de quelques-uns.

Les temps exacts auxquels les éclipses de lune et de soleil, les occultations d'étoiles par la lune, les éclipses des satellites de Jupiter, etc., arrivent sous un méridien donné, sont publiés plusieurs années à l'avance. Supposons qu'un voyageur, placé à une distance quelconque, à l'est ou à l'ouest de ce méridien, observe une de ces éclipses ou occultations, recourant ensuite à ces tables, il verra l'heure qu'il est au méridien donné, et la différence de cette heure avec celle du lieu où il se trouve lui donnera sa longitude. Toutes les fois que le ciel est serein on peut recourir à ces sortes d'observations, les phénomènes qui y donnent lieu étant beaucoup plus nombreux que les jours de l'année : on n'a même pas besoin pour cela d'instruments bien puissants, mais on est gêné en mer par le roulis du navire : aussi a-t-on été obligé de chercher pour les marins un moyen de déterminer la longitude plus commode que par les observations astronomiques : ce moyen est celui des chronomètres.

Les chronomètres (en grec, *mesureurs du temps*) sont appelés aussi *montres marines* et *garde-temps* ; on va voir pourquoi ce dernier nom. Semblables aux montres ordinaires, elles sont seulement travaillées avec un soin extrême, et sont munies de compensateurs, de manière à ce qu'elles conservent dans leur marche la plus grande régularité possible, malgré les variations de la température et les secousses inévitables dans un voyage de long cours.

33

On règle la montre au moment du départ, et on la met exactement à l'heure du méridien auquel on veut rapporter sa longitude. Le chronomètre, par suite de la parfaite régularité de sa marche connue, *garde* constamment cette heure. On peut donc avoir de cette manière, en tout temps, la différence des heures et partant la longitude, puisqu'on peut toujours, en prenant l'heure du lieu où l'on est, la comparer à celle du premier méridien, donnée par le chronomètre.

On voit que ce dernier moyen de résoudre le problème important des longitudes est si simple et si facile, qu'il serait inutile de recourir jamais à aucun autre, si l'on pouvait toujours compter rigoureusement sur les données du chronomètre. Il n'en est malheureusement pas toujours ainsi.

Cependant les progrès de l'industrie moderne ont apporté à la fabrication de ces instruments une perfection qu'on n'aurait pas d'abord osé espérer. On en prendra une idée par le fragment suivant, extrait des *Eléments de philosophie naturelle.* « Qu'il soit permis à l'auteur de ce livre de faire part au lecteur du plaisir et de la surprise qu'il éprouva après une longue traversée de l'Amérique du Sud en Asie. Son chronomètre de poche et ceux qui étaient à bord du navire annoncèrent un matin qu'une langue de terre indiquée sur la carte devait se trouver à cinquante milles à l'est du navire. Qu'on juge du bonheur de l'équipage, lorsqu'une heure après, le brouillard du matin ayant disparu, la vigie donna le cri joyeux de : *Terre! terre! en avant, à nous!* confirmant ainsi la prédiction des chronomètres à un mille près, après une distance aussi énorme. Il est per-

mis sans doute, dans un tel moment, de rester pénétré
d'une profonde admiration pour le génie de l'homme.
Que l'on compare les dangers de l'ancienne navigation
avec la marche assurée de nos marins, et qu'on nie,
s'il est possible, les immenses avantages de l'industrie
moderne! Si la marche du petit instrument avait été le
moins du monde altérée pendant cet espace de quelques
mois, sa prédiction eût été plus nuisible qu'utile; mais
le nuit, comme le jour, pendant le calme comme pendant la tempête, à la chaleur comme au froid, ses pul-
sations se succédaient avec une uniformité imperturr-
bable, tenant, pour ainsi dire, un compte exact des
mouvements du ciel et de la terre, et, au milieu des
vagues de l'Océan, qui ne retiennent point de traces, il
marquait toujours la situation exacte du navire dont
le salut lui était confié, la distance qu'il avait parcourue
et celle qu'il devait parcourir [1]. »

Le méridien auquel chaque astronome rapporte ses
observations est entièrement arbitraire et varie selon
les différents peuples. On s'accorda longtemps à prendre
pour point de départ celui de l'île de Fer, la plus occidentale des Canaries; mais cet usage s'est perdu peu à
peu, et chaque peuple prend maintenant celui de son
observatoire principal [2].

[1] Sur les chronomètres, voyez l'*Annuaire* pour 1824, p. 155.

[2] Toutes les opérations à exécuter, tous les calculs à faire pour obtenir la position géographique d'un point par sa latitude et sa longitude,
ont été présentés de la manière la plus détaillée par M. Puissant, dans
son grand *Traité de Géodésie*, 2ᵉ édition, Paris, 1843, et par M. Francœur, dans sa *Géodésie ou Traité de la figure de la Terre*, 2ᵉ édition,
un volume in-8°, Paris, 1840, p. 199, 218, 361, 584. Nous y renvoyons
le lecteur.

Voici la position des premiers méridiens les plus généralement employés, et celle de quelques-uns des points qui le sont devenus momentanément; toutes ces longitudes sont rapportées au méridien de l'Observatoire de Paris, c'est-à-dire à 0°. 0′. 0″ [1].

Alger (Algérie).	0° 44′ 10″ E.
Altona (Danemark.	7° 56′ 18″ E.
Bénarès (Hindouistâne). . . .	80° 35′ 28″ E.
Berlin (Prusse).	11° 3′ 54″ E.
Berne (Suisse).	5° 6′ 17″ E.
Bruxelles (Belgique).	2° 1′ 46″ E.
Cadix (Espagne)	8° 37′ 57″ O.
Cap de Bonne-Espérance (Afrique).	16° 8′ 21″ E.
Caraccas (Venezuela). . . .	75° 9′ 0″ O.
Copenhague (Danemark). . .	10° 14′ 20″ E.
Dorpat (Russie).	24° 23′ 13″ E.
Greenwich (Angleterre). . .	2° 20′ 24″ O.
Madras (Hindouistâne). . . .	77° 56′ 57″ E.
Milan (Lombardie).	6° 50′ 56″ E.
Munich (Bavière).	9° 16′ 18″ E.
Palerme (Sicile)	11° 1′ 0″ E.
Pétersbourg (Russie). . . .	27° 59′ 52″ E.
Rome (États de l'Église). . .	10° 8′ 28″ E.
Sainte-Hélène.	8° 5′ 13″ O.
Vienne (Autriche).	14° 2′ 36″ É.
Vilna (Russie).	22° 57′ 36″ E.
Washington (États-Unis). . .	79° 22′ 24″ O.

[1] Ces positions, résultat d'observations très-longues et faites avec un soin particulier, ont en outre été discutées par un de nos plus savants astronomes, M. P. Daussy, ingénieur hydrographe en chef, membre du Bureau des longitudes, qui a su donner à la grande table des positions géographiques de la *Connaissance des temps* une exactitude et une précision inconnues jusqu'à ce jour.

VINGT-DEUXIÈME LEÇON.

DU CALENDRIER.

On appelle *calendrier* (des calendes romaines) un tableau qui indique la division du temps par jours, semaines, mois, saisons et années. Nous allons passer rapidement en revue les principaux qui ont été employés par les différents peuples.

L'opinion des savants est que l'année des Égyptiens et des Perses avait 365 jours; de sorte que, tous les quatre ans, elle perdait un jour sur l'année solaire, et après un intervalle de 1460 ans, qu'on appelait *période sothiaque* ou *grande année caniculaire*, l'année civile et l'année solaire recommençaient en même temps. Les 365 jours de l'année composaient 12 mois, de 30 jours chacun, et les 5 jours restant s'ajoutaient sous le nom d'*épagomènes* ou jours complémentaires. C'est ce calendrier qui a servi de modèle à celui de la république française.

Les Grecs avaient d'abord une année de 360 jours,

qui se divisait en 12 mois de 30 jours chacun : après
une période de deux ans, qu'ils appelaient *triétéride*,
ils intercalaient un mois de 30 jours, de sorte qu'ils
avaient alternativement une année de 360 jours et une
autre de 390. Ils comptèrent ainsi jusqu'au sixième
siècle environ avant notre ère. A cette époque, les connaissances astronomiques, qui avaient fait des progrès,
ayant appris que la lune accomplissait sa révolution
en 29 jours 1/2, on doubla cette période pour en faire
2 mois, l'un de 30 jours et l'autre de 29, qui commen-
çaient par la nouvelle lune, ou la *néoménie*. Mais comme
les 12 mois ne faisaient que 354 jours, les 11 jours 1/2
qui restaient s'ajoutaient pendant une période de huit
ans, appelée *octaétéride*, et formaient 3 mois intercalaires
de 30 jours, qui trouvaient leur place aux troisième,
cinquième et huitième années de cette période. Cette
manière de compter était bien d'accord avec le cours du
soleil; mais les Athéniens, qui faisaient cette réforme,
avaient appris de l'oracle que l'année devait se régler
sur la marche du soleil, et les mois et les jours sur
celle de la lune. L'année civile, telle qu'ils venaient de
la composer, satisfaisait bien à l'ordre des dieux ; mais
la seconde partie de cet ordre n'était point exécutée. En
effet, après une octaétéride, la lune avait encore un jour
et demi pour accomplir sa révolution. On ajouta donc,
après deux octaétérides, 3 jours complémentaires, ou
épagomènes, et on se trouva ainsi d'accord avec la lune,
mais on ne l'était plus avec le soleil.

Pour résoudre la difficulté, un célèbre astronome,
appelé Méton, imagina une période ou *cycle* de 19 ans,
qui conciliait les mouvements du soleil et de la lune,

en embrassant un nombre fini de révolutions de ces deux astres. En effet, cette période se composait de 235 lunaisons, savoir : 228 à raison de 12 lunaisons par an, et 7 autres pour les 11 jours d'excédant de l'année solaire sur l'année lunaire. Les 7 mois lunaires, dont 6 étaient de 50 jours chacun, et le 7e de 29, se nommaient *embolismiques*. Cet arrangement parut si beau aux Grecs, que lorsqu'il leur fut proposé aux jeux Olympiques, il fut reçu avec acclamation, et adopté par toutes leurs colonies. Le calcul en fut exposé en lettres d'or dans les places publiques pour l'usage des citoyens : c'est de là que lui vient le nom de *nombre d'or*, sous lequel il figure encore dans nos calendriers. Cependant le cycle de Méton n'était pas parfaitement exact, car après 76 ans, on se trouva en avance d'un jour sur le cours de la lune. On corrigea cette erreur en établissant une période de 4 cycles de Méton, de laquelle on retrancha un jour.

Le calendrier arabe, qui est celui des Mahométans, est exclusivement basé sur le cours de la lune. Le premier jour de chaque mois correspond toujours au renouvellement de cet astre. Mais les années de ce calendrier sont très-vagues ; elles parcourent successivement, en rétrogradant, toutes les saisons de l'année.

Passons au calendrier romain. On sait peu de chose sur ce qu'il était avant Jules César, qui le réforma. A cet effet, ayant appris de l'astronome égyptien Sosigène que l'année solaire se composait de 365 jours 1/3, il fit l'année civile de 365 jours, et en ajouta un sixième au bout de 4 ans, pour le quart de jour négligé. Cette quatrième année, qui avait 366 jours, fut appelée *bis-*

sextile. Les mois, au nombre de 12, furent de 30 et 31 jours, excepté celui de février, qui en eut 28 dans les années ordinaires et 29 dans les années bissextiles. Les Romains divisaient leurs mois en trois époques : les calendes, qui tombaient le premier jour du mois ; les nones, qui étaient le 5 ; et les ides qui venaient le 13. Dans les mois de mars, mai, juillet et octobre, les nones étaient le 7 et les ides le 15. L'année déterminée par ce calendrier fut appelée l'*année julienne*.

Cependant cette année était trop longue de 11 minutes 9 secondes, erreur qui montait à un jour environ en 135 ans : et le concile de Nicée ayant, en 325, fixé Pâques au 21 mars, jour de l'équinoxe, en 1582 cette fête avait remonté au 11 du même mois. Pour remédier à cet inconvénient, le pape Grégoire XIII publia une bulle qui retranchait 10 jours de l'année 1582, en prescrivant de compter le 15 octobre lorsqu'on serait arrivé au 5. Pour prévenir le retour d'une pareille erreur, on fit une autre modification. Le jour intercalaire avait été jusque-là régulièrement ajouté à février tous les quatre ans : on arrêta que dans l'espace de 400 ans, on retrancherait trois bissextiles, de telle sorte qu'aujourd'hui les années bissextiles sont toutes celles dont l'indice est divisible par 4, et quand c'est une année séculaire il faut que les chiffres significatifs de l'indice, c'est-à-dire l'indice du siècle, soient divisibles par 4. Ainsi 1600 a été bissextile, 1700, 1800 ne l'ont pas été, 1900 ne le sera pas non plus, mais 2000 le sera. L'erreur ainsi corrigée est actuellement si peu de chose qu'on peut sans inconvénient la négliger pendant plusieurs milliers d'années.

Tel est le *calendrier grégorien* ou *nouveau style*. Il est aujourd'hui suivi dans presque toute la chrétienté. Les Anglais ne l'adoptèrent qu'en 1752, et leur 3 septembre fut reporté au 14, attendu que le calendrier julien présentait à cette époque une erreur de 11 jours. Il n'y a maintenant en Europe que les Russes et les chrétiens du rite grec qui suivent le calendrier julien, dont l'année commence maintenant 12 jours après la nôtre. C'est la cause de la différence que nous voyons entre nos dates et les leurs.

Les mois se subdivisent en *semaines*. Chez nous la semaine est de sept jours, qui sont : lundi, mardi, mercredi, jeudi, vendredi, samedi et dimanche, noms qui dérivent de ceux des planètes : ainsi le lundi est le jour de la Lune (*Lunæ dies*), le mardi, celui de Mars (*Martis dies*), le mercredi, celui de Mercure (*Mercurii dies*), le jeudi, celui de Jupiter (*Jovis dies*), le vendredi, celui de Vénus (*Veneris dies*), le samedi, celui de Saturne (*Saturnii dies*), et le dimanche, celui du Soleil (*Solis dies*), ainsi que l'étymologie l'indique en d'autres langues et dont la succession est curieuse à étudier, car on y trouve la trace du plus ancien système astronomique. L'origine de la semaine se perd dans la nuit des temps, et il eût peut-être été impossible de trouver l'ordre suivant lequel ces planètes ont donné leurs noms aux jours, si les historiens ne nous l'eussent appris. Dion Cassius, écrivain grec du troisième siècle de l'ère chrétienne, est le premier qui en ait parlé. Ce n'est ni l'ordre suivant lequel elles se présentent dans le ciel, ni l'ordre qu'elles offrent d'après leurs distances, c'est l'ordre tiré de la durée de leurs révolutions, méthode d'après laquelle les anciens classaient les planètes ou du moins les astres qu'ils considéraient comme tels, donnée qui les dispose de la manière suivante : Saturne, Jupiter, Mars, le Soleil, Vénus, Mercure et la Lune. Or, voici comment ces planètes, ainsi rangées, ont donné leurs noms aux jours de la semaine, dans l'ordre qu'ils ont aujourd'hui. Le jour prend son nom de la planète qui préside à sa première heure. La première heure du samedi, par exemple, était consacrée à Saturne qui, par cette raison, donnait son nom au jour. La seconde heure était consacrée à Jupiter, la troisième à Mars, la quatrième au Soleil, la cinquième à Vénus, la sixième à Mercure et la septième à la Lune, puis la huitième à Saturne et ainsi de suite, jusqu'à la vingt-quatrième heure qui se trouvait, en suivant toujours cette marche, consacrée à Mars. La première heure du jour suivant était donc consacrée au Soleil, qui vient ensuite, et le jour prenait son nom ; la deuxième heure du jour était consacrée à Vénus, etc. On verrait, en poursuivant ce calcul, que chaque jour de la semaine vient ainsi, à son tour, recevoir son nom de la planète à laquelle la première heure était consacrée. Cette disposition peut paraître extraordinaire lorsque l'on n'en connaît pas l'origine ; mais elle devient très-simple dès que l'on sait qu'elle se rattache à un ensemble d'idées qui paraît appartenir au plus ancien système astronomique connu.

Il nous reste à dire un mot de quelques locutions employées dans les calendriers.

Le *cycle solaire* est une période de 28 ans, après lequel les jours de la semaine reviennent dans le même ordre et au même quantième du mois, tant que les an-

nées bissextiles se succèdent régulièrement tous les
quatre ans. Les années bissextiles retrouvent aussi, à
l'expiration du cycle solaire, cette même coïncidence
des jours de la semaine avec les quantièmes des mois.
Le cycle solaire doit son origine à ce que l'année
ne contient pas un nombre exact de semaines, puisqu'elle en contient 52 et 1 jour. Ce cycle ne serait donc
que de 7 ans (puisqu'après ce temps le jour excédant de
chaque année ferait une semaine), s'il n'y avait pas
d'années bissextiles ; mais comme il y a une de ces années tous les quatre ans, le cycle ne peut être accompli
qu'il n'en contienne 7, afin que le jour excédant de
chacune de ces années donne une semaine.

Nous avons déjà parlé du cycle de la lune, dont l'année s'appelle *nombre d'or* (voyez pages 390, 391). C'est
une période de 19 ans, après laquelle le soleil et la
lune se retrouvent dans la même position ou à peu de
chose près, puisque la conjonction, les oppositions de
ces corps, etc., sont, à une heure et demie près, les
mêmes qu'au commencement de la période, les mêmes
jours du mois.

Puisque ce n'est qu'après 19 ans que les années solaire et lunaire recommencent ensemble, il y a nécessairement dans l'intervalle un excès de la première sur la
seconde. C'est ce nombre de jours dont l'année solaire
excède l'année lunaire, que l'on désigne sous le nom
d'*épacte*.

VINGT-TROISIÈME LEÇON.

DE L'ATMOSPHÈRE, DES TEMPÉRATURES ET DES VENTS.

Définition de l'atmosphère. — Hauteur de l'atmosphère. — Qu'y a-t-il dans l'espace ? — Du crépuscule et de l'aurore. — Effets de la réfraction atmosphérique sur la position des astres. — Température de la Terre. — Causes de l'hiver et de l'été. — Température moyenne de l'équateur. — Différence de température entre les côtes occidentales et les côtes orientales des continents. — La Terre a-t-elle une température qui lui soit propre. — Température moyenne des lieux, déduite de la végétation. — De la cause et de la nature des vents. — Vents alizés. — Vents des régions polaires. — Vents variables. — Brins de terre et de mer.

L'atmosphère est cette enveloppe gazeuse qui recouvre notre globe. Avant de rechercher l'influence qu'elle exerce dans l'observation des phénomènes astronomiques, il est bon de nous arrêter un instant à l'examen de quelques-unes de ses propriétés.

Et, d'abord, quelle est la hauteur de l'atmosphère ? Cette question se résout à l'aide de l'un des instruments les plus précieux de la physique, nous voulons parler du baromètre, qui est destiné à mesurer la pesanteur de l'atmosphère. On conçoit, en effet, qu'en portant successivement le baromètre à diverses hauteurs il doit accuser des différences dans le poids de la colonne d'air aux diverses stations, et une simple proportion suffirait pour donner la hauteur absolue de la couche atmosphérique, si elle avait partout la même densité. Mais les gaz étant extrêmement compressibles, les couches inférieures qui ont à supporter tout le poids des couches supérieures sont nécessairement plus comprimées, et la densité de la colonne atmosphérique doit aller en diminuant de la surface de la terre aux couches les plus élevées. Il faudra donc, pour obtenir dans la colonne de mercure des diminutions égales, parcourir, en montant, des distances d'autant plus grandes qu'on s'élèvera davantage. Le calcul a démontré qu'en supposant la température de l'air partout la même, les hauteurs du mercure diminuent en progression arithmétique, lorsque les élévations au-dessus du niveau de la mer croissent en progression géométrique. Mais il faut, en faisant l'opération, avoir égard à la température et à l'état hygrométrique des différentes couches de l'atmosphère. On a évalué ainsi que sa hauteur moyenne est de 16 à 17 lieues, son volume le 29ᵉ de celui du globe, et son poids seulement les 43 millièmes.

Mais qu'y a-t-il au delà de l'atmosphère ? Existe-t-il quelque fluide, ou n'y a-t-il qu'un vide absolu ? Nous ne savons pas, en vérité, comment cette question a pu si longtemps occuper les savants, car ce n'en est réellement pas une. Comment les espaces célestes ne pourraient-ils être qu'un vide absolu, puisqu'ils sont remplis par la lumière ? Et quelque opinion qu'on adopte sur la nature de cet agent, que ce soit une émanation

34

réelle de la substance des corps lumineux, ou un fluide mis en mouvement par ces derniers , il est bien évident que, dans l'une comme dans l'autre hypothèse, le vide absolu ne saurait exister.

C'est surtout sous le rapport de l'action qu'elle exerce sur les rayons lumineux qui la traversent que l'atmosphère mérite de fixer notre attention.

Nous avons vu, en commençant, les modifications que la lumière éprouve en passant d'un milieu dans un autre, comment elle sa réfracte, comment ses rayons se décomposent.

C'est à cette propriété de la lumière que nous devons les nuances variées qui colorent l'horizon au lever et au coucher du soleil. C'est à elle que nous devons de ne point passer brusquement du jour à la nuit, mais d'être conduits avec transition et ménagement de l'une à l'autre, par le crépuscule et l'aurore. Ces deux phénomènes varient suivant la diversité des saisons et des lieux. On a calculé que, par l'effet de la réfraction de l'atmosphère, le jour ne cesse entièrement pour nous que quand le soleil est descendu de 18° sous l'horizon.

Un des effets de la réfraction atmosphérique est de faire varier les positions apparentes des astres. En effet, les couches diverses de l'atmosphère, augmentant de densité à mesure qu'elles se rapprochent de la surface de la terre, peuvent être considérées, relativement les unes aux autres, comme des milieux différents. Les rayons lumineux qui les traversent s'infléchissent donc de plus en plus, en passant de l'une à l'autre ; et comme la densité augmente insensiblement, la déviation de la lumière, au lieu de se faire selon des lignes brisées, suit une ligne courbe, dont la concavité est tournée vers la surface terrestre. On concevra maintenant sans peine comment l'effet de cette réfraction est de faire voir les objets au-dessus de leur position réelle : car, puisque nous les plaçons toujours dans la direction rectiligne du rayon au moment où il pénètre dans l'œil, nous les verrons ici sur le prolongement de la tangente qui serait menée à la courbe décrite par le rayon au point où il entre dans l'œil. C'est ainsi que la réfraction augmente les hauteurs apparentes des astres.

Le micromètre, d'accord en cela avec ce que nous savons de la position de la terre dans l'écliptique aux différentes saisons de l'année, nous apprend que le soleil est plus près de nous en hiver d'1/50e qu'en été. Cependant la température de cette dernière saison est beaucoup plus élevée que celle de la première. Quelles en sont les causes? Il y en a trois principales. D'abord la constitution physique de l'atmosphère qui varie de l'une de ces saisons à l'autre. En été, l'air est généralement sec, mais en hiver il se charge de vapeurs et affaiblit considérablement l'intensité des rayons du soleil. La seconde cause à signaler est la grande obliquité des rayons solaires en hiver. Or, on sait qu'ils se réfléchissent en raison de cette obliquité, et que ceux qui se réfléchissent n'échauffent pas. Enfin, et cette dernière cause est la principale, le soleil, en été, reste bien plus longtemps au-dessus de l'horizon qu'en hiver. La nuit, qui est le moment de la déperdition du calorique, est plus courte, et le jour plus long. On aura

une idée de l'effet que peut produire sur la température la différence des jours et des nuits, si nous
disons qu'on a calculé qu'il suffirait, même au milieu
de l'été, que le soleil restât dix jours sous l'horizon,
pour que tout se congelât à la surface de la terre.

Terme moyen, la température va s'élevant du 5 janvier au 5 juillet, et descend du 5 juillet au 5 janvier

La température moyenne de l'équateur est de 27°
à 28°. Mais on remarque que l'hémisphère austral est
beaucoup plus froid que l'hémisphère boréal. La raison
en est que le premier est en grande partie recouvert
par les eaux. Or, on sait que celles-ci ne s'échauffent
pas aussi facilement que le sol, une grande quantité
du calorique qui leur est envoyé étant incessamment
absorbée par l'évaporation, la congélation et la fonte
des glaces.

On a remarqué aussi que les côtes occidentales des
continents sont beaucoup plus chaudes que les côtes
orientales : c'est un effet des vents et de la position
générale des mers. Dans nos contrées, comme en Amérique, les vents d'ouest prédominent. Or, ces vents,
qui viennent des mers, sont toujours tempérés; car la
température de la mer n'est jamais ni très-haute ni
très-basse : et cela se conçoit, la mobilité de la masse
liquide et l'équilibre qui tend à s'y maintenir ne per-
mettant jamais qu'une couche superficielle se refroi-
disse beaucoup, comparativement aux autres. Dès que
sa température s'abaisse, son poids augmentant, elle
descend dans la masse, et une autre vient la remplacer.

La terre a-t-elle une chaleur qui lui soit propre, ou

toute celle qu'elle possède lui vient-elle du soleil?
Cette dernière opinion, qui a été avancée par quelques
philosophes, ne peut plus aujourd'hui se soutenir en
présence des faits. On sait qu'à une certaine profondeur la température, indépendante de l'action du soleil, demeure constamment invariable, et les expériences démontrent qu'elle s'élève à mesure qu'on
descend à de profondeurs plus grandes : la loi de cette
progression est à peu près d'un degré par 32 mètres.

Quelle que soit la cause de cette température propre
de la terre, qu'elle provienne de l'incandescence primitive de notre planète, ou de l'action incessante des
agents électriques et calorifiques que la nature met en
présence, nous pouvons démontrer que cette température n'a pas changé, du moins depuis plusieurs milliers d'années En effet, si la température générale du
globe eût été, aux époques reculées, ou plus haute ou
plus basse, son volume, par l'effet de la dilatation ou
de la contraction, aurait été plus grand ou plus petit.
Mais alors le mouvement de la lune aurait dû varier.
Or, cela n'est pas, car la durée du jour sidéral est aujourd'hui exactement la même qu'aux temps les plus
éloignés.

Nous avons vu que la température monte à mesure
qu'on descend dans l'intérieur du sol ; elle suit une
progression contraire à mesure qu'on s'élève au-dessus
du niveau de la mer. Dans l'état le plus ordinaire de
l'atmosphère, on trouve que la température décroît
également avec la hauteur, dans tous les climats, lorsqu'on part d'une même température inférieure : mais
la loi de la progression change avec ce point de départ ;

34.

de sorte que, dans les zones tempérées, par exemple, d'après les observations de Saussure, elle est, en hiver, de 230 mètres par chaque degré du thermomètre centigrade, et de 160 en été. Il y a donc une hauteur où le refroidissement progressif atteint le terme de la glace ; de là l'existence des neiges éternelles sur les hautes montagnes, et l'inégale élévation du point où elles commencent dans les différents climats. Le décroissement vertical de la température varie encore avec les saisons, l'exposition des lieux, et même l'état plus ou moins transparent du ciel.

Un des travaux les plus curieux du siècle est l'application importante que M. de Humboldt a faite de la géographie des plantes à la mesure de la température moyenne des lieux. Ce célèbre voyageur a déterminé d'une manière générale l'élévation et la température des zones où chaque plante semble se complaire. Chaque végétal ne peut vivre qu'entre certaines limites déterminées de températures; et la proximité de ces limites est indiquée par sa végétation plus ou moins chétive. L'aspect des végétaux qui subsistent dans chaque contrée offre donc comme une sorte de thermomètre vivant, qui indique au voyageur la moyenne des températures annuelles et leurs extrêmes.

En général, on conçoit que dans une masse aussi vaste et aussi mobile que l'atmosphère, les causes d'agitation les plus légères peuvent produire les plus grandes et les plus durables perturbations. On voit donc qu'il doit fréquemment résulter de pareils effets des petites variations locales qui surviennent dans la température, et qu'il doit en résulter de plus grands et de plus constants du mouvement annuel du soleil et de son mouvement de rotation, ainsi que de l'influence plus ou moins énergique exercée par cet astre sur la terre et sur l'atmosphère dans les différentes saisons. Telles sont probablement les causes les plus ordinaires de ces agitations souvent longtemps durables, qui se produisent dans l'atmosphère, et qu'on appelle *les vents*.

Les plus remarquables sont ceux qui soufflent régulièrement entre les tropiques, et que l'on appelle *vents alizés*. Les anciennes hypothèses ont amené l'explication plus complète que voici.

Si le globe terrestre était en repos et que le soleil dirigeât toujours ses rayons sur la même surface, la température de la colonne atmosphérique située au-dessus d'elle s'élèverait à un haut degré, et toutes les couches de cette colonne monteraient successivement comme l'huile à la surface de l'eau, ou comme la fumée au-dessus d'un foyer fortement échauffé, tandis que des courants d'air ou des vents se dirigeraient constamment de toutes les parties inférieures vers cette surface centrale. Mais la terre est continuellement en mouvement sur elle-même et autour du soleil; la région moyenne, la ceinture ou zone équatoriale, es seule dans le cas de l'hypothèse que nous venons de faire; elle est le lieu sur lequel le soleil, depuis l'origine des temps, promène constamment ses rayons; il doi y avoir constamment, il y a donc toujours eu des courants vers cette zone, les uns dirigés de la partie australe, les autres de la partie boréale. Telle est la cause de ces vents du commerce ou vents alizés, sur l'influence desquels les marins comptent aussi sûremen

que sur le retour périodique du soleil dans la plupart
des situations comprises entre les trentièmes degrés de
latitude boréale ou australe.

Ces vents, toutefois, ne paraissent point raser la sur-
farce terrestre dans la direction des méridiens, c'est-à-
dire ne paraissent point souffler directement du nord
et du sud, comme cela a lieu très-réellement : cela
tient au mouvement de rotation de la terre sur son
axe, mouvement qui, en s'opérant de l'ouest à l'est,
donne aux vents du nord l'apparence d'un vent qui
vient droit du nord-est, et au vent du sud celle d'un
vent sud-est. Ces apparences peuvent assez facilement
se comprendre par les faits suivants : lorsque l'atmosphère est parfaitement calme, et qu'on est lancé au
galop dans une plaine, il semble que le vent vous
souffle avec une grande force dans la face. Si l'on ga-
lope vers l'est et que le vent souffle directement du
nord ou du sud, la double sensation qu'on éprouve se
compose en une sensation résultante, et dans le premier cas le vent paraît souffler du nord-ouest, tandis
que dans le second il semble venir du sud-est. Autre
exemple : faites tourner une sphère sur un axe vertical, et laissez rouler du pôle supérieur une petite
balle, ou, mieux encore, laissez couler du même
point un petit filet d'eau ; la balle ou l'eau n'acquerront
point immédiatement la vitesse du globe, mais ils ten-
dront à descendre par la ligne la plus courte du pôle
vers l'équateur de la sphère. Cependant la trace laissée
par le liquide à la surface de la sphère ne sera point
un méridien, mais bien une ligne oblique qui, si elle
était prolongée, ne passerait point par le pôle inférieur

C'est ainsi que la rotation de la terre donne aux vents alizés une direction vers l'ouest, et ce n'est point, comme on le dit quelquefois, parce que le soleil les entraîne qu'ils ont cette direction.

On sait qu'à la limite où ils règnent, c'est-à-dire à trente degrés environ dans la direction australe ou boréale, à partir du lieu occupé par le soleil, ces vents semblent venir presque directement de l'est, tandis qu'à mesure qu'on s'approche de la ligne centrale, ils frappent plus directement les navires dans le sens nord-sud ou sud-nord. Cet effet est dû à ce qu'en arrivant aux parallèles extrêmes, l'air froid, en s'échauffant, se dilate et s'élève avant d'avoir acquis la vitesse de rotation de la zone qu'il occupe; il se meut avec moins de rapidité qu'elle, et les corps situés sur cette zone frappent l'air de l'ouest à l'est avec tout l'excès de leur vitesse; il résulte le même effet que si la terre étant immobile, le vent d'est soufflait constamment sur ces corps. Cependant, à mesure que les courants d'air cheminent, ils participent de plus en plus de la vitesse de rotation de la terre qu'ils ont acquise enfin, presque complétement lorsqu'ils arrivent à la ligne centrale au milieu de la zone de 60°; dès lors le vent d'est se fait de moins en moins sentir à mesure qu'on se rapproche de cette ligne sur laquelle il devient beaucoup moins sensible. Tel serait à peu près un fluide versé sur une roue tournant horizontalement, et qui s'avancerait de plus en plus du centre vers la circonférence. Parvenu dans les points voisins de cette limite du cercle, il n'aurait point encore acquis toute la vitesse, mais la continuité de la rotation finirait par

la lui communiquer complétement; ce fluide serait
alors en mouvement comme la circonférence, mais il
serait en repos par rapport à elle. Il est bien entendu
que nous ne faisons point entrer ici l'influence de la
force centrifuge.

Pendant que l'air dense des contrées polaires se pré-
cipite vers l'équateur pour remplir le vide qui s'y
forme, et donne ainsi naissance aux vents alizés, celui
que l'action permanente du soleil a dilaté et élevé doit
nécessairement former dans les régions supérieures de
l'atmosphère un contre-courant qui va distribuer sa
chaleur en se dirigeant en sens inverse du premier :
c'est ce qui a lieu, en effet, et l'existence de ce phénomène, prévue d'abord par le raisonnement, a été prouvée depuis par l'observation. Ainsi, l'on a reconnu que
le sommet du pic de Ténériffe était constamment exposé
à un vent violent, soufflant dans une direction contraire à celles des vents alizés qui soulèvent à ses pieds
la surface de l'Océan. Ainsi, dans l'année 1812, la
poussière volcanique, lancée de l'île de Saint-Vincent,
passa en nuage épais au-dessus de la Barbade, au
grand étonnement de ses habitants, et alla tomber à
plus de cent milles de distance, après avoir parcouru
ce trajet en sens inverse des vents violents auxquels
les vaisseaux ne peuvent se soustraire que par un long
détour. Ainsi, dans le passage du cap de Bonne-Espérance à Sainte-Hélène, la lumière du soleil est souvent
éclipsée pendant plusieurs jours par une masse de
nuages épais qui se dirigent vers le sud à une grande
hauteur dans l'atmosphère. Ces nuages ne sont autre
chose que la vapeur d'eau qui s'est élevée sous l'équa-

teur avec l'air échauffé, et qui se condense de nouveau en se rapprochant des régions plus froides de l'hémisphère autral.

En dehors des tropiques, où l'influence solaire est beaucoup moins grande, les vents sont occasionnellement soumis à d'autres causes, que malheureusement on ne connaît point encore parfaitement. Beaucoup moins réguliers dans les climats tempérés, on les appelle *vents variables*; cependant on peut regarder comme une règle générale, et qui s'applique à ceux-ci aussi bien qu'à ceux-là, ce que nous avons dit des vents alizés, notamment : que l'air en se mouvant des pôles austral ou boréal, où il était en repos vers les régions équatoriales, doit produire les effets d'un vent d'est ou d'un vent dirigé en sens inverse du mouvement diurne, jusqu'à ce qu'il ait acquis la vitesse de la zone au-dessus de laquelle il souffle ; et réciproquement, que l'air, échauffé dans les régions équatoriales et élevé vers les parties supérieures de l'atmosphère, où il avait à peu près acquis une vitesse correspondante, doit, en retombant vers les pôles avec cet excès de vitesse de l'ouest à l'est, frapper les corps dans le même sens.

Ces vents de l'ouest, dans un grand nombre de situations, en dehors des tropiques, sont presque aussi réguliers que les vents alizés dans la zone intertropicale; ils n'auraient pas moins de droits que ceux-ci au nom de *vents du commerce*, tant ils abrégent la durée du passage de New-York à Liverpool, comparée à celle du passage inverse, c'est-à-dire de Liverpool à New-York. Ainsi, dans l'hémisphère boréal, le vent nord-vrai produit l'effet d'un vent nord-est, et le vent sud-vrai devient un vent sud-ouest. L'Angleterre est exposée à ces deux vents pendant trois cents jours de l'année. On conçoit que les phénomènes doivent être inverses dans l'hémisphère austral.

Enfin nous terminerons cette digression météorologique, en parlant de deux autres vents qui soufflent sur les côtes avec régularité, et qu'on connaît sous le nom de *brise de terre* et de *brise de mer*.

Lorsque le soleil est descendu sous l'horizon, la terre et la mer que sa présence avait échauffées perdent leur calorique par voie de rayonnement ; mais la déperdition éprouvée par la surface terrestre est beaucoup plus rapide et plus considérable que celle de la surface liquide. Les couches d'air qui reposent au-dessus de ces deux surfaces doivent par conséquent se refroidir diversement, et bientôt l'air qui recouvre le sol, plus froid et plus dense que celui de la mer, doit se précipiter dans l'espace que ce dernier occupe. C'est ce qui arrive sur la fin de la nuit et qui constitue la brise de terre.

Mais quand le soleil a reparu sur l'horizon, ses rayons échauffent bien plus rapidement la surface du sol que la masse des eaux, et l'air qui enveloppe l'une et l'autre doit s'échauffer et se dilater bien davantage sur terre que sur mer. A la fin du jour, l'air plus froid et plus condensé soufflera vers la côte et produira la brise de mer.

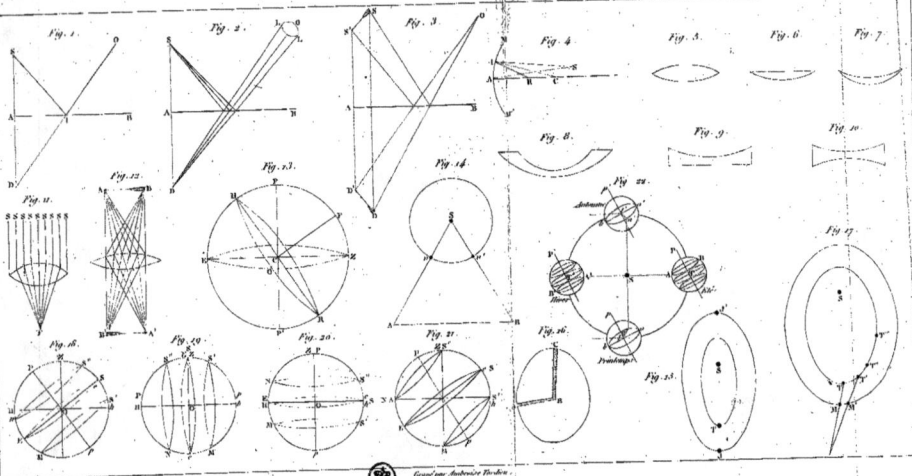

Pl. 1.er

Gravé par Ambroise Tardieu.

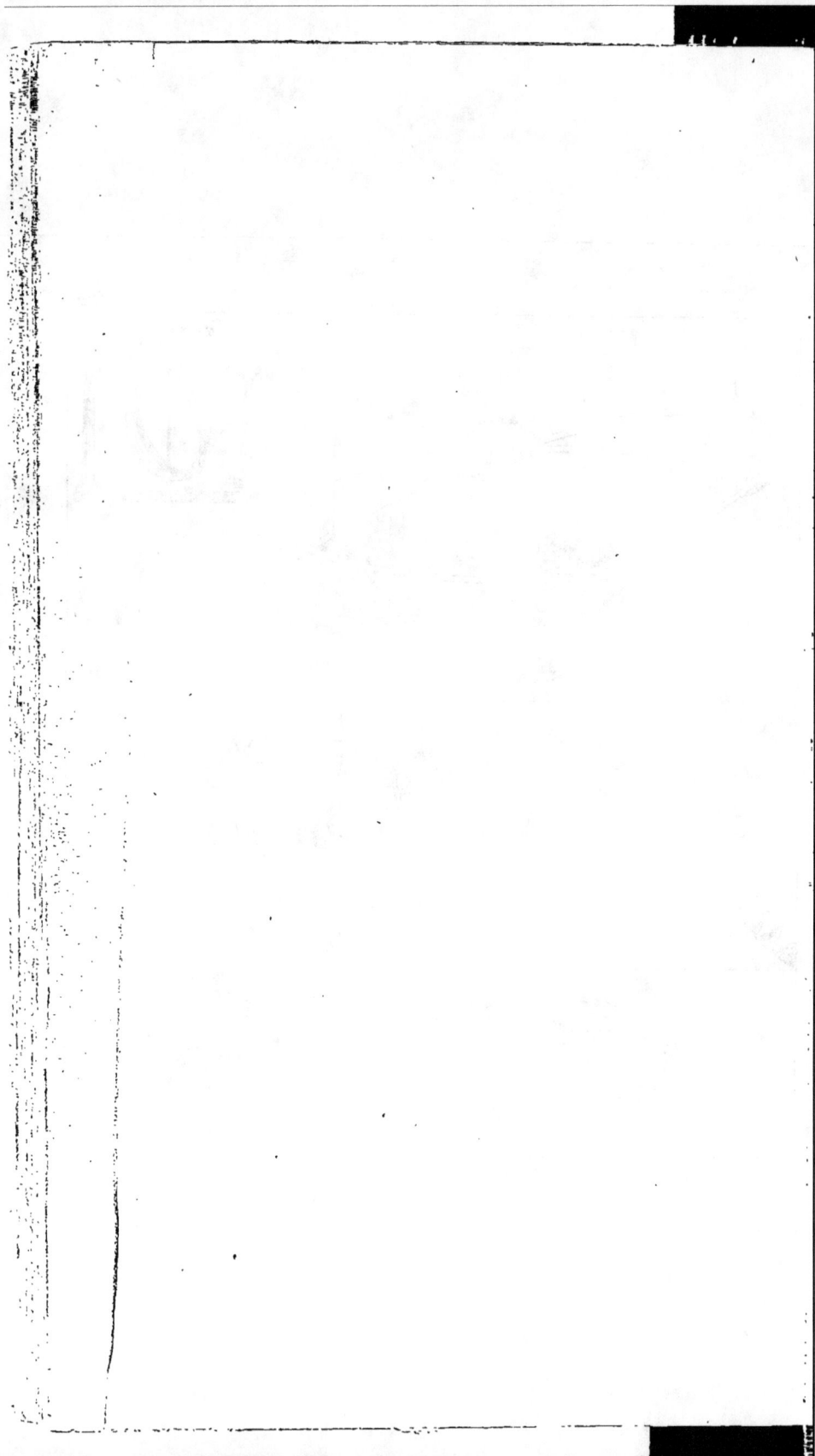

Pl. 2.

Fig. 1.

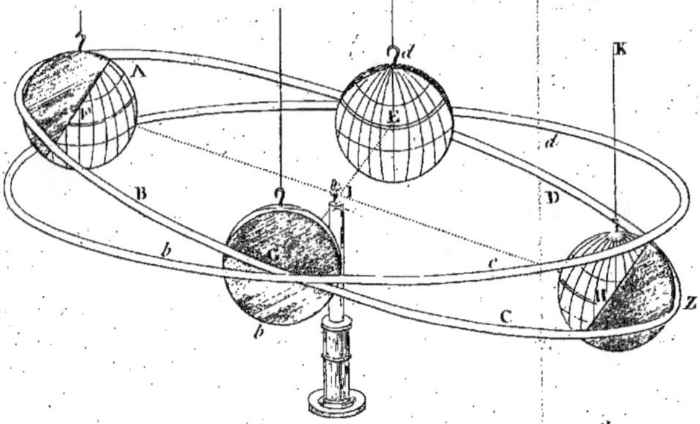

Fig. 2.

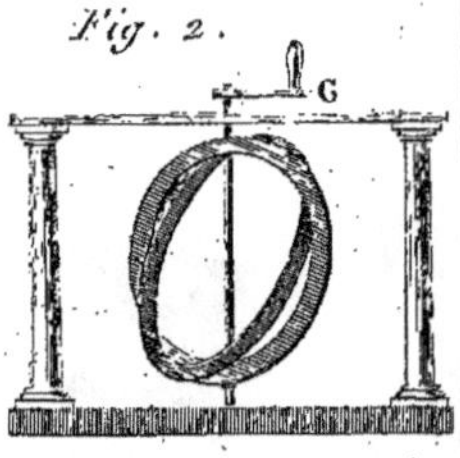

Fig. 3.

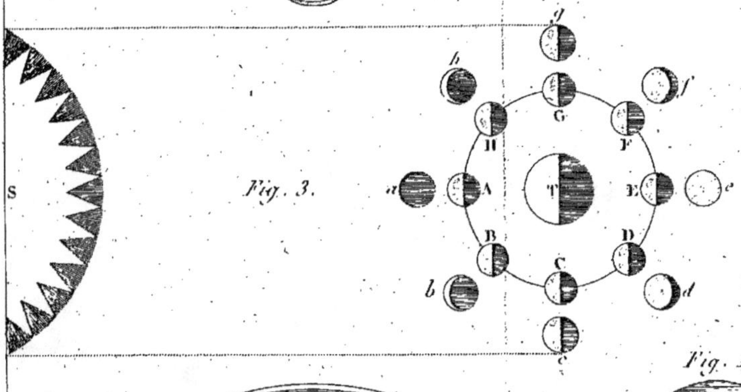

Fig. 4.

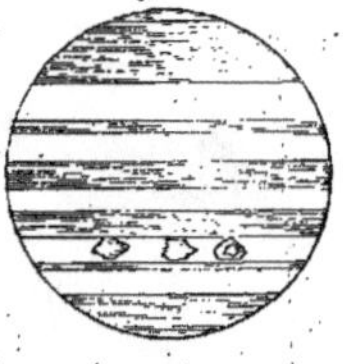

Fig. 5.

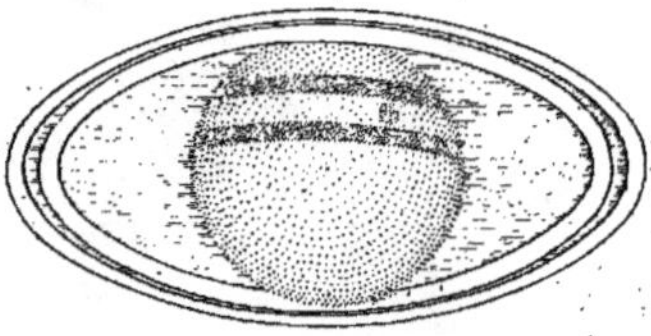

Gravé par Ambroise Tardieu.

Fig. 1.

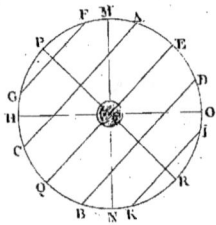

Fig. 5.

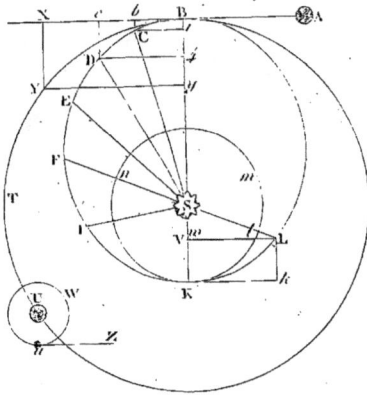

C

A —————— B

Fig. 2.

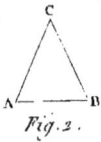

Fig. 3.

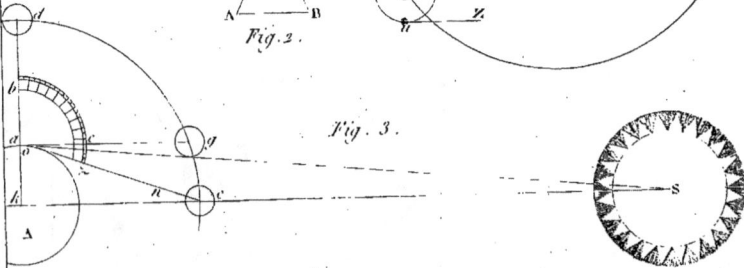

Fig. 4.

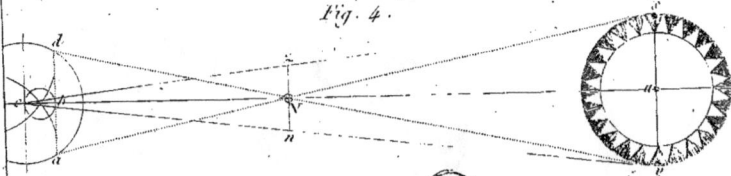

Gravé par Ambroise Tardieu.

Pl. 4.

Fig. 2.

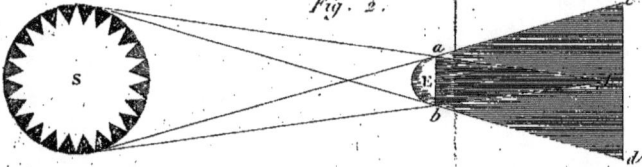

Fig. 3.

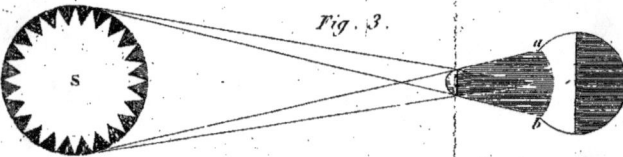

Fig. 4.

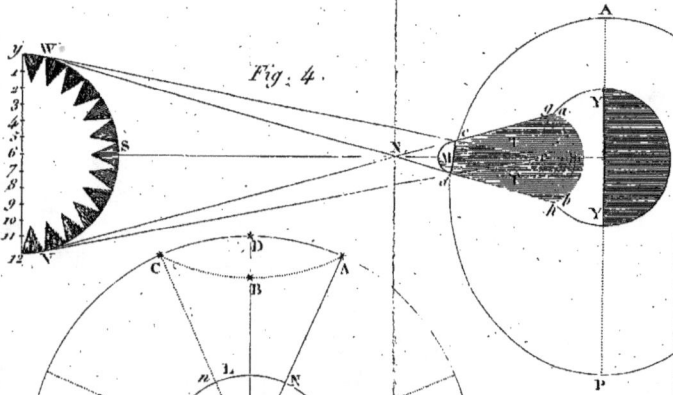

Fig. 1.

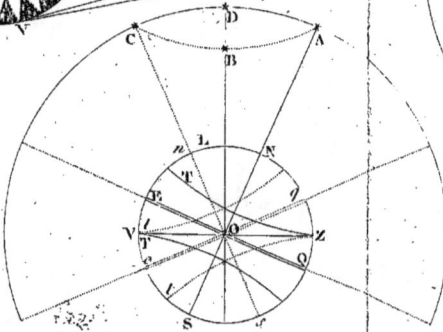

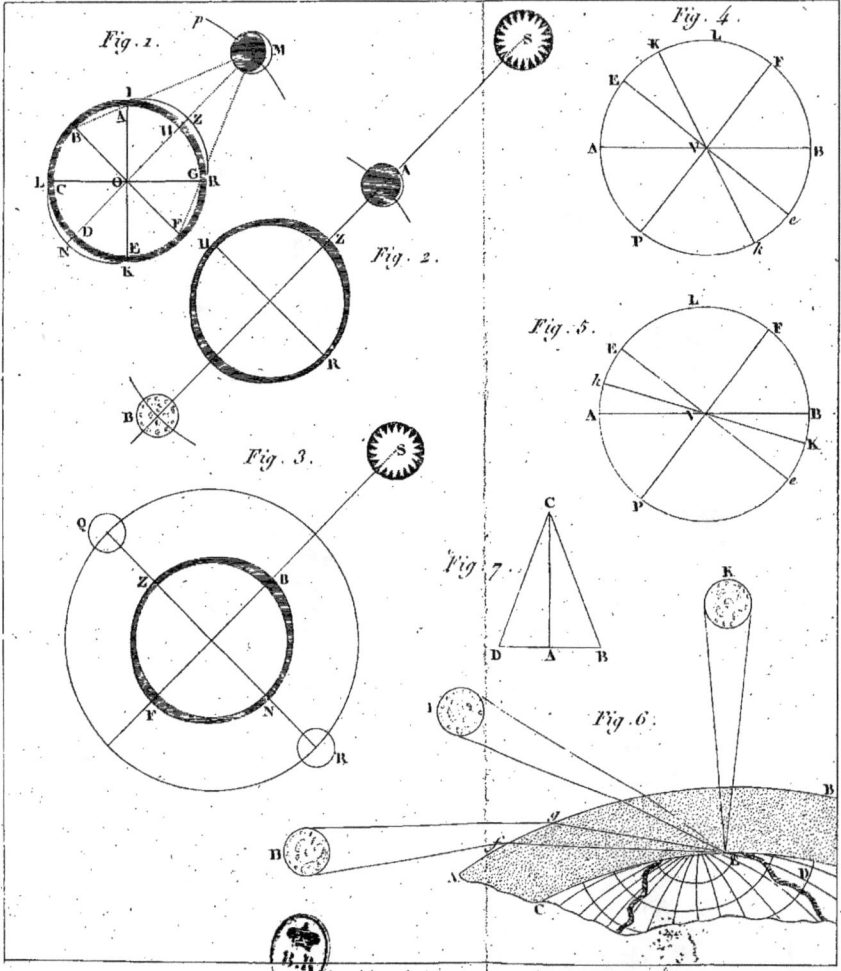

Pl. 5.

Fig. 1.

Fig. 2.

Fig. 3.

Fig. 4.

Fig. 5.

Fig. 6.

Fig. 7.

Gravé par Ambroise Tardieu.

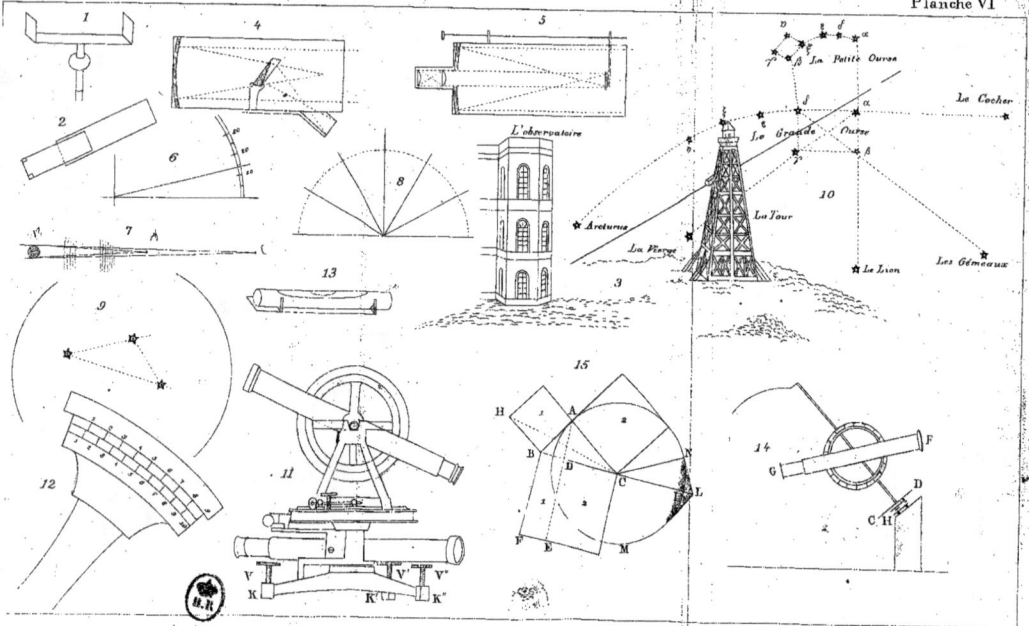

Planche VI

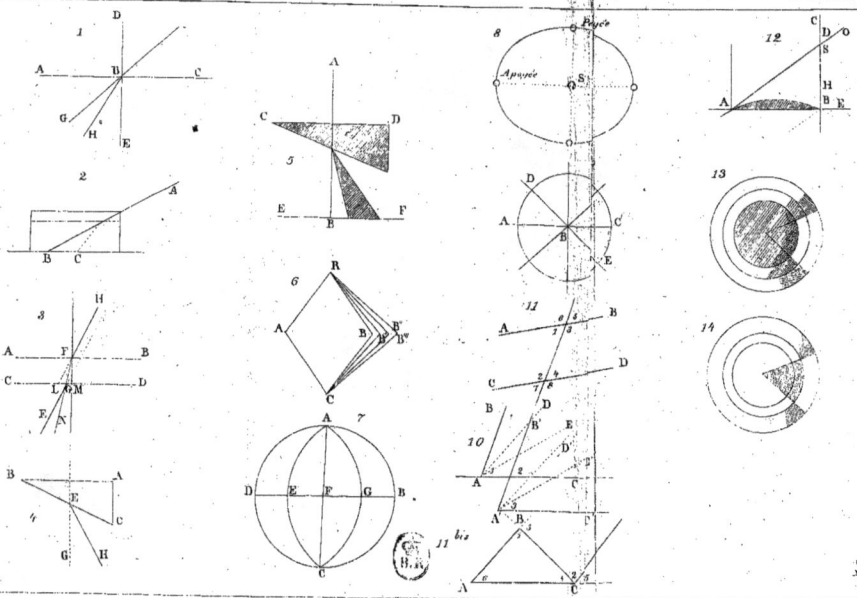

TABLE

DES LATITUDES ET DES LONGITUDES

Des villes de France, chefs-lieux de départements.

Agen.	Lot-et-Garonne.	44° 12′ 22″	1° 43′ 40″	1827
Ajaccio.	Corse.	41 55 1	6 23 49	E. A.
Alby.	Tarn.	43 55 44	0 31 43	O. A.
Alençon.	Orne.	48 25 49	2 14 52	O. A.
Amiens.	Somme.	49 53 43	0 2 4	O. A.
Angers.	Maine-et-Loire.	47 28 17	2 53 54	O. A.
Angoulême.	Charente.	45 39 0	2 11 8	O. A.
Arras.	Pas-de-Calais.	50 17 31	0 26 26	E. A.
Auch.	Gers.	43 38 39	1 45 4	O. 1827
Aurillac.	Cantal.	44 55 41	0 6 25	E. 1827
Auxerre.	Yonne.	47 47 54	1 14 10	E. A.
Avignon.	Vaucluse.	43 57 8	2 28 15	E. 1827
Bar-le-Duc.	Meuse.	48 46 8	2 49 24	E. A.
Beauvais.	Oise.	49 26 0	0 15 19	O. A.
Besançon.	Doubs.	47 13 46	3 41 56	E. A.
Blois.	Loir-et-Cher.	47 35 20	1 0 3	O. A.
Bordeaux.	Gironde.	44 50 19	2 54 56	O. A.
Bourbon-Vendée.	Vendée.	46 40 17	3 45 46	O. A.
Bourg.	Ain.	46 12 21	2 53 28	E. A.
Bourges ¹.	Cher.	47 4 59	0 3 43	E. A.
Caen.	Calvados.	49 11 14	2 41 24	E. A.
Cahors.	Lot.	44 25 59	0 52 58	O. 1827

¹ Cette position, extraite de l'Annuaire de 1843, n'a pas été reproduite dans celui de 1844.

Carcassonne.	Aude.	43° 12' 54'	0° 0' 46"E.	A.
Chalons-sur-Marn.	Marne.	48 57 21	2 1 18 E.	A.
Chartres.	Eure-et-Loire.	48 26 53	0 50 59 O.	A.
Châteauroux.	Indre.	46 48 50	0 38 32 O.	A.
Chaumont,	Haute-Marne.	48 6 47	2 48 19 E.	A.
Clermont-Ferrand.	Puy-de-Dôme.	45 46 46	0 44 57 E.	A.
Colmar.	Haut-Rhin.	48 4 41	5 1 20 E.	A.
Digne.	Basses-Alpes.	44 5 18	3 54 4 E.	1827
Dijon.	Côte-d'Or.	47 19 19	2 41 55 E.	A.
Draguignan.	Var.	43 32 18	4 8 18 E.	1827
Épinal.	Vosges.	48 10 24	4 6 32 E.	A.
Évreux.	Eure.	49 14 34	0 56 13 O.	A.
Foix.	Ariége.	42 57 45	0 43 53 O.	1827
Gap.	Hautes-Alpes.	44 33 37	3 44 47 E.	1827
Grenoble.	Isère.	45 11 57	3 23 20 E.	A.
Guéret.	Creuse.	46 10 17	0 28 9 O.	C.T.
Laon.	Aisne.	49 33 54	1 17 19 E.	A.
La Rochelle.	Charente-Infér.	46 9 23	3 29 41 O.	A.
Laval.	Mayenne.	48 4 14	3 6 58 O.	1827
Le Mans.	Sarthe.	48 0 35	2 8 19 O.	A.
Le Puy.	Haute-Loire.	45 2 46	1 32 55 E.	A.
Lille.	Nord.	50 38 44	0 43 57 E.	A.
Limoges.	Haute-Vienne.	45 49 52	1 4 48 O.	A.
Lons-le-Saulnier.	Jura.	46 40 28	3 13 11 E.	A.
Lyon.	Rhône.	45 45 45	2 29 10 E.	A.
Mâcon.	Saône-et-Loire.	46 18 24	2 29 55 E.	A.
Marseille.	Bouches-du-Rhône.	43 17 4	3 2 3 E.	A.
Melun.	Seine-et-Marne.	48 32 32	0 19 10 E.	A.
Mende.	Lozère.	44 50 42	1 9 19 E.	1827
Metz.	Moselle.	49 7 14	3 50 23 E.	A.
Mézières.	Ardennes.	49 45 43	2 22 46 E.	A.
Montauban.	Tarn.	44 1 6	0 59 6 O.	A.
Montbrison.	Loire.	45 56 22	1 43 45 E.	A.
Mont-de-Marsan.	Landes.	43 54 42	2 49 55 O.	1827
Montpellier.	Hérault.	43 36 16	1 32 30 E.	1827
Moulins.	Allier.	46 33 59	0 59 46 E.	A.
Nancy.	Meurthe.	48 41 51	3 51 0 E.	A.
Nantes.	Loire-Inférieure.	47 13 8	3 53 16 O.	A.

Nevers.	Nièvre.	46° 59' 15"	0° 49' 14" E.	A.
Nîmes.	Gard.	43 50 36	2 0 46 E.	A.
Niort.	Deux-Sèvres.	46 19 23	2 48 12 O.	A.
Orléans.	Loiret.	47 54 9	0 25 35 O.	A.
Paris (Observ.)	Seine.	48 50 13	0 0 0 C.	T.
Pau.	Basses-Pyrénées.	43 17 44	2 42 48 O.	A.
Périgueux.	Dordogne.	45 11 8	1 36 41 O.	1827
Perpignan.	Pyrénées-Orient.	42 41 55	0 53 55 E.	A.
Poitiers.	Vienne.	46 54 55	1 59 51 O.	A.
Privas.	Ardèche.	44 42 33	2 15 32 E.	1827
Quimper.	Finistère.	47 58 29	6 26 0 O.	1827
Rennes.	Ille-et-Vilaine.	48 6 55	4 0 40 O.	A.
Rodez.	Aveyron.	44 21 5	0 14 15 E.	A.
Rouen.	Seine-Inférieure.	49 26 29	1 14 32 O.	A.
Saint-Brieuc.	Côtes-du-Nord.	48 30 53	5 6 7 O.	A.
Saint-Lô.	Manche.	49 6 59	3 25 55 O.	A.
Strasbourg.	Bas-Rhin.	48 34 57	5 24 54 E.	A.
Tarbes.	Hautes-Pyrénées.	43 13 58	2 15 19 O.	C.T.
Toulouse.	Haute-Garonne.	43 35 40	0 55 47 O.	A.
Tours.	Indre-et-Loire.	47 23 46	1 38 56 O.	A.
Troyes.	Aube.	48 18 3	1 44 41 E.	A.
Tulle.	Corrèze.	45 16 3	0 53 58 E.	1827
Valence.	Drôme.	44 55 55	2 53 9 E.	A.
Vannes.	Morbihan.	47 39 31	5 5 42 O.	A.
Versailles.	Seine-et-Oise.	48 47 56	0 12 44 O.	A.
Vesoul.	Haute-Saône.	47 37 26	3 49 6 E.	A.

Cette table a été rédigée d'après le *Tableau des coordonnées géogra-phiques des chefs-lieux d'arrondissement des 86 départements*, inséré dans l'*Annuaire* de 1844 (désigné abréviativement à la suite des positions par la lettre A), complété au moyen de la *Table des positions géographi-ques* de la *Connaissance des temps pour* 1846 (C.T.), et de la Table des latitudes et longitudes des principales villes du monde de l'Annuaire pour 1827 (1827).

NOTES.

Note A, page 37.

Le Jury de l'Exposition de 1844, obéissant à des considérations qu'il est inutile d'exposer ici, ne s'est pas montré aussi juste envers M. Guinand que les jurys précédents; la seule récompense que pût ambitionner l'habile artiste ne lui a pas été donnée; on lui a seulement accordé un *rappel de médaille.* La vie si remarquable de Guinand des Brenets, du Canton de Neuchâtel, en Suisse, s'écoula tout entière dans la recherche de procédés qui lui assignent une place remarquable dans l'histoire des sciences astronomiques; celle de son fils, M. Henri Guinand, n'aura pas d'autre but : deux générations d'hommes se seront épuisées dans le perfectionnement inespéré d'une industrie que l'étranger envie à la France, sans avoir été rémunérées que par d'insignifiantes, que par de mesquines récompenses. L'Angleterre, en invitant M. Guinand à transporter chez elle sa précieuse industrie, lui a fait offrir par l'entremise de sir John Herschel, un traitement de 40,000 fr. annuellement; M. Guinand a refusé; un étranger s'est montré plus patriote que nous-mêmes; c'est pitié !

Note B, page 92.

Voyez, dans l'*Annuaire* pour 1831, une notice de M. Arago *sur les phares,* p. 172-184.

Note C, page 103.

Vitellio attribuait la scintillation des étoiles à des mouvements de l'air; Hooke (Houke) fit voir le premier qu'elle provenait du mélange de couches d'air inégalement chauffées, mais sa théorie n'est pas aussi complète que celle de M. Arago, qui a en outre rendu compte du phénomène du changement des couleurs, et qui de plus, dans son explication des intensités différentes de la lumière stellaire, n'admet pas, ainsi que Hooke, comme cause génératrice de la scintillation, le déplacement des corps célestes.

NOTE D, page 252.

Voyez W. Lane, *les Égyptiens modernes*, et les différents voyages en
Turkie et en Grèce.

NOTE E, p. 365.

M. Arago semble douter avec raison de la prétendue tradition de
Arcadiens. Voici le résumé d'une discussion faite par le savant helléniste
Larcher, relativement au mot *prosélènes* (antérieurs à la lune), appliqué
à ce peuple, qui la détruit tout à fait.

Après avoir parlé de l'invasion par Arcas et ses compagnons du pays
auquel on donna par la suite le nom d'Arcadie, il ajoute : «Cet événement
ne peut remonter plus haut qu'à l'année 2880 de la période Julienne,
1834 ans avant l'ère chrétienne. C'est sans doute une très-haute antiquité,
puisqu'elle précède de 222 ans l'arrivée de Danaüs à Argos, le règne de Cé-
crops dans l'Attique de 264 ans, et l'arrivée de Cadmus en Béotie de 285.
Mais peut-on inférer de cette antiquité toutes les idées chimériques enfantées
par l'épithète de *prosélènes* (antérieurs à la lune) qu'on leur donne? Ce
surnom ayant occasionné un grand nombre de fables parmi les anciens
et surtout parmi les modernes, il est à propos d'en dire ici deux mots.....
..... « C'était une opinion généralement reçue parmi les Arcadiens, dit
M. Dionis du Séjour, dans son *Essai sur les comètes*, page 184, que leurs
ancêtres avaient habité la terre avant que cet astre eût un satellite. Cette
opinion nous a été transmise par Lucien. — Ce sentiment est indigne
du célèbre philosophe qui a daigné l'adopter. Ce savant aurait bien dû le
laisser à ces misérables écrivains qui font flèche de tout bois pour affaiblir les preuves de la religion, et surtout il n'aurait pas dû ignorer que
le *Traité de l'Astrologie* qui se trouve parmi les œuvres de Lucien *n'est
pas de cet auteur*, mais de quelque mauvais écrivain qui convient cependant que si les Arcadiens se disent plus anciens que la lune, c'est par suite
de leur ignorance et de leur stupidité, ἄνοίη δὲ καὶ ἀσοφίη (Psendo-
Lucian. *De Astrologiâ*, § XXVII). » — Puis vient l'examen des différentes raisons données par les écrivains anciens de cet étrange surnom :
nous ne reproduirons que la plus concluante et la plus raisonnable.

« Aristote, philosophe profond, qui réunissait en sa personne toutes
les connaissances de son siècle, s'est donné bien de garde de recourir à la
fable, ou de créer un prince imaginaire (comme le firent le Théodose
cité par le scholiaste d'Apollonius de Rhodes (liv. IV, v. 264), Ariston de
Chios, Denys de Chalcis et Moraséas), afin de rendre raison de cette épithète. Ce philosophe, instruit de tous les anciens gouvernements de la
Grèce et de leur origine, nous apprend, dans sa république des Tégéates,
que le pays nommé depuis Arcadie avait été anciennement occupé par

35.

des peuples barbares; que les Arcadiens, profitant de l'obscurité de la nuit, les avaient attaqués *avant le lever de la lune*, et que, les ayant vaincus, ils les en avaient chassés. Voilà la vraie raison de cette épithète. » Voyez *Chronologie* d'Hérodote, par Larcher, à la suite de l'Hérodote et de l'Arrien du *Panthéon Littéraire*, 1840, p. 533-34-35.

Il est de fait que les conquérants, voulant consacrer le souvenir de leur victoire, auront pris un surnom qui leur rappelait sans cesse la cause principale à laquelle ils la devaient.

Du reste, Aristote n'eût pas tranché la question d'une manière aussi précise, qu'on eût pu arriver à une solution également satisfaisante au moyen d'un passage de cette même discussion de Larcher dont il ne tire aucun parti.

« Ariston de Chios dans son ouvrage sur les positions des villes, dit-il, et Denys de Chalcis dans le premier livre sur les fondations des villes, disent la même chose (que le Théodose du scholiaste d'Apollonius de Rhodes), et ils ajoutent qu'il y avait en Arcadie un peuple qu'on appelait *Sélénites*. Je crois que c'est un *peuple imaginaire* (pourquoi?), et ces auteurs sont, je pense, les seuls qui en aient parlé (ce qui ne serait pas une raison). Quoi qu'il en soit, le nom de ce peuple n'expliquerait pas celui de *Prosélènes* donné aux Arcadiens. — Si, parce que ceux-ci pourraient comme colons, comme envahisseurs, être *antérieurs aux Sélénites* ou *Sélènes* et s'être distingués d'eux par ce surnom. »

TABLE ALPHABÉTIQUE

DES SUJETS TRAITÉS DANS CE VOLUME

Et Vocabulaire biographique des noms propres
qui y sont cités

A.

E.

Éclipses, du grec Εχλειψις, manque, défaut; de lune, leur cause, 258. — Ce que l'on entend par éclipse totale, partielle; manière dont on exprime son étendue, 259. — Éclipse de soleil, partielle, totale, annulaire, 261. — Explication du phénomène général des éclipses, 263. — Retour des éclipses de soleil, procédé des anciens pour les calculer, 264. — Éclipse du 8 juillet 1842, 265. — Son influence sur les animaux, 266; — sur les végétaux, 269; — sur l'homme, 270. — Description de l'éclipse de 1725 (le texte dit par erreur du 7 août 1715), faite à Halley, 271.

Écliptique; définition; son tracé, sa forme, 125, 132. Voy. *Obliquité* de l'écliptique.

Éléments paraboliques des comètes, 323.

Ellipse, courbe que décrivent les planètes dans leur révolution, 126.

Épagomènes (jours), 369.

Époque, du grec ἐποχή.

Équateur, du latin *æquare,* égaler, qui rend égal; un des grands cercles de la sphère qu'il coupe en deux parties égales en passant à égale distance des deux pôles.

Équation du temps.

Équinoxe; moment où le soleil correspond au centre physique de la terre et où les jours sont égaux aux nuits; *æqualis ,* égal, *nox,* nuit, 120.

Établissement d'un port; c'est l'heure de la haute mer qui suit toujours de plus ou moins près celle du passage de la lune au méridien du port,

Été; causes qui amènent cette saison dans les différentes parties de la terre, 169, 175.

Étoiles (les), généralités, 16-19; 43-83. — Mouvement diurne des étoiles au-dessus de l'horizon, 44 ;— sa simultanéité, 46. — Nombre des étoiles dont la position avait été déterminée par Hipparque; mot de Plinè, 47. — Leurs situations sont les mêmes partout; leur nombre, 48. — Système de Bayer pour distinguer les étoiles selon leur grandeur apparente; nombre de celles de 1re, de 2e et de 3e grandeur, 50. — Leur changement d'éclat, 56; — de couleur, 57. — Étoiles périodiques; quelle fut la première observée, 58. — Leur division en deux classes; conjectures dont elles ont été l'objet, 60. — Étude du mouvement diurne des étoiles, 68. — Sa régularité; nature des courbes qu'elles décrivent, 71. — Conclusion, 73. — Difficulté de déterminer le point culminant d'une étoile, 75. — Moyens de déterminer exactement la position des étoiles, 78-83. — Scintillation des étoiles, 84-103. — Étoiles nébuleuses, 104-110.

Évection, une des inégalités lunaires, 315-316.

F.

Facules ; définition, 145. — Explication des facules, 162-163.

Figure de la terre, 227.

o	3	6	12	24	48	96	192

auxquels on ajoutera 4, ce qui donne

4	7	10	16	28	52	100	196
☿	♀	♁	♂	☊	♃	♄	♅

Oculaire, du latin *oculus*, œil ; le verre qui, dans une lunette est tourné vers l'œil et opposé à l'objectif, 32.

Octants, 251.

OEil ; conformation de cet organe ; humeur aqueuse, cristallin, humeur vitrée, sclérotique, choroïde, rétine, 26, 27 ; manière dont s'opère la vision à nu, 27 ; avec les instruments d'optique, 28 ; de la meilleure position de l'œil pour regarder les objets, 29 ; la sensation produite sur la rétine a de la durée, 29 ; les fibres qui perçoivent une couleur ne perçoivent pas l'autre, 30 ; puissance bornée de l'œil, 30 ; des instruments inventés pour l'augmenter, 31.

Opposition, position de la lune, 250, 251.

Orbe et *Orbite*, courbes que décrivent les planètes dans leurs révolutions. Voyez *Inclinaison* et *Planètes*.

Orient, un des quatre points cardinaux, et dont le nom est emprunté au latin *oriens*, participe présent du verbe *oriri*, se lever ; point du ciel où le soleil se lève chaque jour pour dispenser au monde la chaleur et la vie.

Oscillations du pendule ; à quoi elles servent, 230.

P.

Pallas ; une des quatre planètes télescopiques ; généralités, 10. — Date de sa découverte ; son apparence ; son diamètre suivant Herschel, suivant Schroeter ; allongement et inclinaison de son orbite ; temps de sa révolution ; sa distance au soleil, 191.

Parabole ; ellipse d'une excentricité considérable, et que décrivent la plupart des comètes, 323 ; éléments paraboliques, voyez *Éléments*.

Parallatique (machine) ; sa description, 68-69 ; — principe sur lequel elle est établie, 73.

Parallaxe, 247 ; — *annuelle des planètes*, 223. — La parallaxe annuelle est l'angle à la planète ou la différence des lieux à la planète, vue du soleil et de la terre ; on l'appelle aussi parallaxe du grand orbe.

Passages méridiens, passages d'une étoile ou d'un astre quelconque par le méridien d'un lieu ; manière de les déterminer avec exactitude, 80.

Pendules ; il y en a de deux espèces dans les observatoires, 124.

Pénombre, dans les taches du soleil, 145, 149 ; — ce que c'est, 151, 152 ; — dans les éclipses de lune, 260.

Périgée, du grec περί, sur, aux environs, et γῆ, la terre ; point où un astre est le plus près de la terre, 124.

Périhélie, du grec περί, sur, près, aux environs, ἥλιος, soleil.

Période, du grec περίοδος, dérivé de περί, sur, près, aux environs, autour, et ὁδός, chemin (qui fait le tour de quelque chose) ; cours d'un astre, laps de temps écoulé ; ce que les anciens appelaient la *grande période*, 128.

Période sothiaque ou caniculaire, 369 ; — octaétéride, 390.

Perpendiculaire (Ligne), voyez *Verticale*.

Perturbations, du latin *perturbare*, troubler ; modifications apportées dans la marche d'un astre par un autre astre,

T.

Ces signes sont situés dans l'ordre dans lequel on vient de les nommer, en allant de l'ouest à l'est : c'est ce qu'on appelle l'ordre des signes.

Pour aider la mémoire, on les a compris dans ces deux vers latins :

Sunt Aries, Taurus, Gemini, Cancer, Leo, Virgo,
Libraque, Scorpius, Arcitenens, Caper, Amphora, Pisces.

Zone, du grec ζώνη, ceinture ; les trois zones, 170 ; intensité relative de leur chaleur, 175.

VOCABULAIRE BIOGRAPHIQUE.

Auzout (Adrien), artiste et mathématicien, membre de l'Académie des Sciences, mort en 1691. Il est l'inventeur du micromètre à fil mobile.

Boulliaud (Ismaël), savant théologien et mathématicien, né à Loudun en 1605, mort à Paris en 1694.

Bradley, astronome du Roi et professeur d'astronomie à Oxford. Il était né en 1692, à Shireborn (Gloucester).

Cassini (Jean-Dominique), le chef de cette illustre famille qui, de père en fils, illustra la France. Appelé à Paris en 1669 par Louis XIV, lors de la fondation de l'Académie des Sciences, il fut le premier directeur de l'Observatoire, où il fit de grandes découvertes.

Chladni (Ernest-Florent-Frédéric), physicien allemand, connu surtout par ses travaux sur l'acoustique et sur les étoiles filantes. Il était né à Wittemberg en 1756, et mourut subitement à Breslau le 4 avril 1827.

Copernic. Il naquit à Thorn en 1473, et mourut en 1543.

Fabricius (Jean), astronome allemand, né à Osterla (Osi. Frise) en 1716, fils de David Fabricius, et qui le premier étudia les taches du soleil.

Fresnel (Augustin-Jean), savant physicien français, né à Broglie (Eure) en 1788, et mort en 1817.

Galilée-Galilei, le créateur de la philosophie expérimentale, né à Pise en 1564, et qui mourut en 1642, après une captivité de sept années à laquelle l'avait condamné l'inquisition en lui faisant abjurer ces erreurs qui l'ont rendu immortel. On rapporte qu'au moment même de son abjuration il ne put s'empêcher de dire en frappant la terre de son pied : *e pur si muove,* et pourtant elle tourne !

Halley (Edmond), célèbre astronome anglais, né à Londres en 1656 et qui mourut à l'Observatoire de Greenwich, le 25 janvier 1742.

Hévélius (Jean), astronome allemand, né à Dantzig en 1611, mort en 1687.

Herschel (William), naquit à Hanover en 1738 et est mort le 23 août 1822, après avoir fait les plus nombreuses, les plus brillantes découvertes. Voyez dans l'*Annuaire pour* 1842, la longue et belle notice sur ses travaux, par M. Arago.

Hipparque, le plus célèbre astronome de l'antiquité. Pline l'ancien nous a conservé les titres de ses ouvrages qui, à l'exception d'un seul, se sont tous perdus. Il paraît, d'après Ptolémée, que le lieu principal de ses observations fut la ville de Rhodes. Voyez la note de la page 47.

Huyghens, philosophe hollandais, que ses théories, ses découvertes et ses inventions ont placé sur la ligne des Archimède et des Newton. Né en 1629, à La Haye, où il mourut en 1695.

Kepler ou *Keppler* (Jean), célèbre astronome allemand né à Weil en 1571, mort à Ratisbonne le 15 novembre 1630. Ce fut en 1618 qu'il trouva ces lois immortelles connues sous le nom de *lois de Kepler,* et en 1619 qu'il les publia dans son *Harmonique du monde*. Il fut nommé en 1600, par l'entremise de Tycho-Brahé, mathématicien de Rodolphe II. Pauvre, volé par les trésoriers de l'empereur, il s'en consolait en disant qu'il ne céderait pas ses ouvrages pour le duché de Saxe.

La Caille (Louis de), astronome français, né en 1713, à Rumigny, et qui s'est illustré par de nombreux travaux. Il est mort en 1762.

Lalande (J. Jérôme Lefrançais de), astronome français, né en 1732, à Bourg-en-Bresse (Ain), et mort en 1807.

Lambert (Jean-Henri), l'un des savants les plus universels du dix-huitième siècle, né à Mulhausen, dans la Haute Alsace, en 1728. Appelé à Berlin en 1764, par le grand Frédéric, il fut, jusqu'à sa mort en 1777, le plus ferme soutien de cette académie qui est l'une des gloires de la Prusse.

Malus (Etienne-Louis), physicien français, né à Paris en 1775, où il mourut en 1812, épuisé par le travail, mais laissant un nom célèbre.

Manilius (Marcus), poëte latin, qui vivait vers la fin du règne d'Auguste; il est l'auteur d'un poëme intitulé *Astronomicon*, les Astronomiques.

Maraldi (Jacques-Philippe), astronome, né à Nice en 1665, neveu du célèbre Cassini, qui, en 1687, l'appela en France où il passa le reste de sa vie. Sa mort eut lieu en 1729.

Maupertuis (Pierre-Louis Moreau de), géomètre et astronome, né à Saint-Malo en 1698, mort à Bâle en 1759. La réputation qu'il s'était acquise le fit placer en 1736 à la tête des académiciens que Louis XV envoya dans le nord pour y mesurer un degré du méridien.

Newton, le créateur de la philosophie naturelle et l'un des hommes les plus extraordinaires que le monde ait produits. Il naquit à Woolsthrope, en Angleterre, et mourut le 20 mars 1727, à 85 ans.

Pline (*Caïus Plinius Secundus*) dit l'*Ancien*, pour le distinguer de son neveu et fils adoptif *Pline le Jeune*. Ecrivain latin du 2e siècle de l'ère chrétienne, qui est surtout connu par son *Histoire naturelle* en 37 livres, véritable encyclopédie du monde antique.

Riccioli (Jean-Baptiste), jésuite, l'un des plus savants astronomes du XVIIe siècle. Il était né à Ferrare en 1598 et mourut à Bologne en 1671.

Scheiner (Christophe), astronome, né en 1575, près de Mundelheim (Souabe), et qui est mort en 1650.

Schrœter, astronome allemand du 18e siècle, bien connu par ses nombreuses recherches sur la constitution physique des planètes.

Tycho de Brahé, astronome célèbre, né le 13 décembre 1546, en Danemark et qui a mérité le titre de *restaurateur de l'astronomie*. On voit sa tombe dans l'une des églises de Prague. Les faveurs brillantes du roi Frédéric II et sa fortune propre lui permirent d'élever dans l'île de Hoen, près de Copenhague, un superbe observatoire qui fut pendant dix-sept ans la métropole de l'astronomie européenne.

Vernier (Pierre), mathématicien né vers 1580 à Ornans (Saône-et-Loire), où il mourut en 1637, capitaine du château de sa ville natale, conseiller du roi d'Espagne et directeur général des monnaies du comté de Bourgogne. On lui doit l'invention du *vernier*. Quelques astronomes avaient donné à cet ingénieux instrument le nom de *Nonius*, mais les réclamations de Lalande lui ont fait restituer celui de Vernier, qu'il est juste de lui conserver à jamais.

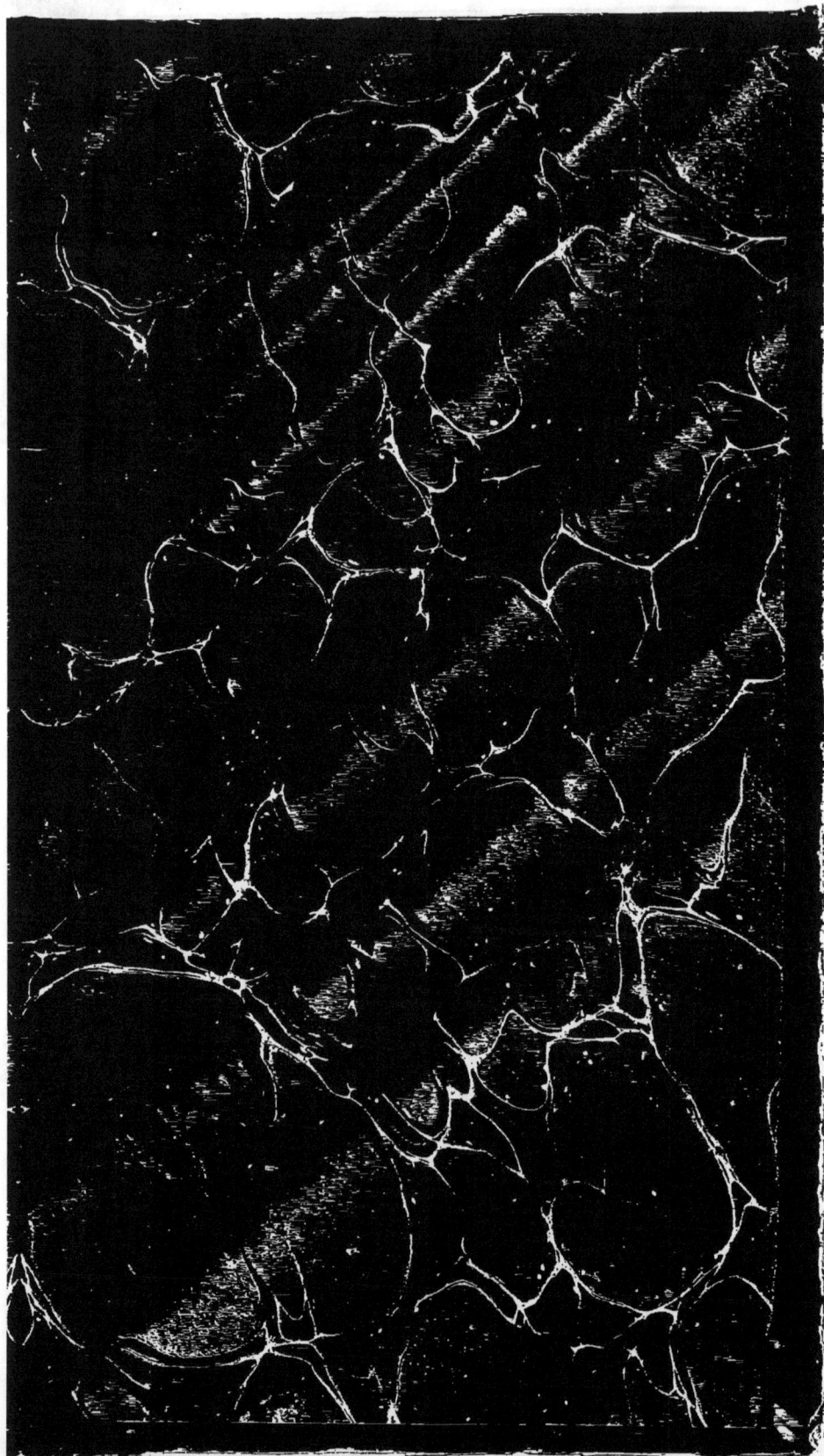

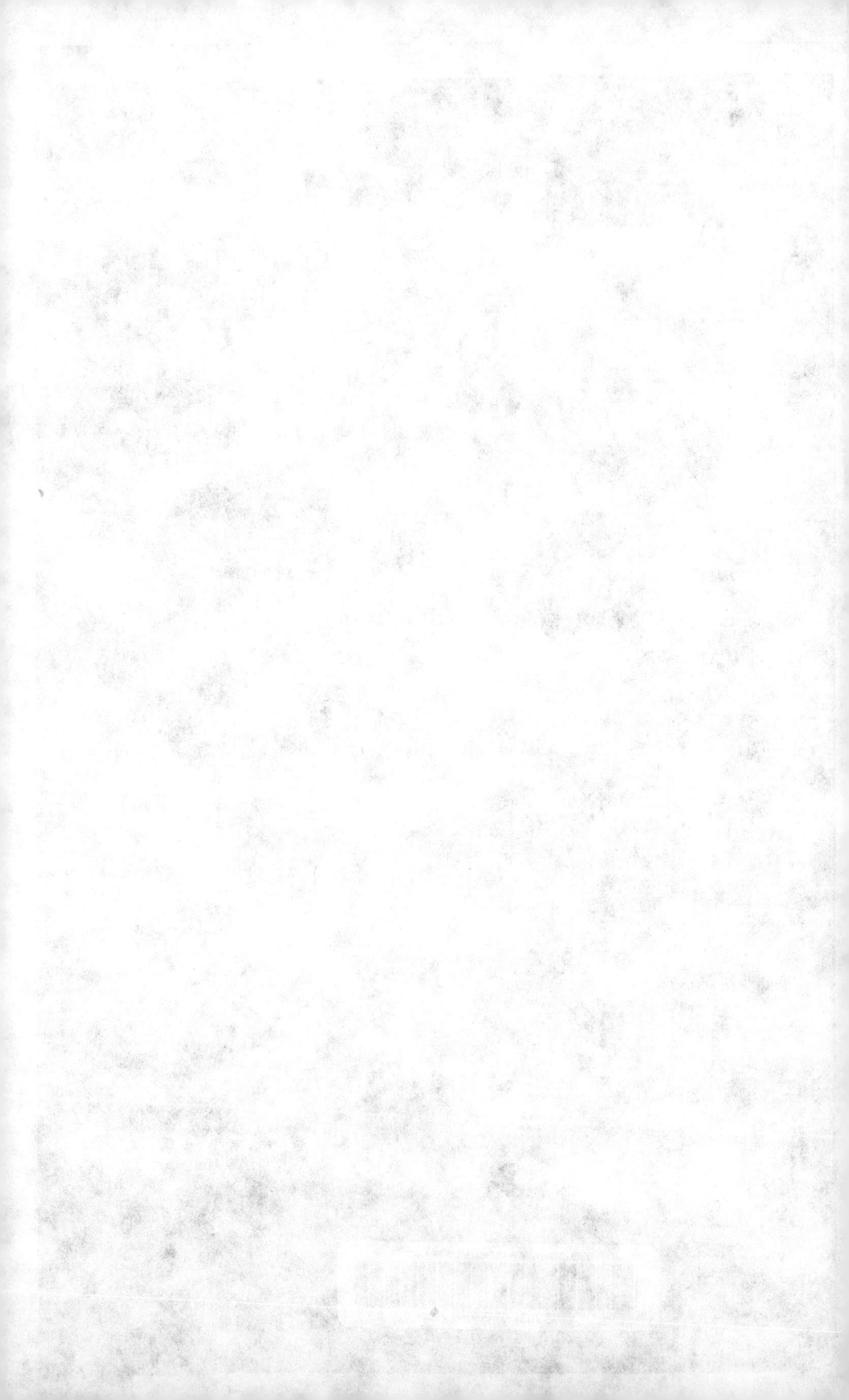

www.ingramcontent.com/pod-product-compliance
Lightning Source LLC
Chambersburg PA
CBHW052059230326
41599CB00054B/3358